居住空间环境解读系列

解读居家布局

黄一真 主编

黑龙江出版集团
黑龙江科学技术出版社

主编简介

黄一真

当代风水学泰斗，中国房地产风水第一人，现代风水全程理论的创始者。是国内外六十多个大型机构及上市公司的专业顾问，主持了国内外逾三百个著名房地产项目的风水规划、景观布局及数个城市的规划布局工作。

黄一真先生二十年精修，学贯中西，集传统风水学与中外建筑学之大成，继往开来，首创现代房地产项目的选址、规划、景观、户型的风水全局十大规律及三元时空法则，开拓了现代建筑的核心竞争空间。

黄一真先生的研究与实践足迹遍及世界五大洲，是参与高端项目最多，最具大局观、前瞻力、国际视野的名家，自1997年来对城市格局、财经趋势均作出精确研判，以其高屋建瓴的全局智慧，为国内外诸多上市机构提供了战略决策参考，成就卓著。

黄一真先生数十年如一日，潜心孤诣，饱览历代秘籍，仰观俯察山川大地，上下求索，以独到的前瞻功力做出的精准判断，价值连城，在高端业界闻名遐迩。

黄一真先生一贯秉持低调谦虚的严谨作风，身体力行实证主义，倡导现代风水学的正本清源，抵制哗众取宠的媚俗行为，坚拒当代风水学的庸俗化、神秘化与娱乐化。

黄一真先生的近百种风水著作风行海内外数十载，脍炙人口，好评如潮，创造多项第一。其于2000年出版的名著《现代住宅风水》被誉为“现代风水第一书”，十年巨著《中国房地产风水大全》是全世界绝无仅有的房地产风水大全，《黄一真风水全集》则是当代中国最大型的图解风水典藏丛书。黄一真先生的著作博大精深，金声玉振，其趋利避害、造福社会的真知灼见于现代社会的影响极为深远。

黄一真先生是香港凤凰卫视中文台《锵锵三人行》特邀嘉宾，香港迎请佛指舍利瞻礼大会特邀贵宾。2002年3月应邀赴加拿大交流讲学，2004年7月应邀赴英国交流讲学。

黄一真先生主要著作

《中国房地产风水大全》《黄一真风水全集》《现代住宅风水》《现代办公风水》《小户型风水指南》《别墅风水》《住宅风水详解》《富贵家居风水布局》《居家智慧》《楼盘风水布局》《色彩风水学》《风水养鱼大全》《人居环境设计》《风水宜忌》《风水吉祥物全集》《大门玄关窗户风水》《财运风水》《化煞风水》《健康家居》《超旺的庭院与植物》《多元素设计》《最佳商业风水》《家居空间艺术设计》《卧房书房风水》《景观风水》《楼盘风水》《办公风水要素》《生活风水》《现代风水宝典》等。

序言

小户型——像帝王一样居住

住宅一直以来就是划分社会等级的硬标准，美国的文化批评家保罗·福塞尔就根据车道、围墙、门牌号码、车库、草坪、院内摆设、花草、建筑风格、户外家具、室内陈设、起居室、厨卫、电视机、家畜甚至宠物的差异将人划分成上、中、下三个阶层。作为物质保障的一种体现，我们身边的所有人，对于住宅的想法其实都拥有自己神秘的暗箱。打开这个暗箱，会发现大家都对居住权有着美好的憧憬。简单地说，就是希望自己不管在外界社会活动被划分成哪一种阶层，但当回到自己独立的空间时，能像帝王一样居住，自由自在地休养生息，至少也能达到“躲进小楼成一统，管他春夏与秋冬”的境界。

像帝王一样居住，有一定时期的分野，在物质极端不发达年代，譬如《礼记·礼运》中说：“昔者先王未有宫室，冬则居营窟，夏则居缯巢，未有火化，食草木之实、鸟兽之肉，饮其血，茹其毛”，其意思是：上古时的君王没有什么宫殿，冬天住在地窖里，夏天住在柴窝里，也没有用火的习惯，生吃草木的果实、鸟兽之肉，饮鸟兽之血。

其实，当时穴居和住在柴窝里也没有什么不好，因为不仅节省耕地，而且施工简易、造价极低，不用梁柱木料，不用砖瓦，且冬暖夏凉。

在物质条件不完善的基础上，帝王也只能将就，与平民的居所等级相同。而到了封建时期，随着物质文明的发展，帝王的居所则脱胎换骨，从穴居进化成蔚为壮观的宫殿。如我们已见不到的阿房宫“起咸阳而西至雍，离宫三百，钟鼓帷

帐，不移而具，又为阿房之殿，殿高数十仞，东西五里，南北千步，从车罗骑，四马骛驰，旌旗不桡，为宫室之丽至于此”（《汉书》），至于我们能见得到的紫禁城，我就不必在此赘述了。

随着居住土地逐渐减少，人口逐渐增多，现代住宅的体量与以往相比，自然不可同日而语。如何在有限的现代空间里经营出有效的像帝王一样气魄的居住环境，这是一个有趣的课题。据我研究必须注意以下几点：

宅向必须坐北朝南，阳光充足，逢其阳，养其阴，比如清代乾隆之居所。

前堂后室，将公共性放前，私密性放后，也即宫殿布局中讲究的“前朝后寝”。旧时宫殿前朝位南，从火属长，正适合做施政的场所；后寝在北，从水属藏，宜做寝居之地。

整体布局具排他性、唯一性，重视住宅空间的领域性，使居住者能够主动占据空间。

家具的摆设，颜色的搭配必须具备独特性。

讲究“二阴一阳”格局，即正房为明房，两间厢房为暗房，特别是三房的户型更适合于此，有明暗对照，能体现出主房的优越。

如果能达到以上五个要求，即使是小户型，也可以做出大文章。

2001年9月　黄一真于日本爱知县名古屋

目录

第一篇

学点风水学理论知识

为买房做准备

重视人的居住环境，向来是中国文化中一项重要的内容，风水学理论就是在这种重视下的具体产物。它是中国先民经过长期实践、思索、感悟，建立起来的一门关于人与自然环境之间广泛而微妙关系的学科。

人们通过研究风水学理论，试图找出人与自然环境关系中对人的生理、心理和命理的相关影响，并加以利用和调整，从而达到人与自然和谐相处、发展的理想状态，也就是我们常说的“天人合一”的境界。当然，要让风水学理论造福人类，也得对其有所了解，并掌握相应的规律。我们可以将这些理论延伸到现代生活中住宅与人的关系中来，也就不难明白这么一个道理——通过了解、学习风水学理论，买到一栋具有良好居住环境的好房，从而让我们过上幸福和谐的生活！

第一章 教你学风水学理论

俗语云：『一命、二运、三风水』，可见学习风水学理论的相关知识的必要性。掌握一些风水学理论常识、术语，能有助于我们更好地了解风水学这项传统的文化；而了解一些风水学理论在选宅中的应用方式，还能帮助我们更合理地运用风水学理论，为打造良好的人居环境奠定根基。

风水学，其实很简单

提起风水学，很多人都觉得那是“玄学”，是风水先生的专项。而对风水学理论有一定了解的人，想到的则是“八卦”“五行”“九宫飞星”等专业名词，觉得风水非常难掌握。而事实上，如果你停止纠结于这些专有名词，花一点时间去了解、应用它，你就会发现，风水学理论原来如此简单，学会风水学理论原来有那么多好处。

1.什么是风水学

国有国运，城有城运。要保持一个国家或城市和谐稳定的发展，就必须有一个可供依靠、执行的法则。要保证住宅环境良好，居住在其中的人生活得安定幸福，也需要一个好的“居住法则”。

▲风水学是中国几千年传统文化孕育出来的一种专门处理方位与空间的艺术，在中国这片幅员辽阔的土地上蕴藏着很多风景秀丽、山环水抱的宝地。

从古至今，中国人一直把安居乐业作为人生的头等大事来对待，中国先民在选择居住环境的实践过程中，逐渐积累了越来越多的经验，于是产生了系统的关于住宅环境规划和设计的理论认识，这就是风水学。它教会人们如何寻找适合生存的环境，指导人们如何去选择住宅的位置、朝向，以及室内的装潢布置，并期望好的环境给我们的生活带来便利与好运，让我们丰衣足食、事业顺利、财运旺盛、子孙兴旺……

历史上最早给风水学下定义的是东晋的郭璞，他在《葬经》里阐述："气乘风则散，界水则止，古人聚之使不散，行之使有止，故谓之风水。风水之法，得水为上，藏风次之。"意思是说，"风"就是天时，是宇宙星体运动产生的风，也就是流动的空气；"水"就是地利，是大地的血脉，万物生长的依靠。这就是"风水"定义的最早起源，同时，也对风水学进行了概括，即为通过视察地貌、山向水流以定居地好坏的一种方式与准则。

2.风水学有什么作用

风水学源于中国传统文化"天人合一"的观念，它以阴阳五行与《易经》原理为理论依据，在人与环境的关系中起关键的协调作用。随着风水学理论的科学价值与应用价值被越来越多的人认同与肯定，风水学在海内外受到了前所未有的重视。然而，风水学对人类的影响到底有多大，也还很难有一个准确的判定，毕竟风水学在应用上，是因人而异，因地而异，甚至还是因为时代的变化而有所不同的。那简单来说，风水学是一门环境应用学，范围涵盖了地理学、物理学、建筑学，以及哲学和艺术等学科。它发掘人与外在环境的对应关系，利用、改造环境，对住宅进行科学的规划与设计，从而达到人与环境的和谐平衡，创造出人类理想的居住生活环境。

风水学同时还具有强烈的世俗特色，能充分激发人的内在潜能，训练并提高人的观察与感觉能力，从而帮助运用者趋利避害。因此，上至皇帝，下至村夫百姓，无不对“风水宝地”和“居家好风水”心生向往而努力追求。如果要对风水学的作用进行归纳，可以概括为以下三个方面。

（1）取得人与自然的平衡

随着经济的发展，城市不断扩大，人口持续增多，资源却日益减少，人类对地球环境的破坏也越来越严重，人类生存面临严峻的挑战。那么，我们是否可以通过风水学来适当改变这些现状呢？如今，东方文化也开始重新审视风水学的重大作用。

风水学注重人类对自然环境的感应，并指导人类依循这些感应对住宅进行选址、建造和布置。风水学讲求“天人合一”，要求建筑物须与周围的自然环境融为一体，要求整个建筑和环境在形式和功能上有效结合，以形成人与建筑、建筑与环境的生态平衡。在实际操作过程中，风水学

▲风水学认为，“山环水抱”、“藏风聚气”的居住环境最佳，这样可以直接受到山水灵秀之气的润泽，无论从磁场学、美学还是心理学的角度来看，都是非常理想的选择。

会避免人类行为对自然造成破坏。

▲良好的室内空间感加上简洁的设计布置，让住宅呈现出“藏风聚气”好风水。

自古以来，中国的城市、村庄和住宅设计，都具有自然、和谐、随大自然的演变而演变的独特风格。因为大自然的变化就是人类生活环境的变化，地球上的动物、植物和人类都要跟随大自然的法则而生息繁衍，与自然的变化取得和谐。事实也证明，经过好环境布局的城镇，自然环境更优美，人的生活也更舒畅。比如，著名的瓷都景德镇，它群山环抱，河流纵横，城镇发展与自然环境和谐统一，人民生活富足而又美好。

（2） 藏风聚气，好环境营造好家居

家是人毕生追求的温暖之地。住宅作为家的载体，是世界上最亲密的一个小群体共同生活、维系关系的地方，也是家庭成员积蓄能量的地方。一个人一天24小时，至少有1/3的时间都会在家里度过。住宅是家人吃饭、休息、睡眠的场所，也是人们补充能量、娱乐、聊天、享受天伦之乐的地方。家庭对每个人而言都有着不可替代的重要作用。

环境追求的最终目的是理想的生活环境，而在这个环境中居住的人和人所需要的居所才是根本。正确地选择最适合家人生活的家居地址，利用各种科学理论正确地进行家居布置，能为家庭营造一个舒适、祥和的生活环境。生活在舒适的环境里，自然能让人精神愉悦、身体健康。居家生活快乐祥和，对待生活中的困难挫折以及矛盾不快也就会保持积极的态度，所有问题都会迎刃而解，一家人生活自然越来越开心。相反，错误的选址和布局，如将家安置在垃圾场附近，四面八

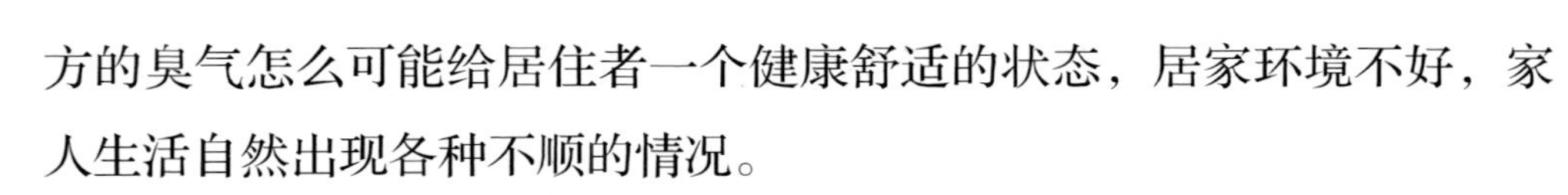

方的臭气怎么可能给居住者一个健康舒适的状态，居家环境不好，家人生活自然出现各种不顺的情况。

（3）好环境寓意着好运势

一个家庭整体运势的好坏，无论是事业升迁的顺逆、运数的高低、家人财运的好坏、夫妻缘分的深浅、子女读书考试的运势、家人健康状况的好坏，大抵都受居家环境的影响。毫无疑问，好的环境对人的运气是有益的，居家环境好，运势自然会很旺，福运、财运、桃花运自然滚滚而来。

你需要知道的风水学基础

风水学起缘于《周易》，由于《周易》晦涩难懂，因此很多人认为风水学太过神秘。实则不然，风水学其实并不神秘，天文学、地理学和人体科学就是中国风水学的三大科学支柱。在认识了什么是风水学，并对其相应的作用有所掌握后，这里我们介绍一些基础的风水学知识和术语，如我们常说的五行、八卦、天干、地支等，这些都是你需要了解的风水学基础，只有掌握了这些知识，才能更合理地运用风水学来挑选或改造自己居住的环境。

1.风水学中的五行

五行学说具有朴素的唯物辩证法思想，它贯穿于我国古代思维现象的各个领域。所以，我们也说五行为阴阳之纲领，造化之权衡，不论是拔砂、放水、辨别方位立向，其相地的奥妙都尽在五行之中。风水学理论中的五行有许多分类，常见的有正五行、八卦五行、洪范五行三种，另外还有双山五行、三合五行、四经五行、四生五行，此外

又有玄空五行、向上五行、纳音五行、河图五行、甲子五行、天干五行、地支五行等，下面针对比较常用的几种进行介绍。

正五行：正五行多用以定方位。其口诀为："东方木，南方火，西方金，北方水，中央土"。

八卦五行：八卦五行以司形局，这是以八卦配合干支而论其所属。其口诀为："震庚亥未巽辛木，乾甲兑丁巳丑金，坎癸申辰水，离壬寅戌火，坤乙艮丙土"。震属木，庚纳配于震，亥未合于震，故庚未俱属木。巽属木，辛纳配于巽，故辛亦属木。乾属金，甲纳配于乾，故甲属金。兑属金，丁纳配于兑，巳丑合于兑，故丁巳丑亦属金。坎属水，外阴而内阳，故坎之外三爻癸配之，而癸亦属水，申辰以合于坎而属水。离属火，外阳而内阴，故乾之外三爻壬配之，而壬亦属火，寅戌以合于离而属于火。坤属土，乙纳配于坤，故乙亦属土。艮属土，丙纳配于艮，故丙亦属土。

洪范五行：洪范五行又名宗庙五行、大五行。其口诀为："甲寅辰巽大江水，戌坎申辛水亦同，震艮巳三原属木，离壬丙乙火为宗，兑丁乾亥金生处，丑癸坤庚未土中"。洪范五行以八卦变通，演而申之为二十四位五行变化之情，而所谓八卦变通，十分复杂。

甲本属木，纳于乾宫与坤交，以坤之上下二爻，交换乾之上下二爻，化成坎象，甲随坎化，遂属水。

▲五行学认为大自然由金木水火土五种基本要素所构成，并随着这五个元素的盛衰而发生变化，同时也使宇宙万物循环不已。

乙本属木，纳于坤宫，与乾交，以乾之上下二爻，交换坤之上下二爻，化成离象，因乙随离化，遂属火。

丙本属火，纳于艮宫，艮与兑对，以兑之下爻，交换艮之下又，化成离象。丙随离化，遂属火。

丁本属火，纳配艮宫，兑与艮对，以兑之上爻，交换良之上爻，化成乾象。丁受乾化，遂属金。

庚本属金，纳配于震，震与巽对，以巽之下爻，交换震之下爻，化成坤象。

庚受坤化，遂属土。辛本属金，纳配于巽，巽与震对，以震之上爻，交换巽之上爻，化成坎象。

辛受坎化，遂属水。壬本属水，纳配于离，离与坎对，以离之中爻，交换坎之中爻，化成乾象。

壬受乾化，本当属金，因纳于离火，火焰金消，不能自立，退而附于离，遂属火。

癸本属水，纳配于坎，坎与离对，以离之中爻，交换坎之中爻，化成坤象。癸受坤化，遂属土。

双山五行：两字同宫合干支，以纳音五行为标准。如民丙辛合寅午戌为廉贞火，巽庚癸合巳酉丑为武曲金，坤壬乙合申子辰为文曲水，乾甲乙合辛亥卯为贪狼木，俱属二字合为二宫，故名之双山五行。

三合五行：由四经中以类合而得名。寅午戌合成火局，巳酉丑合成金局，申子辰合成水局，辛卯未合成木局，由生旺墓三方结合而成，故名之三合五行。

四经五行：木居东，火居南，金居西，水居北，各有其位，惟土不属四方而居中宫。风水术上讲究坐山、向上，舍弃中宫。所以，五行实际上只用了四行，故又称四经五行。

四生五行：四隅有四长生。甲木长生在亥，丙火长生在辰，庚金长生在巳，壬水长生在申，乙木长生在午，丁火长生在酉，辛金长生在子，癸水长生在卯。

2. 五行的相生和相克

据《尚书·洪范》记载："五行，一曰水，二曰火，三曰木，四曰金，五曰土。水曰润下，火曰炎上，木曰曲直，金曰从革，土曰稼穑。"可见五行之间存在着相生和相克的两面性，这是一个相应的循环，也正是有了这个循环，才能得保世间万物的永存。

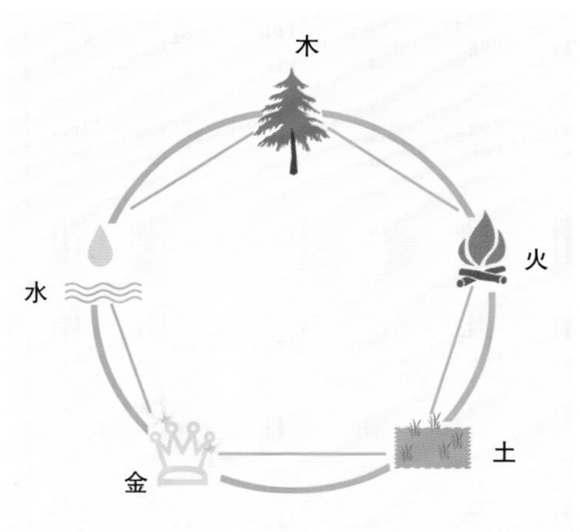

▲五行相生的循环示意，由左下角的"金"开始，以"金生水、水生木、木生火、火生土、土生金"进行循环。

（1）五行的相生

五行"相生"的顺序为，木生火、火生土、土生金、金生水、水生木。也就是说，由水生成木，再由木生出火，就这样无限地循环往复。这种循环相生的思考方法的基础来源于一种非常朴素的理论。

木生火：古时候，为了得到火，最原始最简便的方法就是钻木取火，这是自然之理，木生火就这样发生了。

火生土：物质如果燃烧，留下的是灰，而灰是土气，所以火生土乃真正的自然之理。

土生金：矿物、金属之类多埋藏于土中，人只有通过挖掘土才能提炼到金属。因此是土生出金属，即土生金。

金生水：金生水的根据虽不充足，但当空气中的湿度较大时，金属表面容易产生水滴，即金生水。

水生木：一切植物（即木气）均由水生。如果没有水，草木将枯死，故木乃由水所生。

（2）五行的相克

五行相生是依次由一种元素得到另一种元素，而与之相反的五行相克则是指木、火、土、金、水五气依次克制对方。其顺序为木气克土气、土气克水气、水气克火气、火气克金气、金气克木气。被金气所克的木气，再次去克土气，如此循环往复。同相生一样，相克也是来源于朴素的理论。

木克土：木扎根于土地里，使得土地固结和破碎。大树自不消说，就是小小的灌木、柔软的野草蔬菜之类的根部也能固结或破碎土地，这就是所谓的木克土。

▲五行相克的循环示意，由左下角的“金”开始，以“金克木、木克土、土克水、水克火、火克金”进行循环，以箭头为方向。

土克水：土乃阻水之物。水不停地流动、满溢、涨落，如果没有土的话，就止不住满溢的水。当洪水到来的时候，起防水作用的东西，无论是过去还是现在，都是土。同作为应急措施的土堆相比，更为长久的防水对策是构筑土筑的堤坝。土筑的堤坝是以土之力抑制水之力。所谓的土克水，即是指此。

水克火：水能灭火，乃是不言自明之理。灭火的最好办法是浇水，水能克火即出于此。

火克金：金属不管多么坚硬，在烈火的灼烧之下，都会软化变成液体，因此火可克金。

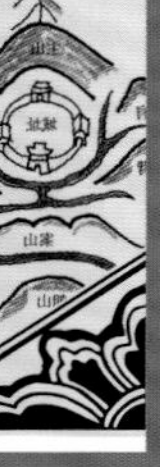

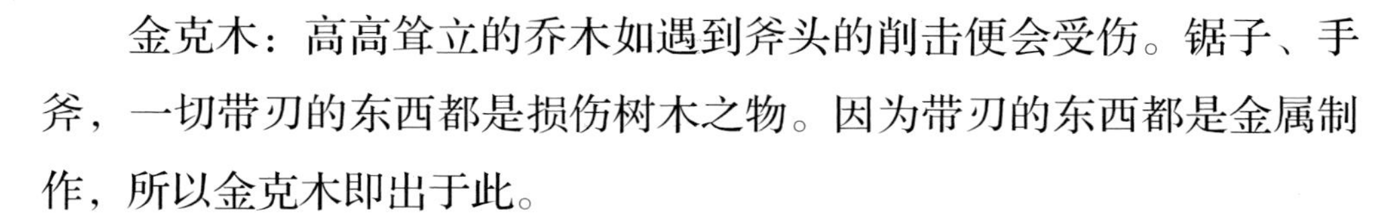

金克木：高高耸立的乔木如遇到斧头的削击便会受伤。锯子、手斧，一切带刃的东西都是损伤树木之物。因为带刃的东西都是金属制作，所以金克木即出于此。

3. 什么是八卦

八卦是由阴阳派生出来的。据《周易·系辞》记载：“易有太极，是生两仪。两仪生四象，四象生八卦”，八卦代表许多自然现象，乾为天，坤为地，震为雷，巽为风，坎为水，离为火，艮为山，兑为泽。同时，八卦也是我国古代的一套有象征意义的符号。用“——”代表阳，用“--”代表阴，用三个这样的符号，组成八种形式，叫做八卦。每一卦形代表一定的事物。

八卦主要用于表示方位。先哲把空间分成四维四隅，共八个方向，以八卦分别代表八个方向。《周易·说卦》指出：“万物出乎震，震东方也；齐乎巽，巽东南也；齐也者，言万物之所归也。离也者，明也，万

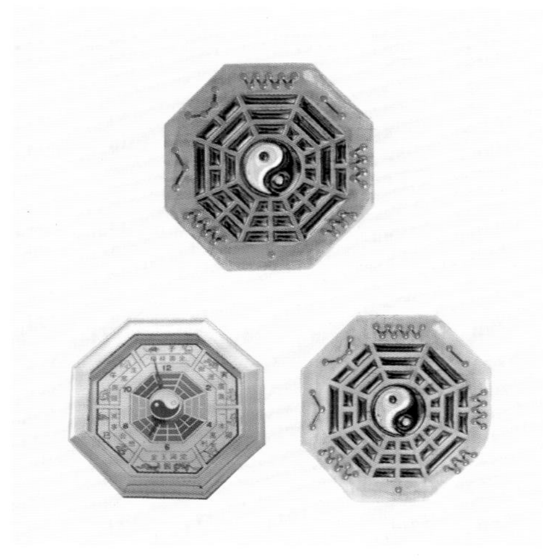

▲不同样式的八卦实物图，展示出八卦的不同方位与所主。

▲后天八卦图中方位与示意。

物皆相见，南方之卦也。圣人南面而听天下，响明而治，盖取诸此也。坤也者，地也，万物皆致养焉，故曰‘致役乎坤’。兑，正秋也，万物之所说也，故曰‘说言乎兑’。战乎乾，乾，西北之卦也，言阴阳相薄也。坎者水也，正北方之卦也，劳卦也，万物之所归也，故曰‘劳乎坎’。艮，东北之卦也，万物之所成终而成始也，故曰‘成言乎艮’。”

八卦有先天八卦和后天八卦之分，先天八卦又名伏羲八卦，后天八卦又名文王八卦，下面以两个图表对先天八卦和后天八卦的所主表示进行展示，以便进行区分。

先天八卦的所主

乾居南方	数目为一	与坤相对
坤居北方	数目为八	与乾相对
震居东北	数目为四	与巽相对
巽居西南	数目为五	与震相对
离居东方	数目为三	与坎相对
坎居西方	数目为六	与离相对
艮居西北	数目为七	与兑相对
兑居东南	数目为二	与艮相对

后天八卦的所主

离居南方	五行为火	数目为九	与坎相对
坎居北方	五行为水	数目为一	与离相对
震居东方	五行为木	数目为三	与兑相对
兑居西方	五行为金	数目为七	与震相对
乾居西北	五行为金	数目为六	与巽相对
巽居东南	五行为木	数目为四	与乾相对
坤居西南	五行为土	数目为二	与艮相对
艮居东北	五行为土	数目为八	与坤相对

4. 什么是十天干

我们常听人说天干地支，到底什么是天干呢？其实，简单来讲，天干就是指天体中的五个星球对地球不断的干扰和影响，这种干扰，就被定名为天干。那既然是受到五个星球的影响，为什么天干会变成十个呢？因为五行不够说明天干的全部意义，所以，每个天干由阴阳两位来代表。这十个天干是：甲、乙、丙、丁、戊、己、庚、辛、壬、癸。下面以表格的形式对天干与五行的相互关系进行介绍。

十天干所代表的，是每个人的本质。每个人都必定属于其中的一个天干，因此每人都有自己独特的本质。这种本质与生俱来，从你出生的当天已决定你拥有哪种特性。

十天干与元素对应表

五行	木	火	土	金	水
元素	甲	丙	戊	庚	壬
原质	乙	丁	己	辛	癸

甲木：家中所有的木头、花草均代表甲木。大家常买的开运竹，因为无需攀藤，即属甲木。家中的绿色衣服也代表甲木。假如流年是甲申，凡重复本身的字称为犯太岁，因此甲字犯太岁，申字也犯太岁。亦代表甲壳，古代的人想科甲成名，会放一有壳生物来象征科甲。

乙木：所有的攀藤植物均属于乙木，纸张、书本，杂志等均是乙木。在风水学上，三碧星属木，代表是非官非。假如东方在流年犯三碧，你在东方堆了一叠报纸，还加了一些杂志，东方会因为木太多而犯是非官非，其罪魁祸首便是那一堆报纸杂志。因此大家对家中的书架不能掉以轻心，因书架是制造是非的根源。木代表人的肝胆功能，亦代表手脚和毛发。

丙火：丙火是太阳之火，命中喜火的人喜欢太阳。丙火包括真正的太阳，也包括太阳灯。假如你命中忌火，出外时最好戴太阳眼镜；

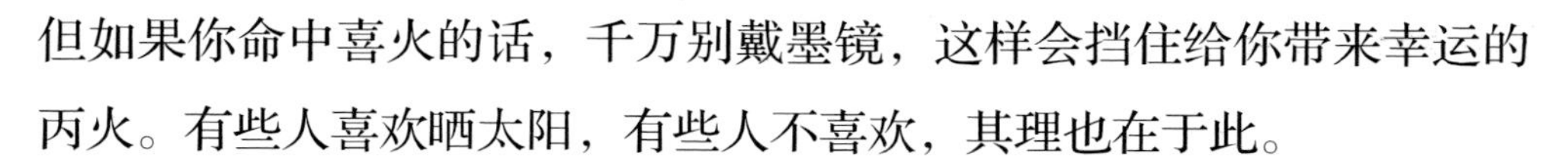

但如果你命中喜火的话，千万别戴墨镜，这样会挡住给你带来幸运的丙火。有些人喜欢晒太阳，有些人不喜欢，其理也在于此。

丁火：丁火是指由能源所产生的光和热，电视机、暖炉、电热毯、蜡烛、灯泡等发出的光热皆属于丁火。丙丁二火代表头部、眼睛、心脏和血液功能。

戊土：戊土是石头，也等于石春。要戊土的人爱放石春，也喜欢水晶轴及水晶山。因为水晶山属戊土，忌土之人不宜摆之，因此并非所有的人均适宜在家中放水晶山。

己土：要己土的人可从事美容、桑拿、减肥、化妆等行业，这些行业均与己土有关。戊己二土代表人的脾胃功能，己土代表泥土，也代表皮肤。需留意的是，皮肤病多与己土有关。

庚金：家中的鞋柜、挂钟便是庚金。庚金亦包括厨房内的刀叉，以及袋中的指甲钳。凡是喜欢在袋中放指甲钳、收藏刀剑的人，其实正储存了大量的庚金。

辛金：所有的金银珠宝、首饰皆属辛金。将一款首饰送给别人，就代表将辛金送给对方。另外，辛金也代表肺功能。

壬水：壬水是江河之水，是会流动的水，家中的水龙头，溪流都是壬水。家中外建的游泳池，江河也是壬水。

癸水：癸水指温润之水，是可以控制的水，如鱼缸的水便是癸水。壬癸二水代表肠功能和泌尿功能，癸水亦代表女性的子宫。

由此可见，十天干与太阳出没有关，而太阳的循环往复周期，对万物产生着直接的影响。

5. 什么是十二地支

地支共有十二，就是子、丑、寅、卯、辰、巳、午、未、申、酉、戌、亥。

十二地支代表了地球本身的放射能，与天干交互作用产生影响，而形成了天地间变动的法则；十二地支代表了一年的十二个月，同时代表了一日的十二个时辰，每一时辰有两个小时；十二地支同时也代表着十二个不同的年代，在天地间不停地运转着。十二地支与十天干配合，每六十年循环一个周期，称为六十花甲；所以六十岁的老人，也称为花甲老翁。十二地支又有各自代表的意思，分别如下：

子是兹，万物兹萌于既动之阳气下；

丑是纽，既萌而系长；

寅是移，指物芽稍吐而伸之移出于地；

卯是冒，指万物冒地而出；

辰是震，物经震动而长；

巳是起，万物至此已毕尽而起；

午是仵，万物盛大枝柯密布；

未是昧，阴气已长，万物稍衰，体暧昧；

申是身，万物的身体都已成就；

酉是老，万物老极而成熟；

戌是灭，万物皆衰灭；

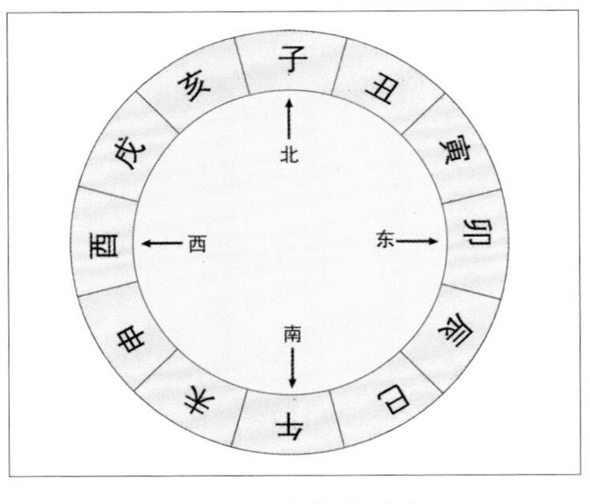

▲十二地支方位表示法

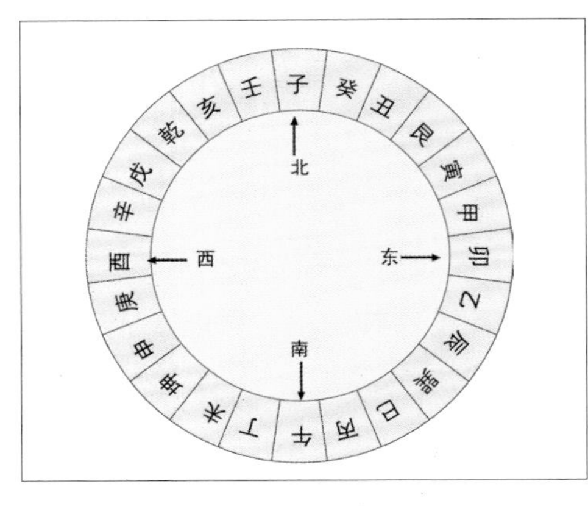

▲二十四支方位表示法

亥是核，万物收藏皆坚核。

6. 什么是命卦

风水学上，人的命卦也称为人的生命气数。风水中的命卦，是根据每人的出身年份而形成的卦象。命卦主要运用于室外环境及住宅方位规划，对室内的卧室、厨房、客厅、厕所等功能区进行合理的位置，以调节人与住宅的关系，产生对命主好的影响。

（1）命卦的计算公式

男性命卦＝[100－(公元出生年份后两位)]÷9，取余数为命卦数。

女性命卦＝[(公元出生年份后两位)－4]÷9，取余数为命卦数。

例如，某男出生于1963年，其命卦数等于基数100减去出生年份后二位63，再除以9，余数为1，取1为该男性的命卦数。代入算式为：(100－63)÷9=4……1。

某女出生于1967年，其命卦数等于出生年份后二位67减去基数4，再除以9，刚好除尽，其命卦数即为9。

（2）东西四卦、东西四宅、东西四命

易卦风水理论著，依据八卦的阴阳与五行属性，把卦分为东四卦与西四卦。又根据东、西四卦，把房屋分为东四宅与西四宅，同时把人的命分为东四命与西四命。具体分法如下：

东四卦与西四卦：坎卦、震卦、巽卦和离卦，称为东四卦；乾卦、艮卦、坤卦和兑卦，称为西四卦。

东四宅与西四宅：坎宅(坐北朝南)、震宅(坐东朝西)、巽宅(坐东南朝西北)、离宅(坐南朝北)为东四宅；乾宅(坐西北朝东南)、艮宅(坐东北朝西南)、坤宅(坐西南朝东北)、兑宅(坐西朝东)　为西四宅。

东四命与西四命：坎卦命、震卦命、巽卦命、离卦命为东四命；乾卦命、艮卦命、坤卦命、兑卦命为西四命。

命卦与宅卦对应表

年份	干支	宅卦（男）	宅卦（女）
1901年	辛丑年	男卦属离	女卦属乾
1902年	壬寅年	男卦属艮	女卦属兑
1903年	癸卯年	男卦属兑	女卦属艮
1904年	甲辰年	男卦属乾	女卦属离
1905年	乙巳年	男卦属坤	女卦属坎
1906年	丙午年	男卦属巽	女卦属坤
1907年	丁未年	男卦属震	女卦属震
1908年	戊申年	男卦属坤	女卦属巽
1909年	己酉年	男卦属坎	女卦属艮
1910年	庚戌年	男卦属离	女卦属乾
1911年	辛亥年	男卦属艮	女卦属兑
1912年	壬子年	男卦属兑	女卦属艮
1913年	癸丑年	男卦属乾	女卦属离
1914年	甲寅年	男卦属坤	女卦属坎
1915年	乙卯年	男卦属巽	女卦属坤
1916年	丙辰年	男卦属震	女卦属震
1917年	丁巳年	男卦属坤	女卦属巽
1918年	戊午年	男卦属坎	女卦属艮
1919年	己未年	男卦属离	女卦属乾
1920年	庚申年	男卦属艮	女卦属兑
1921年	辛酉年	男卦属兑	女卦属艮
1922年	壬戌年	男卦属乾	女卦属离
1923年	癸亥年	男卦属坤	女卦属坎
1924年	甲子年	男卦属巽	女卦属坤
1925年	乙丑年	男卦属震	女卦属震

（接上表）

年份	干支	宅卦（男）	宅卦（女）
1926年	丙寅年	男卦属坤	女卦属巽
1927年	丁卯年	男卦属坎	女卦属艮
1928年	戊辰年	男卦属离	女卦属乾
1929年	己巳年	男卦属艮	女卦属兑
1930年	庚午年	男卦属兑	女卦属艮
1931年	辛未年	男卦属乾	女卦属离
1932年	壬申年	男卦属坤	女卦属坎
1933年	癸酉年	男卦属巽	女卦属坤
1934年	甲戌年	男卦属震	女卦属震
1935年	乙亥年	男卦属坤	女卦属巽
1936年	丙子年	男卦属坎	女卦属艮
1937年	丁丑年	男卦属离	女卦属乾
1938年	戊寅年	男卦属艮	女卦属兑
1939年	己卯年	男卦属坎	女卦属艮
1940年	庚辰年	男卦属乾	女卦属离
1941年	辛巳年	男卦属坤	女卦属坎
1942年	壬午年	男卦属巽	女卦属坤
1943年	癸未年	男卦属震	女卦属震
1944年	甲申年	男卦属坤	女卦属巽
1945年	乙酉年	男卦属坎	女卦属艮
1946年	丙戌年	男卦属离	女卦属乾
1947年	丁亥年	男卦属艮	女卦属兑
1948年	戊子年	男卦属兑	女卦属艮
1949年	己丑年	男卦属乾	女卦属离
1950年	庚寅年	男卦属坤	女卦属坎

（接上表）

年份	干支	宅卦（男）	宅卦（女）
1951年	辛卯年	男卦属巽	女卦属坤
1952年	壬辰年	男卦属震	女卦属震
1953年	癸巳年	男卦属坤	女卦属巽
1954年	甲午年	男卦属坎	女卦属艮
1955年	乙未年	男卦属离	女卦属乾
1956年	丙申年	男卦属艮	女卦属兑
1957年	丁酉年	男卦属兑	女卦属艮
1958年	戊戌年	男卦属乾	女卦属离
1959年	己亥年	男卦属坤	女卦属坎
1960年	庚子年	男卦属巽	女卦属坤
1961年	辛丑年	男卦属震	女卦属震
1962年	壬寅年	男卦属坤	女卦属巽
1963年	癸卯年	男卦属坎	女卦属艮
1964年	甲辰年	男卦属离	女卦属乾
1965年	乙巳年	男卦属艮	女卦属兑
1966年	丙午年	男卦属兑	女卦属艮
1967年	丁未年	男卦属乾	女卦属离
1968年	戊申年	男卦属坤	女卦属坎
1969年	己酉年	男卦属巽	女卦属坤
1970年	庚戌年	男卦属震	女卦属震
1971年	辛亥年	男卦属坤	女卦属巽
1972年	壬子年	男卦属坎	女卦属艮
1973年	癸丑年	男卦属离	女卦属乾
1974年	甲寅年	男卦属艮	女卦属乾
1975年	乙卯年	男卦属兑	女卦属艮

（接上表）

年份	干支	宅卦（男）	宅卦（女）
1976年	丙辰年	男卦属乾	女卦属离
1977年	丁巳年	男卦属坤	女卦属坎
1978年	戊午年	男卦属巽	女卦属坤
1979年	己未年	男卦属震	女卦属震
1980年	庚申年	男卦属坤	女卦属巽
1981年	辛酉年	男卦属坎	女卦属艮
1982年	壬戌年	男卦属离	女卦属乾
1983年	癸亥年	男卦属艮	女卦属兑
1984年	甲子年	男卦属兑	女卦属艮
1985年	乙丑年	男卦属乾	女卦属离
1986年	丙寅年	男卦属坤	女卦属坎
1987年	丁卯年	男卦属巽	女卦属坤
1988年	戊辰年	男卦属震	女卦属震
1989年	己巳年	男卦属坤	女卦属巽
1990年	庚午年	男卦属坎	女卦属艮
1991年	辛未年	男卦属离	女卦属乾
1992年	壬申年	男卦属艮	女卦属兑
1993年	癸酉年	男卦属兑	女卦属艮
1994年	甲戌年	男卦属乾	女卦属离
1995年	乙亥年	男卦属坤	女卦属坎
1996年	丙子年	男卦属巽	女卦属坤
1997年	丁丑年	男卦属震	女卦属震
1998年	戊寅年	男卦属坤	女卦属巽
1999年	己卯年	男卦属坎	女卦属艮
2000年	庚辰年	男卦属离	女卦属乾

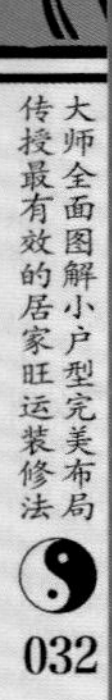

第二章 教你选吉宅

风水学是一个古老而吉祥的话题，好的居住环境是『藏风聚气』的，在选择住宅时要注意房子周围的环境、房子的方位、坐向，住宅的布局等要素，为自己挑选一个环境优良的好住宅，从而让人住得更舒心，生活更顺畅。

挑选最吉祥的楼盘

对于吉祥住宅的选择，不仅要考虑房屋内部的环境、房屋外部的环境，楼盘是否吉祥也是必要的考虑条件。现代都市楼盘遍地开花，如何在这繁多的楼盘中选到最适合个人和家庭需求的住宅，下面让环境学大师来告诉你。

1.楼盘选择五大关键点

住宅与楼之间是从属关系，而楼是好住宅的大前提，也可以说是进门的“序曲”。吉祥如意的好环境能带给你最直接的吉祥感应。最开始可以相信直觉，跟着感觉走，去感受住宅的神形丰韵，从而选中理想的楼盘住宅。同时，要更准确地挑选到吉祥的楼盘，也可运用所学

▲购买住宅前最好到住宅地进行实地考察，通常来说一个楼盘的环境好不好主要受选址、地基、地势、布局和绿化5个因素的影响，但考察时应从整体去判断楼盘的好坏。

的简单的风水学理论知识，来锁定你心中最理想的住宅地址。但现在的都市小区往往都是成片的规模，如何才能选中最适宜的那栋楼呢？此时就需要了解楼盘选择的五大关键点了。

一个楼盘的环境好不好主要受选址、地基、地势、布局和绿化五个因素的影响。需要注意的是，观察一个楼盘的好坏必须要注意其整体性，不能把一栋楼仅当做一个单体建筑来考虑，而是要注意它与周边楼群的相互关系。楼盘中围墙和大门的朝向及形状，小区绿地、树木、假山、水景的设置等等因素，都影响着一个楼盘的环境，因此一定要从整体上去把握楼房的环境是否上佳。

（1）选址

古代风水师在选择住宅环境时，以“山环水抱”、“藏风聚气”的地方为最佳。山水环抱之地直接受山水灵秀之气的润泽，无论从磁场学、医学、美学还是心理学的角度来看，都是非常理想的选择。可是，“佳山秀水”之地毕竟太少，都市中的住宅区往往处于高楼大厦、车水马龙之间。如果一个住宅区风柔气聚、场和气润，且阳光充足，就已经是一个不可多得的旺地。

在选购住宅前，最好先到你想购买的住宅小区实地体验考察一下，其中“风”是衡量风水优劣的一个重要参数，较为理想的风的形态应该是清风徐来、拂面不寒的，如果感觉考察的地方风大而厉、急且刚的时候，就应考虑换其他的地方了。如果“风”合适，还应考察一下住宅的采光，如果你选择的住宅南方近处有非常高大的建筑物，那势必影响到室内的采光，长期在这种环境中生活，会感到压抑、烦躁，最终导致事业和身体每况愈下。

（2）地基

俗语说“万丈高楼平地起”，建房之前首先要打好地基。地基若不正，没有好的基础，房子建得多吉相也避免不了地基带来的不良影响。

很多房子在环境、外观、装修上可能都非常完美，但住进去之后，衰事、坏事却接连发生，问题可能就出在地基上。所以自古以来，地基是风水学高度重视的内容，作为有条件提高生活环境的现代人更应认识到它的重要性。

那什么样的土地才适合建房子呢？环境学大师认为自然的高地，如高岗、小丘等最佳，这样万一发生洪水、海啸时，家园不容易受到侵害。除了寻找天然的高地外，也可以主动加高地基再建房屋。但需注意地基也不宜太高，太高则不藏风，也易受雷击，故应高低适中。

土地的形状以矩形为最佳，而且以长是宽的二倍以下为最理想地形。虽然是矩形，如果长是宽的二倍以上，呈细长形则不好。地形中以由东到西、由南到北，由东南到西北的形状为吉相，其他的形状则不好。

一旦知道你房子的地基有问题，最好的办法是迁移。若无法迁移，就必须举行“拔除不祥”的仪式。如果是新建房子，在盖房子以前，应该举行奠基仪式。如果是购买现成房屋，最好也举行供奉仪式。

（3）地势

土地的高低起伏即地势，在风水学上来看，宅运的好坏易受该因素的影响，所以须特别注意。一般的看法是，地基平坦最佳，东方或南方稍低也无妨，由北至西稍高也是好的，但是如果东方和南方的土地高则为不利。

▲理想的地形是四神相应，即后高、前敞、左右有小高丘。

现在城市房产商开发的住宅区的地面一般不会存在坎坷不平的情况，比较常见的是地势的倾斜。从风水学角度看，倾斜较严重的地势蕴涵了破败和风险的信息。所以，坎坷不平、倾斜严重的地方是不宜选择的。

（4）布局

买房选楼还应注意楼盘的布局，具体来说，就要看楼型和楼宇的排列关系。左右有楼在风水上是“左右有护持”之局，后边有楼是“后山有靠”之局。如果一排只有两栋楼，背靠大楼楼门分出左右，女性买左楼，男性买右楼。

买楼还要看楼房的阳光空气情况。俗话说：“买高不买低、买东不买西”，就是说，楼与楼之间的间距越大，楼层越高，房子获得的日照时间就越多，日照就越充足。两楼毗邻，其间距应能满足日照和通风两大要求。小区楼宇间距应随着纬度、地形、住宅高度、长度以及住宅坐向等因素而变通。通常的要求，以冬季中午前后，能有两小时以上日照时间为标准。较理想的楼宇间距是，前后间距等于楼房高度，

▲买房选楼前还必须观察楼盘的内部布局，具体来说，就要看楼型和楼宇的排列关系，了解你所挑选户型的相对位置，以及环境、交通、服务设施等多方面因素。

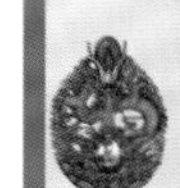

并肩间距等于楼房高度的一半。如6层楼住宅，高18米，则以前后间距18米，并肩间距9米为佳。在朝东和朝西的房中选朝东的，也是基于对阳光的考虑。

（5）绿化

绿化是中华文化的优良传统，树木是衡量环境好坏的标准之一。《葬书》云："土高水深，郁草茂林，贵若千层，富如万金。"草木繁茂则生气旺盛，宜于居住。《黄帝宅经》也认为住宅附近的树木，就像动物身上的皮毛一样，对住宅来说十分重要。如果住宅的局势散漫，没有树林作为屏障就像动物没有皮毛一样，不足以抵御寒气。事实上，在房屋四周种植花木，不仅对环境有影响，对人体健康和个人身心修养也有帮助。

现代社会房屋聚集，单个房屋很难实现绿化。因此就要观察、考

▲楼盘的景观和绿化是衡量一处楼盘品质的重要尺度，严格来讲，住宅小区内的绿化面积应该达到30%才符合相应的配套标准。

虑楼盘的绿化情况。楼盘绿化好，房屋的内部空气自然也会变好。需要注意的是，楼盘内靠近建筑不宜种植太密或高大的树木，以免阻碍旺气，减损房宅的兴旺。这是因为大树太近房屋，树根容易穿进住宅地基，造成地基松动、房屋皲裂的危险，也可能造成湿气太重，妨碍主人健康。此外，住宅外也不适宜有藤蔓植物，以免其攀附墙壁屋顶，损坏房屋外墙。藤蔓植物还可能造成阴气太重，加重室内的湿气，对住户的健康、事业发展及人际关系皆不利。

2.挑选最适合个人运势颜色的楼盘

挑选最适合个人运势的楼盘时，楼盘的颜色也是考虑的条件之一。这是因为色彩对人来说是有感情、有生命力的，建筑的色彩能让人引起生理反应。这是因为人们是透过视神经细胞的感受而识别出各种色彩，又因颜色的波长不同而对人产生不同的刺激。以黄色为例，由于其波长较长，对人的眼睛刺激较大，因而使人有一种扩张感；而蓝色却恰好相反，因为其波长较短，刺激小而造成一种收缩感。

▲楼盘的外观颜色在一定程度上会影响人的情绪，且对个人运势有一定影响。

（1）现代建筑的色彩

现代科学已经发现颜色对人有相当大的影响，建筑的色彩不仅能满足人们享受色彩美的愿望，增加建筑的表现力，突出建筑的个性，更重要的是它对环境作用。

现代建筑与过去相比，不但形状有新意，外面的颜色也更加丰富多彩。而不同的色彩塑造出不同的气场，也影响着人的情绪和能力。那么，对于建筑的外观，到底应该用什么颜色好呢？

首先，我们要考虑所选楼房的颜色与周围其他建筑的颜色是不是五行相和、相互协调。一般来说，如果周围建筑颜色的五行克制本楼颜色的五行，则有不利影响。相反，如果周围建筑颜色的五行，与本楼的颜色五行相生，就有利。其次，还要弄清建筑的功能，从其功能出发来考虑其外观色彩。同时还要弄清建筑所处的地理位置、环境和气候等条件，以及其相应的土地使用背景，然后搭配适合的颜色。最后还可将某一建筑和建筑群放在整个城市中，或放在大自然的背景下来考虑该用什么色调。

（2）五行与颜色的对应关系

颜色与五行也有其相对应的关系，下面以表格的形式对五行与颜

五行与颜色的对应关系表

五行	代表颜色	运用	相生	相克
金	白	清凉萧条，而西方正是太阳落下、荒凉之地，故金属西方，对应白色。	金生水	金克木
木	绿	具有生发特性，其禀性温和向上，而东方正是太阳初升之处，故木属东方，对应绿色。	木生火	木克土
水	黑	寒冷向下，而北方正是天寒地冻，故水属北方，对应黑色。	水生木	水克火
火	红	具有炎热向上的特性，而南方气候炎热，故火属南方，对应红色。	火生土	火克金
土	黄	长养化育，厚实适中，故中央为土所在之地，对应黄色。	土生金	土克水

色的搭配进行介绍，让视觉效果更直观。在选择楼盘时，可根据自己的五行来选择合适的颜色。

颜色效应在楼盘运用上速查表

色系	效应	运用
红色	★ 容易引起注意，具有较佳的明视效果。 ★ 被用来传达活力积极、热忱、温暖、前进等涵义的形象与精神。 ★ 也常用来作为警告、危险、禁止、防火等标示用色。 ★ 代表喜气、热情、大胆进取。	东方利红色，东方也象征年轻及勇于冒险的精神。
黄色	★ 明视度高。 ★ 在工业安全用色中，黄橙色常被用来警告危险或提醒注意。 ★ 由于其非常明亮刺眼，有时会使人有负面低俗的意象，所以在运用黄色时，要注意选择搭配的色彩和表现方式，才能把黄色明亮、活泼的特性发挥出来。	西方利黄色，黄色一向被用来代表财富，在西方则被认为是主导事业及财运的方位。
绿色	★ 传达清爽、理想、希望的意象。 ★ 在工厂中为了避免长时间操作机械导致眼睛疲劳，许多工作的机械也采用绿色。 ★ 一般的医疗机构，也常采用绿色来做空间色彩规划及标示医疗用品。	南方利绿色，南方主宰灵感及社交能力， 绿色则有生气勃勃之意。
蓝色	★ 大海的颜色具有沉稳的特性和理智、准确的意象。 ★ 在商业设计中，强调科技、效率的商品或企业形象大多选用蓝色当标准色。 ★ 也代表忧郁，这是受了西方文化的影响。	楼盘一般不使用深蓝色为主色系。
紫色	★ 具有强烈的女性化性格，温和、浪漫。 ★ 在商业设计用色中，紫色也受到相当的限制，除了和女性有关的行业形象之外，其他行业的设计一般不采用紫色为主色。	楼盘不适合以紫色为主色系。
褐色	★ 用来表现原始材料的质感，如麻、木类的事物等。 ★ 用来传达某些饮品原来的色泽及味感，例如咖啡、茶类等。 ★ 有时也代表古典、优雅的格调。	楼盘不适合以褐色为主色系。

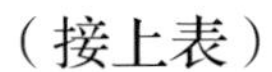

（接上表）

色系	效应	运用
白色	* 具有高级、科技的意象，通常需和其他色彩搭配使用。 * 纯白有寒冷、严峻的感觉，所以在使用白色时，都会搭配一些其他的色彩，如象牙白、米白色等。	楼盘不适合纯白色。
黑色	* 具有高贵稳重、科技的意象，许多科技事物的用色大多采用黑色，是一种永远流行的主要颜色，适合与许多色彩搭配。 * 又有庄严的意象，也常用在一些特殊场合的空间设计。	楼盘不适合黑色系。
灰色	* 具有柔和、高雅的意象，属于中间性格，男女皆能接受。 * 永远流行的颜色之一，许多高科技产品，尤其是和金属材料有关的行业，几乎都采用灰色。	楼盘大多是灰色。

（3）不同颜色在楼盘环境布置上的运用

颜色不同，在建筑外观的应用上也是不同的。下面以表格的形式对不同的颜色在方位布置上的偏重点进行介绍，并结合相应颜色的效应进行介绍，起到知识的速查作用。

3.围墙运用须引起重视

在关注住宅环境的同时，很多人都会忽略围墙的运用，事实上这是不对的，围墙对整个小区楼盘也有一定影响的。

（1）围墙内外要重视

如果住宅呈正四方形，围墙呈稍圆形最佳。这是取“天圆地方”之意，不过一般围墙以正方形或长方形较多，这样也无妨。但围墙不可呈“前宽后尖”形，也不可呈“前窄后宽”形。

屋子的地基要高过或齐平围墙地基，不可比围墙地基低。围

墙高度略超过常人身高即可，不可过高。尤其不可在住宅围墙上加装有刺的铁丝网。同时，围墙大门不可一高一低，或一大一小，也不可在围墙上开窗，古称“朱雀开口”，不利。其实围墙本来就是为安全防护才做的，再去开窗则失去防护意义，反而不利。

▲住宅小区一般都是带有围墙的，能适当增加住宅小区的安全性。

围墙要完整平齐，不可破损，整座围墙要一样高，不可一边高一边低。围墙不可紧邻着住宅墙壁，会导致通风及采光不良，气场无法有效发挥。围墙最少应和房屋墙壁有2米以上的间隔。

有围墙就会有空地，可在空地上种上一些花草树木。有围墙的院子可种榆树，不可在围墙或屋壁上种植爬藤类植物，或让藤缠树，因为爬藤易生虫害。

（2）围墙与住宅的距离不宜太近

建地狭小的住宅，与四周围墙的距离太近，就会有压迫感，会形成采光不佳、通风不良等问题。建地狭小，围墙无法与住宅保持适当距离，此时就要考虑使用其他的方法来加以补救。二楼住宅即使围墙增高，也无法保持隐秘性。因此，最好是建筑住宅前，把西、北侧的窗户改为百叶窗设计，既可采光、通风，还可兼顾家里的隐私。

4.哪些地点的楼盘不能选

所谓“安居乐业”，应先“安居”才能“乐业”，可见住宅在我们人生规划中的重要性。而什么是好的住宅，如何评价就成了问题。其

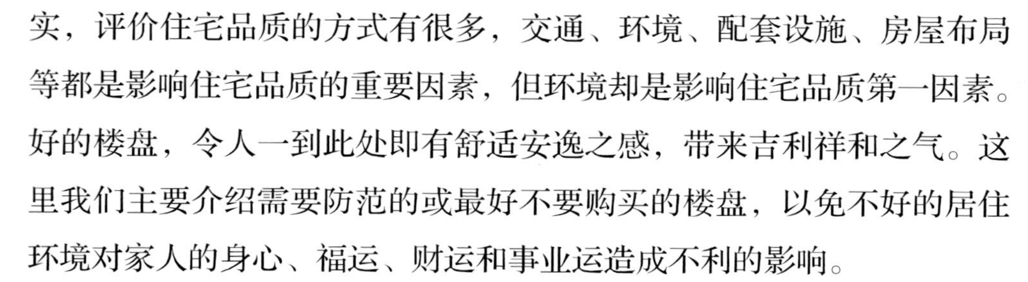

实，评价住宅品质的方式有很多，交通、环境、配套设施、房屋布局等都是影响住宅品质的重要因素，但环境却是影响住宅品质第一因素。好的楼盘，令人一到此处即有舒适安逸之感，带来吉利祥和之气。这里我们主要介绍需要防范的或最好不要购买的楼盘，以免不好的居住环境对家人的身心、福运、财运和事业运造成不利的影响。

（1）医院附近

建在医院附近的房子是不好的，因为医院通常有好多病人居住，病菌必定多。住院的多为带有滞气之人，滞气积聚过多就会影响周边气场。

（2）加油站、铁路和仓库旁附近

加油站是带有火灾隐患的地方，同时车辆进出往来，噪音也比较大，住在靠近加油站的住宅里，会使人烦躁不安，心神不宁。

如果住在靠近铁路的住宅中，不仅高速来往的火车会形成很强的气流漩涡，不能守住室内的祥和之气，同时，火车的行驶和汽笛声都会造成强烈的噪音污染，扰得人心神不宁，对健康不利。

（3）高压电塔、电视塔、电台和发射塔附近

高压电塔或变电站在五行上都属火，对磁场的影响最大，会影响人的大脑、心脏和血液运行。如果住宅靠近变电站或高压电塔，家人就容易犯心脏病、心血管疾病等，还容易发生精神病，甚至脑瘤。科学研究也证明，如果居所靠近高压建筑物，儿童患白血病的几率通常高出一倍，于健康大大不利。

这些地方常会产生高强电磁波，如果居所附近有此电视塔和电台，身体容易出现神经系统和免疫系统受损问题。因此，为了家人的身体健康，这些地方最好不要居住。

（4）菜市场附近

住宅靠近菜市场也是不好的环境，因为菜市场常会散发各种肉食

的腥味和菜叶的腐烂味，这是味煞。大部分的菜市场环境卫生差，易滋生细菌或害虫。将住宅建在菜市场附近，受这些不利因素的影响，于家人十分不利。

（5）垃圾站附近

住宅靠近垃圾站也是不好的，由于垃圾站会堆放大量的垃圾，极易滋生各种细菌，对空气也有所影响，对居住在附近的人的健康也不利，所以应尽量避免。

挑选最有利于宅主运势的楼门与楼层

购买住宅时，首先要明白，住宅最直接的第一感应者，就是住宅的主人。因此，选楼时一定要先确定住宅主人的性别，或是准确了解该住宅是以男主人还是女主人为主要考虑方向，因为这不仅会影响其运势，还会对他或她在家庭中的地位产生相应的影响。同时，在挑选“吉屋”时，还应结合屋主的自身条件来挑选出最有利于屋主运势的楼门与楼层，让针对性更强，体现出更大的作用。

1. 楼门的选择

在确定了住宅的吉祥楼盘之后，接下来要选的是整栋楼的楼门。这里提供了两种不同的选择方法，以供参考。

（1）根据地运选择楼门

要知道什么楼门更为适合，首先应寻求与屋主相适合的宅地旺向，这才是最关键的。而寻找宅地旺向就得先知道地运。

那什么是地运呢？对于现代的住宅，地运当在七运、八运的占很大一部分，七运实际上多为二手房或转让房，而占八运者基本上是当

下的新房。地运当七运在1984年至2003年，地运当八运在2004年至2023年。

1984年至2003年下元七运房产的吉向楼门：

正西位开门为旺气门，主事业财运有大进展；

东北位开门为生气门，主事业财运稳步上扬；

正南位开门为进气门，主事业财运稳定进步。

2004年至2023年下元八运房产的吉向楼门：

▲住宅楼大门的方向也影响着住宅的环境，不同的朝向对环境的影响也不相同。

▲楼门的选择必须要考虑地运的因素，对于住宅小区中楼的一旁就是泳池或水景景观的情况，此时楼门可朝向面水的一方。

东北位开门为旺气门，主事业财运有大进展；

正南位开门为生气门，主事业财运稳步上扬；

西南位开门为进气门，主事业财运稳定进步。

七运为兑，利西方，七赤星五行属金当运。八运为艮，利东北，八白星五行属土当运。

意思就是说，如果想选购1984年至2003年段的二手房，那么可以先考虑开西门的、开南门的和开东北门的；如果选择的是2004年至2023年下元八运的房产，那开西门的就不要再考虑了，改成开北门的。南门和东北门仍然不变，其次还可以加上东门。

（2）根据楼盘户型选择楼门

在选择楼门时，也要根据不同格局的楼盘来进行。一般来说，住宅楼会有两个楼门，一个在前一个在后，或者两个相反方向各一个门，如果向东有一个门则另一个门向西，一个门如果向南的话则另一个向北。而如果大楼设计有底商，则正门出入底商，中间封闭，后门才是住户的通道。对屋主来说，楼的坐向由所进的楼门决定，如选定的大楼是坐北朝南的方向，正门南门出入底商，屋主就须走后门北门，那这栋楼就算是坐南朝北的了。如果选定的楼只有一个门，或另一个楼门常年被关闭，那常走的那个楼门便是这栋楼的楼向。

▲单个楼的坐向由所进的楼门决定，选楼时宜结合宅主自身条件选择适合朝向的楼门。

对于板式楼和小高层，这类楼多是一排楼门，每个楼门为每个单元的出入口，因为它们多有一排楼门，每个楼门为每个单元的出入口，一般不能与其他单元相通。此时，如果已经知道了哪种门向适合屋主的话，那就按“男选右、女选左”的原则进行选择。当然，此时要背靠大楼来分辨左右。而还有一种情况就是同一排楼也有几个门，楼内有走廊相通。此时，就说不清楚哪个楼门是主要的了，因为任意进出哪个门都可以到达住宅。且楼型是蛇形的，弯弯曲曲有弧度，楼门也随弧就弯，说不清楚朝着哪个方向。如果是这样的情况，楼门的选择把握起来比较难。此时应先定楼的基本朝向，看其是朝南或北，东或西，还是西北、东南、东北、西南，把握住基本朝向后再看楼门，哪个能快速到达住宅，距离最近的那个门就是最适合的楼门了。

2. 选楼门时的禁忌

任何事情都有两面性，在挑选有利于个人的楼门时，除了需要了解一般的挑选顺序和一些必要的注意事项外，还需要了解“反方面”的东西，即楼门禁忌的一些情况。下面进行了归纳整理，帮助你及时规避一些不必要的麻烦。

（1）楼门被遮挡

一出楼门便被自身的楼体挡住一半，等于楼门窝在其中，不宜选。楼门外最好视野开阔，出门后应该是敞亮的，以不被物体挡住为宜。

（2）出门是缓坡

一出楼门便是一个缓坡，路面高而大楼地基矮，也属不宜。因为一旦下雨会造成雨水倒灌，会使住房不得安宁。

（3）楼门开在楼的阴角处

楼门不宜开在建筑的阴角处，特别是针对楼型有90度以上拐角的，则更不宜开在此处。这是因为拐角处一般背阴，在多风的季节里容易形成室内通道的旋风，对家人的健康不利。

（4）楼门对下行楼梯

对于一些比较旧的住宅楼，经常还会出现楼门口对着一条向下行的楼梯的情况。这样如出门时不慎摔倒，容易造成危险，十分不利。

如何选到好的房屋

风水学是我国传统文化中一颗璀璨的明珠，它是关于建筑环境规划和设计的一门学问，指导着中国百姓的日常生活，表现为人类生态环境的风水学说，时时刻刻在对人体发生着影响。可以说风水学与人

▲一个住宅环境的好坏往往会对居住者的运势形成极大的影响，通常你拥有一个符合环境规则的住宅，你也更容易拥有一个幸福如意的人生。

的生理和心理健康息息相关。

如何才能从风水学理论入手，获得住宅的好环境呢？下面就来为你进行由外而内的诠释。

1.好环境房屋的外部要求

我们常说安居乐业，可见，要先安置一个居所才是首要的前提，同时还要注意，这个居所的环境也是非常重要的，这里就大方向而言，对具有好环境的家居环境的选择提供一些要求，以便对选择起到辅助作用。

（1）依山傍水

山是大地的骨架，也是人们获取生活资源的天然宝库；水是万物生气之源泉，没有水，万物就不能生存。这两者都是人类生存的必要条件，所以民间也有“靠山吃山，靠水吃水”的说法。可见，要让住宅有好的风水，就离不开山和水这两大元素。

▲在很多小区中，小区中心区域都会带有水体景观，取其“面水”之意，愿风水吉祥。

严格来说，依山有两种形式，一是“土包围”，即三面群山环绕，房屋坐北面南，隐于万树丛中，既有充足的阳光，又能吸收大自然的气息；另一种是“屋包山”，即成片的房屋覆盖着山坡，从山脚一直到山腰，而山有多高，水就有多远。而傍水则就是居住在水边或离水源近的地方。这些都是古时人们对居住环境的要求。而到了现代，人们还是遵循着“依山傍水”的环境要求，只是在功能设计上更为完善便捷。

（2）阳光充足

植物需要阳光才能生长，而阳光对人类的作用也是非常重要的。随着生活水平的提高，人们在居住环境上对采光的要求也更为挑剔。选择房屋时，不仅要空气清爽，而且还要阳光充足。如果阳光不足，光线阴暗，室内便会阴气过重。不但不利于身体健康，还会影响居住者的心情，甚至不利家庭的团结，导致家庭不安宁，不宜居住。

（3）藏风聚气

风水学讲究“藏风聚气”，风势强劲的地方，则不能算旺地。如果风势过大，即使是一块风水旺地，也会被过于强势的风力所破坏。所以，在购置房屋时应仔细考察房屋的情况。首先要注意风势，倘若发觉房屋附近风势很大，即使自己非常喜欢也只能忍痛割爱了。同时也要留意，风过大固然不妙，但也不能完全没有风，否则空气得不到流通，空气质量不好，会影响到人体健康。较为理想的居住环境应该轻风徐徐吹来，清风送爽，才符合风水之道。此外，还要注意风向的问题，风应该面向前门而来，而不应该从屋后吹来。

（4）地势平坦

从环境的角度来看，地势平坦的房屋较为平稳，所以在选择房屋时，除了查看大的环境外，对房屋周围的地势也要留意。若是房屋的大门正对一条很斜的山坡，不但不利于居所，还会出现许多风险。如果你真的很喜欢这样的环境，或者无法避免要选择这种环境来居住，则一定要看看周围的植被是否很多，排水是否通畅。否则，一旦泥石流发生，后果就不堪设想。

（5）规划合理

家居的好环境要求还包括房屋的格局，规划一定要合理，要根据各功能房间的需求来规划。如客厅宜设在住宅的中央，而中心部位不宜用作卫浴间，否则，这便犹如人的心脏残留过多的废物，不利于人体健康。同理，即使卫浴间不是位于房屋的正中心，而位于房屋后半部的中心，且与大门成一直线，这样的格局也是不好的。另外，房子的正中心也不宜堆放垃圾，否则会影响全家的居住环境。这些都是在房屋装修时应当注意的细节问题。

（6）良好的小区景观

除了环境上的一些要求外，对居住小区的景观也有要求，良好的小区环境配合好的人工造景以及相应的配套设施，能为居住在小区的人们带来好的心情。如健身活动设施，要考虑到老人、小孩的比例，设施的尺度应与人体工程学尺度相适应，同时，还要从材料的色彩、质地和化学性质上，考虑人与其接触时的舒适性、安全性以及耐久性。小区里的景观不只是供居民观赏，还必须与居民的休闲活动相匹配，也就是说居民可以徜徉其中，享受大自然而不觉得拘束，能够实实在在地享受这些景观设施。

▲有的小区还带有一些装饰性的建筑，如棚架、花架等，在中心广场上还会设置雕塑，让小区具有艺术氛围。

（7）忌街巷直冲

在选择居住环境时，

首先要了解房子周围的环境，看看房屋的前后左右是否有街巷直冲的情况。若房屋的大门正对直冲而来的马路，而且马路又很长，这样的话危险很大。若车流量很大的话，则很容易发生交通事故，如果家里有小孩和老人，那就更要注意了。

（8）忌正对烟囱

风水学古籍《阳宅撮要》有云："烟囱对床主难产"，由此可知烟囱对健康有损。所以如果卧室的窗外正对烟囱，则这类型的房屋就不宜做为栖身之地。从环境卫生来说，烟囱密集的地区也不宜居住。从烟囱喷出的煤烟火屑，进入人的呼吸系统，会影响身体健康，因此从健康角度考虑也不宜选择。

2. 好环境房屋的内部要求

房屋内部风水的吉凶主要受屋形、布局、明堂、门窗和色彩等五大因素的影响。

（1）屋形宜方正

屋形就如同人的骨架，骨架若好，外观看起来就很雄壮。房屋的结构若好，看起来也会稳如泰山。风水学上极其重视房屋是否方正无缺，一般房屋无论外墙或是内部厅房形状，以正方形或比例恰当的长方形为佳。方形在五行中属土形，长方形属木形，地气平和，有着平稳渐进的灵动力。住在方形的房子里，感受到的是平和、稳健、宽容、敦厚。

长方形的房屋如果长宽比例得当也属于吉宅，比例以3：2最佳。如果屋形狭长，其长度超过宽度一倍以上，属于不规则住宅，可通过柜子等较矮的家具，在保持空气流畅的情况下，将房子分成两个正方形。

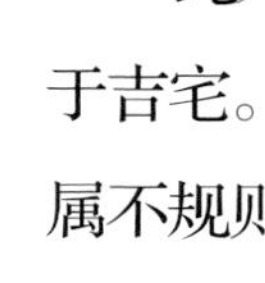

此外，梯形尚佳、圆形（只适合商业办公室用途）的屋形大致上也属于吉宅。但若屋的形状是多角形、细窄长方形、三角形或像一把菜刀，则属不规则的住宅，对居住者的健康和运程有不好的影响，应尽量避免居住其中。

（2）布局要合理

住宅环境除了考虑住宅的外部因素外，其内部布局也特别重要。住宅布局中的三要“门、房、灶”，这些区域是住宅内部布局的重点，其布局是否合理是判断住宅布局的主要依据。

“门”是住宅吐纳气的门户，宜开吉方旺方，但现代都市住宅门户很难改变，只能根据住宅方位稍作移动或扩大，也可以用阳台作为气口之补充。

“房”是指主卧房，为主人起居之所。主卧房宜位于住宅之生旺吉方，卧房位于吉方，主人的疲劳就能够充分地消除，很轻易就能够恢

▲卧室环境是住宅环境中的重要组成部分，毕竟，人一生中1/3的时间都要在那里度过。卧室环境的好坏，直接影响到宅主的事业、生活、健康等方面。

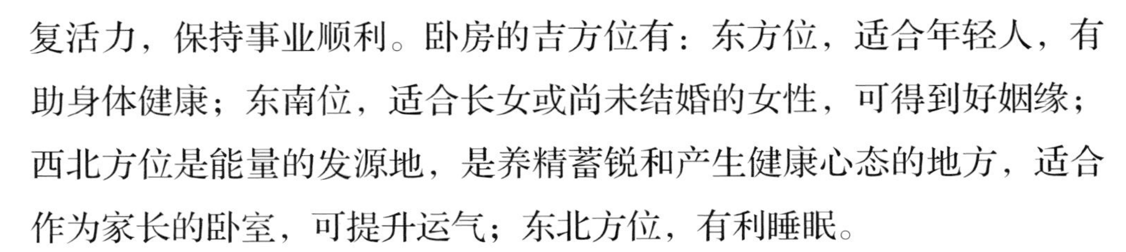

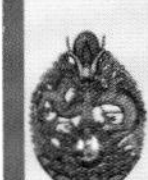

复活力，保持事业顺利。卧房的吉方位有：东方位，适合年轻人，有助身体健康；东南位，适合长女或尚未结婚的女性，可得到好姻缘；西北方位是能量的发源地，是养精蓄锐和产生健康心态的地方，适合作为家长的卧室，可提升运气；东北方位，有利睡眠。

“灶”是指厨房，厨房是烹调饮食的场所，是人间烟火的代表，五行属火，以“火”为其表征，厨房方位也是用这个标准来衡量。从环境卫生角度而言，厨房向南食物易腐化，不宜；厨房在西南方，空气流通不顺畅，通风不良，而且靠西边的方位下午阳光太过猛烈，极易使食物腐烂。而西南面采光条件好，但夏季吹南风就会使厨房里烹煮的油烟和蒸气弥漫住宅，容易发生火灾且使房子脏乱潮湿，不宜。而在东南方，四季都有充足的光线，冬天不会太冷，且早晨气温低，可享受阳光的照射，中午气温高，却又变成阴凉的地方，食物新鲜易保持较久，不易腐烂，对健康有利。因此，结合方位与环境卫生而言，将厨房设置在住宅的东方与东南方最佳。

（3）明堂宜开阔明亮

现代家居所指的明堂，集缓冲与汇聚功能于一身，是汇集生气活流，以及形成一种气流聚散的缓冲地带。明堂开阔明亮，可使住宅内外的衔接更加流畅，达到藏风聚气和稳定住宅环境的效果。明堂还代表着住户的前途、事业与胸襟气度。所以如果明堂开阔的话，度量就大，视野也宽，个性也较从容不迫。

明堂有内外之分，位于宅前的一片平坦的空旷地带，叫外明堂；位于住宅内部入口处的空地为内明堂。现代楼房具备外明堂的住宅已经很稀少。如果能在住宅内的入口处开辟一个内明堂，同样也能起到相应的作用。

明堂的属性要求平坦、宽阔和明亮，这样的明堂才会给我们带来健康舒适的环境。布置明堂时可因地制宜设置玄关、灯饰装潢、栽种

植物或养鱼，以培养引导健康之气。如果家里的明堂足够亮，足够宽，表示家庭的人际关系热络，人脉广，使家人的工作机会或升迁几率增加。但明堂的位置忌讳铺满碎石，筑起石级，塞满杂物，环境昏暗等。如果明堂狭窄，宅内主人从门窗看出去的视野就很小，长此以往，不但会影响人的心情，还会导致住户渐渐变得心胸狭隘，气量狭小。

（4）门窗应协调

《黄帝宅经》认为住宅以门户为冠带，门窗是室内接触外面的管道，也代表一个人的见解。门窗是住宅的气口，它具有日照采光、通风换

▲家里的明堂足够亮，足够宽，表示家庭的人际关系热络，人脉广，使家人的工作机会或升迁几率增加，这样的明堂才会给我们带来健康舒适的环境。

气和出入眺望等三大功能。无论是传统的中国风水学或现代的各种建筑学派，对于门窗的位置与大小，都有一定的规范与看法。

门是屋宅最重要的纳气口，影响着家庭成员的性格、流年运程等各方面的情况。对外，它又如同人的脸面，关系着一家人的社会声誉、地位。因此，大门的选择非常重要。大门和内、外气的流动关系密切，每个人进出大门都会受到大门的影响。为了提升运气，增强门户气势，可在大门旁边摆设如狮子、麒麟、貔貅之类的吉祥物，既美观又实用。

窗户和门一样，吸纳阳光和空气进入室内，也是私人生活与外界沟通的管道。窗就好比住宅的眼睛，在家中扮演着不可或缺的角色，所以屋子一定要装设窗子。窗的形状、方位运用得当，有助于加强家居吸收能量和增加活力。直长形窗属木型窗，适合开在住宅的东、南与东南部，有促进家庭进步和蓬勃发展的作用；正方形或横的长方形窗属土型窗，适合开在住宅的南、西南、西、西北或东北部，有助于安定住宅，对家庭产生平稳踏实的作用；圆形或拱形的窗户属金型窗，适合开在住宅的西南、西、西北、北与东北部，有助于增加家庭凝聚力；尖或三角形的窗户属火型窗，由于过于尖锐，太具杀伤力而不利，在家居建筑物比较罕见；弯曲的水型窗也不大应用于家居。圆形或拱形的窗户适合装设在卧室、玄关和客厅，适合塑造宁静而安详的感觉；方形、长形窗则给人以振奋肯定的感觉，适合用在餐厅和书房。一般住家若能适度混合使用两种窗形，可获得良好的效果。

此外，窗户的大小要与大门和房屋的大小相协调。

（5）色彩应按方位正确搭配

住宅色彩与人体有密切的联系，色彩不仅能给人以温度、距离、轻重、面积与动静等感觉，还直接影响到人的健康、情绪甚至正常的生理功能。

在进行家庭装潢与布置时，应根据住宅方位布置适合家庭运势的色彩，带来如色彩一般旺盛的气息，让家庭成员能借“势”得力。

▲摆设在客厅中摆放的红色沙发，在视觉上给人很热情的效果，摆放得当的也能给风水加分。

东方宜用红色，东方象征年轻和勇敢，而红色代表热情和喜庆，在东方摆放一些红色的家具及装饰品，可使家人充满活力，有利于事业与学业；西方宜用黄色，西方是主导事业及财运的方位，而黄色代表财富，在西方放置黄色的家具饰物如黄水晶，可带来旺盛的财气；南方宜用绿色，南方主宰灵感及社交能力，绿色可增添生气，催化人际关系，故在南方适宜放置绿色植物；北方宜用橙色，北方掌管着夫妻关系，而橙色代表热情奔放，在卧室的北方放置橙色台灯或抱枕等，可融洽夫妻感情。此外，西南方宜用土色和茶色系，可为家庭增添福运和桃花运；西北方宜用白色，可为主人引来贵人，且能明亮整个家居。

另外，在住宅的色彩搭配上应注意三大原则：

墙壁的颜色应比天花深，比地板浅。天花代表天，地板代表地，墙壁则代表着人。墙壁的颜色应在天花和地板之间，即要比天花深、比地板浅，这样天、地、人才能达到和谐。

地板颜色应比天花板深。天花板应尽量使用浅色调，而地板则要比天花板的颜色深，形成天清地浊的形势。

不要用太多的红色或黑色做屋内的主色，因为太红或太黑容易

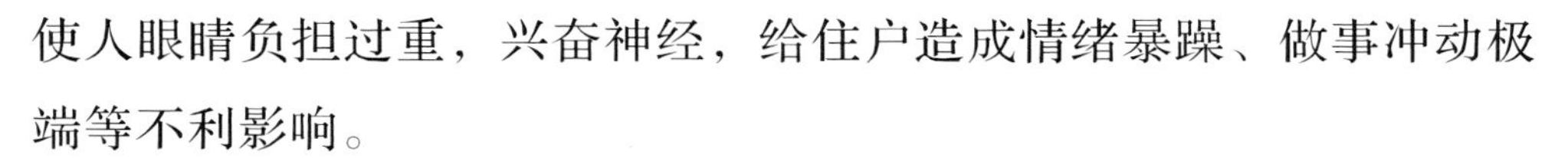

使人眼睛负担过重，兴奋神经，给住户造成情绪暴躁、做事冲动极端等不利影响。

3 .好环境房屋的坐向

俗话说“入屋看门口”，那何谓“门口”呢？“门口”即是指住宅的坐向，入宅后正对着门口的方向称为“向”，而“向”的反向即为“坐”。坐向对住宅的布局有着举足轻重的影响，因此，坐向是住宅布局的重要环节之一。

关于中国住宅的最佳坐向，对此看法不一。但总的来说，要符合日照、通风、顺应地磁与河流及山脉走向等要求。现代住宅的坐向原则之一就是坐北朝南。中国人之所以将正房的朝向确定为坐北向南，从实用功能的角度看，主要的原因是这种房子冬暖夏凉，光线充足。在冬天，阳光也一样能照射到房间的深处，令人有明亮温暖的感觉。到了夏天，当太阳升到接近头顶的上空之时，屋内也受不到强烈日光的照射，除此之外，温暖湿润的东南风也可以透过窗与门吹进屋里，使人感到凉爽舒适。而现代城市楼房建筑由于街道走向，不可能个个都符合这个要求。但原则是不变的，所有可以建设成坐北朝南的楼房都应该遵守。不能坐北朝南的建筑，要想办法变通，综合考虑各方面的因素，使之通风、采光、日照的效果趋于最佳。

（1）判断房屋坐向的基本方法

房屋的方位是很重要的，如果房屋的坐向一开始就不对，往后的室内环境怎样加强或弥补，效果都是有限的。因为气流、磁场是不可能改变的，太阳的升起、落下的方向等大环境的因素更是不可改变的。所以，选对正确的房屋坐向，也就象征着选择环境好的住宅已经成功了一半，可见其重要性。

不同建筑类型的定向方法表

建筑类型	定向方法
独门独院、一楼、平房	以“大门”“水流”“主要干线”为向，在大门滴水或大门中央下盘
大厦、二楼以上	以“阳台”“窗户”为向，在阳台或房屋中央下盘
乡村和城市	以入室门为向，在房屋中央下盘
院落、社区	以大门为向
大区域	以主干路为主，以来的方向为“向”，以出去的方向为“坐”
城市	如有江河以两条推论，无江河以主干道推论，以入口为“向”，出口为“坐”
国家	以大江大河为准，入口为“向”，出口为“坐”

在室外大环境下，可以借由指南针、罗盘来判断方向。如果住在一栋大楼里，此时要以大楼的大门或屋外的水流、主要干线为基准，来判断房屋住宅到底“向”哪里，“坐”哪里。下面针对不同的建筑内容和基本的定向方法，以表格的形式进行介绍。

（2）选定房屋坐向的参考因素

在古代，建筑朝向的确定是件十分重要的事情，不仅要考虑气候、日照和环境，还涉及政治、文化方面的因素。而在现代，房屋的“定向”在于确定建筑物与环境的关系，这也是非常重要的事情，一般主要从建筑的整体规划、阳光、风向三个方面的因素来考虑。

整体的规划：建筑的坐向除了要考虑阳光、风向等因素之外，也应考虑城市整体布局规划。因此，城市建筑的定向，无论是街道的走向还是建筑物的朝向，都必须先符合整体规划布局，在此基础上再考虑阳光、风向的因素。

一些好的住宅，在整体环境的规划上就会考虑到社区固有设施与学校、戏院、游憩场所、停车场、高速道路、公交车站、警察局、

消防队等场所的关系，以求为居住在其中的人提供更多方便，带来更和谐便利的居住环境。

阳光因素：在这里首先要考虑热量，太阳的角度在冬天和夏天会有所不同，理想的房屋定向是在冬天吸取较多的太阳热量，在夏天则尽量阻挡太阳热量；因此建筑的风水规划应使其角度与长度，在冬天允许阳光通过，在夏天则能阻挡阳光射入。

其次，太阳光线中的紫外线具有杀菌及改善室内卫生条件的效果。紫外线的强度在一天中会随太阳高度角的增加而增加，一天中正午前后紫外线最强，日出后及日落前为最弱。在冬季各朝向居室内接受的紫外线，以南向、东南和西南朝向较多，东、西朝向较少，大约只是前者的一半。东北、西北和北向的居室，接受紫外线更少，还没有南向和东南向的三分之一。

最后，建筑物室内的日照情况，同墙面上的日照情况大体相似，

▲风水学最讲究阳光空气，所以选择房屋，不但要空气清爽，还要阳光充足，从而让室内保持良好的光线，同时也能带给人好的心情。

也要充分考虑冬季、夏季太阳照到室内深度的大小，不同空间对阳光的需求也各有不同。如厨房应考虑上午有阳光照进来，而客厅下午应有阳光，因此厨房与餐室应设于房屋的东侧或两侧较佳，客厅则设于南侧或西侧，以便接受下午的阳光，而卧室可设于阳光较缺乏的一面。

风向因素：风向与建筑朝向的关系也十分密切，它对冬季室内热损耗程度及夏季室内自然通风影响很大，因此选择建筑朝向，不仅要考虑阳光，也要注意风向。

在北方干燥寒冷的地区，为了减少冬季寒风的侵入，这个地区的建筑，大部分主要居室布局，应避开对着冬季主要风向的方位，以免热损耗过大，影响室内温度。而在南方炎热潮湿的地区，则为了加强建筑物的自然通风效果，应使建筑物朝向与夏季主要风向的角度尽量小于45度，这样室内就有更多的风吹入，使湿气容易随风排出。

（3）房屋定向的原则

要买好房，当然得对整体建筑的朝向有所掌握，这样才能在大方向上，对房屋的风水做到心里有数，购买房屋时才能更放心。建筑朝向的选择必须全面考虑当地气候条件、地理环境、建筑用地等情况，在节约用地的前提下，要满足冬季能获得较多的日照，夏季避免过多的日照，并有利于自然通风。

以阳为向："以阳为向"是指房屋的朝向要向着阳面，这样才能保证充足的自然光源。说得更简单一点，即房屋的朝向能使得室内在该有日照的时候就要有日照，不能大白天居住的地方还没有阳光照射进来。

以动为向：《易经》上说："动为阳，静为阴"，如流动的水即被归类为"阳"，而静静矗立的山脉则被归类成"阴"；公路上有车流动被归类为"阳"，建筑物静止不动则被归类成"阴"。如大厦外面有一条河或大道，这些环境对住宅有直接的影响，都应以动为向，静为坐。

宽广为向：一些方形建筑四面皆是街道，则应以宽广、低矮的一面为向，高、窄的一面为坐。如有一面是广场、学校操场、公园等，就以这宽广的一面为向。

根据建筑形状定向：所谓建筑形状是指方形、三角形、多边形、半圆形、“丫”形、“T”形、“L”形等建筑。其中除方形外，其他都是不规则的，则应根据其特点分别立向，但总的原则仍然是“以阳为向”。

小钱也能买到“最优质”的户型

户型是住宅最基本的要素之一，是住宅选择的一个重要标志。现代社会房价居高不下，如何以同样的价钱、同样的面积，寻找到设计既合理又美观的户型，如何以个人经济能力能承受的价钱买到更实惠、更舒适的住宅，都是现代都市人迫切想知道的问题。

选择一种户型，就选择了一种独特的生活方式。无论户型是大是小，创新与否，好户型的共同优点一直没有变。擦亮眼睛，抓住这些优点，你自然能眼高一筹，拿下最优质的户型。优质户型主要有如下特征。

1.采光充足

南北通透的户型采光最好，且最好有一间卧室或者客厅是南向，这样可以直接采光。如果是偏东南或西南也可，但角度最好不要大于45度，以保证房子能够直接获得日照。

2.通风良好

户型最重要的一点就是拥有良好的通风。只有每个房间都通风，室内才会有优质的空气。如果属于温和的通风，就会让居住者舒适。如果是单面朝向的户型就必须安装通风设备，在外墙相对的墙面上开窗形成穿堂风，或在外墙相邻的墙面上开窗形成转角通风。不过

▲小户型住宅内需保持良好的通风，方能“藏风聚气”，打造出好环境。

需要注意的是，如果风与气流太过疾速地强烈灌入，就会影响居住者的健康。小户型的房间因为空间有限，一旦天气变化，就很容易形成对流强烈的疾风，这时应尽量不开窗，或将外墙的窗封闭，即可化解强风。

3.动静分区

根据人在住宅空间内的活动频率，可将其简单的划分为“动区”和“静区”。“动区”指人活动频繁的区域，主要包括客厅、厨房、卫生间、餐厅等。“静区”则指住宅内人活动较少的空间，主要包括卧室、书房等。为了避免家人活动相互干扰，良好的住宅必须动静分区明显，“前厅后卧”是一种经典的动静分区明显的户型结构。此外，要注意户门不要直对客厅，以营造住宅相对安静的环境。

4.污洁分区

住宅的洁污分区对住宅设计同样非常重要，如此才能保证生活的卫生洁净，减少病菌对人体健康的影响。在一个户型中，卧室、客厅是相对干净的“洁”区；而厨房、餐厅和卫生间是住宅供水和排污的集中空间，会经常用水和产生垃圾，卫生条件相对较差，是“污”区。两个区域在户型的设计图上尽量分开，如让厨房远离卧室和客厅，可尽量将其安排在靠近户门的地方，避免了拎着菜穿厅过房。而卫生间和厨房同属于“污”区，且两者都是水管集中地，可将其相邻设置。

▲住宅的主次要分开，可以将次卧或是儿童房挨着客厅区域，而主卧则可设置在室内的另一侧区域。

5.主次分开

主次分开是指主人房要与其他成员房间有所区别，主人房一般选择朝向好（向南或向景观），视野开阔、采光通透的单间，最好能单独设立卫生间，着重提高主人的生活质量和保护其私密空间。现代很多都市家庭，白天夫妻两个都要上班，为了照顾老人和孩子，就会请一个保姆，设置的保姆房就应与主要家庭成员的房间有所分别。

6.保护私密性

隐私是每个人都非常重视的东西，为了充分尊重与保护家庭每一个成员的隐私，社交空间、私人空间应有效分隔。首先，要保护好对外的私密性，卧室和卫生间属于家庭内部空间，就应与客厅、餐厅等

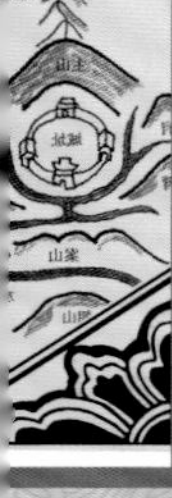

会对外开放的空间分离。这样客人去往客厅时，就不用经过卧室和卫生间，引起不便。其次，家庭成员之间的空间要保持私密性，主卧、儿童房和老人房最好隔开，留给每个人自己的私人空间。如果住宅面积较小，难以保持距离，就可将房门设计成相对或并列的形式，同时隔墙要做好隔音工作，充分尊重每个人的领地。

7.具有安全性

安全性是指一个良好的户型应该具有防盗、防火、抗震和抗御自然灾害的能力，使家庭成员有安全感。还要观察住宅内是否有危险区域，如几个房间的门不能凑在一起，以免发生家庭撞伤事故。

小户型购房四字诀

武侠故事里常谈到内功心法、秘籍，练武之人一旦掌握，就战无不胜，所向披靡，可见“练功有心法，方得上层武学”。其实将这个道理运用到选房中来，也是百试不爽的。选房若是有“秘笈”，方能选到好房。这个“秘笈”总结起来就是四字诀：“望”“闻”“问”“切”。

通常人们选房都会考虑地理位置、交通、价格、环境、配套、建筑质量、物业管理、开发商品牌等因素，不同置业者对上述因素的考虑程度不同。有的人囊中羞涩，可能会更注重价格因素，一些有钱阶层则可能注重环境与配套，一些商务人士出于职业考虑会更注重地理位置和交通。所以，在购买房屋时，还要根据自己的需求来对这“望”“闻”“问”“切”四字诀进行运用，才能发挥更好的功效。

1.望：瞻“钱”顾后

首选说“望”，“望”字该做何解？最重要一点，首先望望自己的荷包。有什么样的经济能力就买什么样的房子，量力而为。

第二“望”，衡量自己经济能力范围内，什么样的房子最令自己满意。对楼花及现楼各有不同的衡量方法：楼花你一般只能看到模型、展板、楼书，可能还会有样板房，但不能过于相信这些东西。另外一定要看有没有预售许可证。现楼就容易一些，可以看到楼宇外观、小区内环境、周边环境和实际的房子。

第三“望”，要学会观望，不要急躁入市。在对比中观望等待比冲动性地购买要聪明得多。消费者选房子一定要练就一双“火眼金睛”，以辨别真伪。

2.问：不耻“下”问取真经

不管是“望”还是“闻”，都是被动地接受信息，消费者在选择房子时还应有所行动，主动出击，这就是我们的“问”字诀了。

“问”即询问。第一问，要问售楼人员；第二问，要问施工单位；第三问，问前面几期或者同期购买的业主；第四问，问专业人士。有的人也许会觉得这样问太繁琐、太辛苦，但你这样做了，才能避免犯大错。如果售楼人员面对你的询问前后矛盾，前言不对后语，对一些该履行的承诺顾左右而言他，则此楼盘八成有问题。如果询问施工人员，就可以从侧面了解楼宇建筑质量，假若施工人员抱怨几个月不发工资，楼宇质量就很有问题。如果询问其他业主，他们说有上当受骗的感觉，就要考虑退避三舍。如果一些具有丰富专业经验的人士对该楼盘评价不高，那么它可能有缺陷存在，你就该三思而行。

3.闻：仅有售楼书是不够的

事实表明，仅有售楼书是远远不够的，要从多种渠道去了解楼盘。说得简单一点就是要“八卦”，懂得去“道听途说”，尽量多地去收集楼盘的相关新闻、信息，了解其口碑，多听批评，少听称赞，才能明确房子的优劣。虽然在收集信息时，听到的观点可能有些偏激，但这也正暴露了一些你在正规的宣传渠道所不了解的东西。

与此同时，现在报纸、电视、互联网媒体非常发达，“网络水军”泛滥成灾，充斥了虚假信息，千万不可偏听偏信，应该要目光如炬，客观判断，尽量亲力亲为。

4.切：看房把握切入点

“切”即切入主题，是消费者掏钱出来买房之前最后一步也是最重要的一环。前面所讲的“望”“闻”“问”仅属于前期准备、热身、铺垫而已。因此前面三个口诀只是对楼盘的总体把握，“切”入主题，才是真正地审视房子本身，如房子的内部格局、功能、质量等细节。对于选房，这里有几个心得要告诉大家。

不是现房的可以观察其建筑工地是否热火朝天、有条不紊，是否持续施工。是现楼的则看小区，小区是否干净整洁、管理有序。看房要做到白天看、晚上也看，晴天、雨天都得看。晚上看可了解房子附近吵不吵，雨天看可了解房子渗不渗水、漏不漏雨。地面、天花板一起看，墙面、墙角都不放过，多敲墙壁听听是否实音、有无空隙声。看房不要光看客厅，还要看厨房、洗手间，家中水、电、煤气系统都集中在这两处，是易漏水、漏电，易出现安全事故的地方。住宅格局极为重要，要看房型设计合不合理，功能齐不齐全，通风采光是否科学，是否符合自己的需求。

Tips 民俗小课堂

※ 搬入新家的注意事项

家，是人生爱的归宿。住房，作为家的载体，承担了整个家庭的梦想和追求。乔迁新居就是很重要的事，所以有“乔迁之喜”的说法。中国人对搬家非常讲究，为了祝福新家，让以后的生活能更顺利，身体更健康，福运连年，财运亨通，很多地方仍保留着搬家时的民俗，如择吉日、拜天神、拜地主等。

为了求得新家生活的顺畅幸福，搬家的习俗都不可废，相信大部分中国人也依然乐意去遵守中国文化的这些传统。

1. 搬家要选“黄道吉日”

中国人在搬家前都要看黄历，选一个黄道吉日作为搬家的时间。看农历上的吉日，哪天宜入宅搬家，还要注意不要与家人属相相冲，如果相冲则应另选日期。在此基础上找出当年当月当天的具体适宜时辰，定出适宜的搬家时间。通常情况下搬家时间尽量要在午前，因为中午以前叫做阳，中午以后就叫做阴。尽量在阳的时间搬家，以免夜间搬家可能影响你的运气。

2. 选择新枕头搬家

位理学认为“入伙”是人丁气场的转移，因此需要枕头先入伙，按照家人的数量，启用新的枕头开门入宅。按照个人的床位分别摆放。在新加坡等地的华人，还在枕头内装有信封，内藏138元，以图“一生发”之意。

3. 新屋要“火庵”

“火庵”原本是指在盖房子前，在尚未动土的土地上做些火烧的类似仪式。而一般我们购买的都是建好的房子，当然也就不知道建筑商当时是如何做“火庵”的，所以在搬进新家之前的前三天，可将新居的灯全部打亮，亮上三天三夜，直到第四天才搬进新屋，这就是火庵。亮三天三夜的意思是，以明亮的灯光为“火”，照亮房屋，以收旺宅之效。

4. 当天或事后请客

入厝当天请客，如果当天太忙可事后选个日子请客。或者搬了新家之后，请好朋友来喝茶也可以。让家里人气更旺一点。搬家后的第一天或第一周内要闹房，即一定要请亲朋好友、左邻右舍到家中热闹一番；或聊天或吃饭或娱乐等，越热闹越便于驱邪。

5. 家有孕妇不宜搬家

如果家里有孕妇则不宜参加或目睹整个搬迁过程。在搬迁日吉时内，最好做点烧水、煮饭、拜神、燃放鞭炮等工作。一定要搬家的话，可以请孕妇先回娘家住一阵子，等搬好后再入新居。

6. 招财习俗

入住当天一定要烧一壶开水，寓意财源滚滚。同时塞住各种池盆（厨房、卫生间等），开启水龙头，要细水慢流。因为细水长流，寓意盆满钵满之意。屋宅内还可以开

民俗小课堂 Tips

着风扇，四围吹风，但不要向大门吹，有风生水起之意头。

搬家时最好携带一只装满了米的米缸或米桶，桶中摆放一张写有“常满”的红纸，或是摆放有168元的信封，取其“一路发”之意。搬家的那一天，第一次走进去的时候，手上一定拿一些贵重的东西。手里可以提着米桶、存折或装有138元(一生发)的红包。也就是第一次走进新屋时，不可以空手走进去。表示这家里未来会很充实，财富越来越多的意思。搬家那天“灶”一定要开火，不要冷灶。可以煮些甜的东西，像甜汤圆或甜茶，吃点甜，求个喜气。搬家当天千万不能生气，绝对不可骂人，尤其是不要漫骂小孩子，一定要说吉祥话，做吉祥事。

7．入宅后注意事项

搬家当天不要在新家睡午觉，否则以后容易患病。当晚睡觉，主人要在躺下几分钟后又起来工作一小会，表示睡下还要起来。而还没搬家前，可以在房间内进行小地方的敲敲打打，休整休整，而一旦搬进去之后，尽量就不要再施工了，但搬东西可以，如果要再施工的话，就一定要择日了。

8．思念家乡

如果搬家时路途较远，那么随身行李中要带一把米、一把泥土和一小瓶水去新家。尤其是对于从一个省市搬到另一个省市更应如此，且不说出国了。如此能防止水土不服和思念家乡。

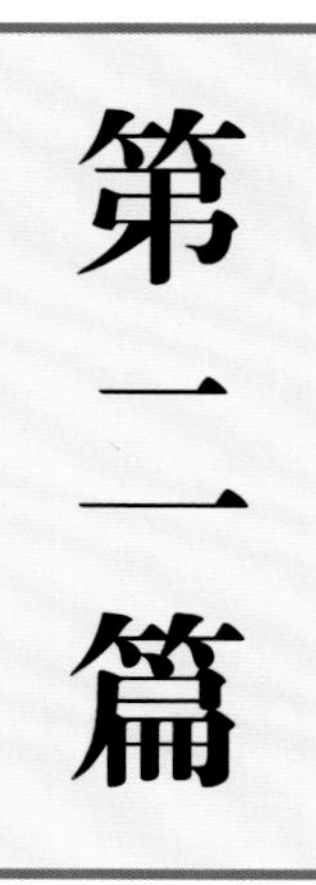

买了小户型房

如何运用住宅布局设计营造一个完美的家

所谓“成也萧何，败也萧何”，这句话也可以套用在住宅的布局设计上。布局设计是居住环境中相当重要的一项，运用得好就能成为助力，当然，若是运用不当或是没有即时规避不利的布局，也会对居住者造成相应的影响。既然选择了小户型住宅，就需要对小户型住宅的布局设计有一个深入的了解。这里从小户型风水面面观、小户型的装修布置、详解住宅十三大功能区的设计、完全破解四种小户型布局设计、掌握租房必备布局设计知识五个方面对小户型的布局设计进行解析，从而帮助你提升居家品质，打造出兼具好环境、美观、实用性的“美家旺宅”。

第一章 小户型布局设计面面观

对于住宅而言，大有大的舒适，小也有小的精致。小户型住宅就是典型的『麻雀虽小，五脏俱全』。虽然在面积上不算大，但也是一个『家』，也能为我们提供一个必要的生存居所。在这个室内空间中，怎么装潢布置，也是有一定的布局设计原则的，这影响到住宅的布局设计是否适宜。

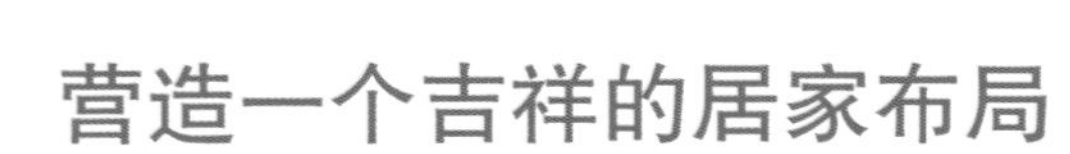

营造一个吉祥的居家布局

家是世界上最温暖的地方，为人提供休憩的港湾，对人的生活、情感、事业等方面也有着直接与间接的影响。我们爱家，更要爱自己，学点居家布局知识，为自己打造一个吉祥的居家环境。

1.居家环境即宅地、宅居

概括地讲，居家环境是环境决定论的生活变通哲学，不同的环境和事物会对人体产生不同的影响。

现代的居家环境在理念上是吉祥的居家环境与个性人居生活的完美结合，它更多地体现出人们的生活态度，体现出宅地、宅居中的“美宅旺家”的要求。

宅地即住宅的环境区位，包括住宅外围环境中的楼相、水、路、绿地、植物等；宅居即宅事，指的是住宅内部空间中门、房、灶、床、厕的事宜。

客观地说，居家环境是一门实用学问，为居家生活增添魅力。掌握这些知识，不仅能使我们的生活更加滋润，还能让渴望主宰自己生活的人因为与吉祥结缘而获得一种淡定、从容的生活。

2.如何营造一个吉祥的居家环境

要营造一个吉祥的居家环境，必须要注意三点：一是因人而宜的规划实施，这是原则；二是个人吉祥环境生活观必须与社会形成和谐的良性互动，这是前提；三是结合自己的具体情况，在不同的环境状态下进行合理布局，这是具体的操作方式。

▲居家布局倡导对环境的保护，对人的关怀，个性化与环境的协调统一，居住者的舒适度、方便性都能得到质的提高，使家的风格就是我的风格。

除了以上这三点注意事项外，现代居家布局也应该由其情理变通入手，这也是布局的“灵魂”。

首先是居家风格的体现，需从情理变通，在符合居家布局原理的情况下，也要满足居住者个性化的需求。如希望家居呈现朴素的田园风情，就可以在吉祥布局法理的指引下，通过合理布局、风格装饰，将吉祥气象融入田园诗意之中，使你诗意地安然栖居。

其次是家居物件的选择，也需满足居住者的个性化需求。在传统观念中，家居物件的选择首先强调其实用性，然后再看其外表。不过，随着经济与人们意识的发展，有不少讲究家居个性的人却反其道而行之，将“具有设计感”作为选择家居物件的重要考量标准。如在选择家具时，越来越多的人会遵照“品牌——款式设计——材料——价格”的逻辑顺序来选择。其实只要不对居家布局造成不好的影响，怎样选择家具物件都没有关系。这样既不妨碍营造一个吉祥的居家布局，又满足了人们对自由、对个性、对生活的独特追求。

最后是家居物件的摆放，在符合居家布局“理”的情况下，也应满足居住者的情感需求。一桌、一床、一门、一灶的布局处理是“理”，为营造一个吉祥的居家布局设置了标准；而居住者的情感需求，包括情志、情致，也能反作用于布局“理”法，为营造一个吉祥的居家布局起到推波助澜的作用。只有既能满足居家布局的“理”，又能满足居住者的“情”，使居家布局与居住者达到一种和谐的顶点，方能营造出一个最吉祥的居家布局。

小户型好布局必备五要素

在居家布局里，对于住宅的户型是有所区别的，视野开阔的大户型和小巧精致的小户型在居家布局布置中的侧重点是有所不同的。随着社会形态的转变，加上房价的不断攀升，小户型住宅俨然成为现代人的主流选择，我们可以通过合理的布局将小户型的住宅打造成舒适的住宅。

小户型住宅好布局的必备五要素包括：满足需求的使用面积、充足的采光、良好的通风、良好的层高条件以及相对独立的空间，这五个要素相辅相成，满足这些要素，就能在大方向上让小户型的布局变得更为吉祥。

1.满足需求的使用面积

对于小户型的面积大小，目前国家并没有相关的标准，不过可以参考由国家制定的《经济适用住宅设计标准》，看你的居室是否能满足居家生活的使用需求。《标准》指出，经济适用住宅每户应为独立套型，各功能区应具有相应的独立空间，或由相同面积叠加的复合功能空间。

每户住宅应有卧室、起居室(厅)、厨房、卫生间、储藏空间和阳台。每户住宅应有良好的采光、日照、通风，卧室、起居室、厨房应直接对外采光。在户型方面，《标准》将新建经济适用住宅的面积按户型分为三类。

（1）一室一厅

使用面积应在40～45平方米。

多层的建筑面积在54～60平方米。

高层的建筑面积在60～66平方米。

（2）二室一厅

使用面积应在55～60平方米。

多层的建筑面积在74～80平方米。

高层的建筑面积在82～88平方米。

（3）三室一厅

使用面积应在70～80平方米。

多层的建筑面积在94～107平方米。

高层的建筑面积在104～117平方米。

注：使用面积与建筑面积指标均未包括阳台面积。如果是利用坡屋顶空间的跃层户，其面积标准可有所提高。

2.充足的采光

任何一个房间都需要良好的采光条件，这里的采光是指在自然光源的照射下的光照效果。在这样的光照下，房间才会有“阳气”，从而使室内充满生命力。好布局的住宅采光是让自然光线能具有曲度、温和地进入室内，避免光线直接照射，让室内既具有光线也留有阴面，协调阴阳以助温暖常留。

对于小户型住宅来讲，由于室内空间不是很大，在采光上存在的问题一般是采光面较大，导致光线过足，从而形成“光干扰”。在这类问题的处理上，我们可通过安装布质的窗帘或是百叶窗来进行适度的遮挡，从而减轻光照程度，将“光干扰”化解掉。针对采光特别强的房间，还可通过尽量少开或不开窗的方式阻止光线，让“光干扰”无法进入屋内，避免影响家居居住。

▲任何一个房屋都一定要有采光，这样住宅才会有阳气。当自然光源不充足时，就要利用室内灯光设计来加强。

3.良好的通风

房屋内除了要具有充足的采光效果外，还需要良好的通风环境，才能让整个室内的空气流通舒畅，这也就是我们风水学上经常说到的“藏风聚气”。拥有这样的家居环境，能让屋主身体健康，心情舒畅。

▲小户型住宅空间拥挤，必须要保持良好的通风，这样秽气才能及时排出，同时形成良好的“气”，从而增强宅主的健康。

4.良好的层高条件

良好的层高条件其实就是指房屋的内部高度要足够，不能让居住在其中的人感受到空间窘迫、

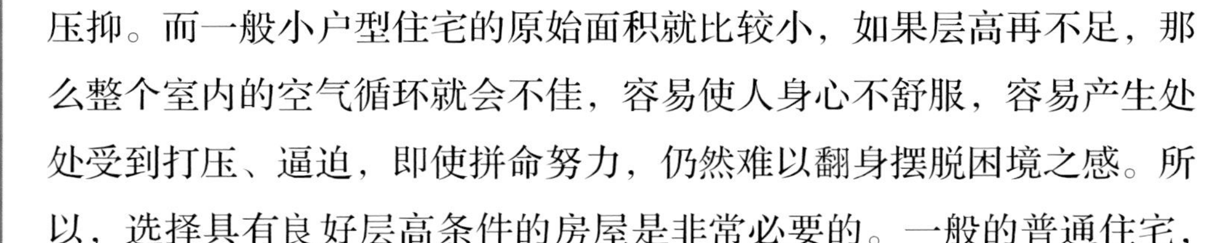

压抑。而一般小户型住宅的原始面积就比较小，如果层高再不足，那么整个室内的空气循环就会不佳，容易使人身心不舒服，容易产生处处受到打压、逼迫，即使拼命努力，仍然难以翻身摆脱困境之感。所以，选择具有良好层高条件的房屋是非常必要的。一般的普通住宅，层高在2.7米或以上，就不会出现空间压迫感了。

5.相对独立的空间

一般来说，如果是50平方米的小户型是会有隔间的，至少厨房、客厅、房间是独立的区域。但是，20平方米的小户型就不一定了，碍于空间的限制，许多开发商都是强调空间弹性运用，也就是没有隔间。如果居住的房屋内，厨房、客厅、房间全是开放的空间，彼此界线不明，居住、使用混在一起，就意味着各个区域的运势没有格局界线，就容易产生互相冲撞的情况。

▲现代住宅设计认为，住宅内不同功能区也同样是家庭不同成员的运程反射区，对功能区进行布置，会直接影响到家庭成员的使用情况。

退一步讲，如果空间实在有限，进行隔间改造的可能性不高，那么此时还可以用布幔、家具等软隔断来取代真实的硬性隔间，也能起到调整格局的效果。

小户型先天劣势分析与破解之道

我们一直说“小户型住宅”，那么什么才算是小户型呢？其实对小户型的定义要从不同的方面来看，若是从住宅的面积上来进行划分，面积在120平方米下的住宅都称之为小户型。而在小户型中也能分出不同的格局，可以是一室一厅、两室一厅、三室一厅，还可以是复式户型。但不管怎么说，总体面积在那里，所以，小户型住宅先天最大的劣势就在于这个“小”字上。

面积小，先天空间就不足，此时，不论是在气势、磁场、能量等各方面都无法与其他大户型的住宅相比，而与独栋别墅相比则更显不足。同时，在住宅格局的设计上，碍于空间的限制也会带来一些不便。小户型住宅的这些劣势，是可以依靠布局设计上的巧妙布置来改善的，从而提升能量、增强美感与舒适感。

1.气场不足

首先是气场。对于小户型住宅而言，在气场方面有两点是需要注意的，一是小心自家住宅的气场被别人家的气场吸走；另一点是自家气场不足造成心理上的不舒畅。

问题一：自家住宅的气场被别人家的气场吸走

小户型住宅首先要小心的是自家的气场被别人家的气场吸走。这句话怎么理解呢。我们假设把整个住宅看做是一个人体，若是住宅的空间小，就像人的肺活量比较小一样，当遇到住宅的大门与其他住宅大门相对的时候，彼此在气场上是相对峙的，户型小一些的气场就很易被对面的气场吸走。这两户人家的大门之间的空间，即外明堂区域，

一旦其中一户住宅因为室内空间小而导致气场被其他住宅吸纳走的话，那么住在这间较小的住宅里的人，因为气势上有所降低，心理上产生怯意，自然也会失去一些人际关系或业务的发展先机，更甚者还会与贵人失之交臂，在气场上也就输给别人了。

破解之道：要解决这个问题，可通过在外明堂、大门上、大门内等区域放置一些增加吸纳磁场的物品，以加强自家住宅的气场。这样的布置就好像在肺活量小的肺部加装一个打气用的气泵一样，可以帮助提升肺活量，加强吸纳空气的作用，自然气场也就足了。此时，气势也就会慢慢地好起来。具体的物品选择，可以放置水晶洞，还可摆设一个洞小肚大的瓮，在瓮中放上天然的水晶或碎石，再加上一些具有磁性的黑胆石或磁铁，都能起到相应的作用。也可将大门外的天花板灯打亮一点，利用白光的电灯照亮该空间，再加上一盏投射灯，投向大门门板上，也能起到加强气场的效果。

问题二：气场不足造成运势阻塞不畅通

这个问题其实与第一个问题殊途同归。小户型的空间小，其能容纳屋内的空气体积自然也比较少。而对于居住在里面的人来说，空气稀少，氧气也跟着稀薄，交杂人吐出来的废气，使得整个屋内的气场不足，人的健康也容易陷入困境。

▲天然水晶洞具有放射与接收磁场的能力，在家中摆放一个水晶洞，可有效增强家居的能量，其放置方位与晶洞大小不忌。

破解之道：要解决这个问题，主要的方法是保持室内外空气的流动。可在室内开启小风量的电风扇，经常让它运转，使屋子里的空气能够流动。一旦气场能够维持流动，自然顺畅。

▲当房间内光线太强、阳气太盛时，就需根据光线的强弱程度设置窗帘，以有效弱化光线，破解光干扰，保护房屋的私密性。

2.光线易形成光干扰

除了气场之外，还有一个重要的因素就是光线。小户型住宅由于室内空间不是很大，当光线照入屋内时，往往直接照穿整个室内，让屋子没有阴处，形成光干扰。一旦阳光充斥整个屋子，就好比整个空间被阳光所征服，必须臣服于外力，难以达到聚集收藏的成效，毫无隐私可言。

破解之道：要解决小户型光线的问题，就是要想办法在室内空间中留下阴面，确保阴阳协调。可在房屋采光面的门或窗上加装窗帘，起到半遮阳光的效果，避免光线照射到室内的所有空间。只要室内留有阴面，空间有明暗，就能阴阳协调，从而也就化解了光干扰的问题。此时，居住在屋里的人也会感觉更加顺风顺水。

▲如果你的家没有阳台，大的落地窗也不错，也算居室有了“鼻子”，从而有效控制室内空气的对流，避免形成风干扰。

3.风易形成风干扰

空气总是在大小不同的空间进行对流，因此，当室外大环境的空气进入到小户型住宅中时，对流的空气自然直接进入到整个室内空间。又由于空间较小，空气流动速度只要快一点或是风势强劲一点，住在屋内的人就能马上感觉到风在室内空间肆意刮掠，这种对人体不好的风也可以称为风干扰。当室内有风干扰时，空气的流动就会加剧，会把室内的人气一扫而空，从而吞没整个空间。

破解之道：要解决这个问题，让我们的努力有收获，就要对其进行改造。改造的原则要从调节空气进出的量的方面考虑，要想办法让气流温和地循环。可在房屋通风面加装门或是窗户，随着天气变化加以开关，控制空气进来的流量就可以调节屋子里的空气对流，形成温和的循环。只有让室内的气流具有了良好的循环，身处其中的人才能获得平静。

小户型布局四大忌

小户型的住宅在布局上有一定的先天劣势，可通过相应的方法进行调整，而在调整布局时，还应注意小户型布局的四大忌，要尽量规避这些忌讳，才能更好地为居住在室内的人“服务”。

1.忌厕所位于大门内的内明堂

对于小户型的住宅，特别是一室一厅的户型，最容易设计成厕所位于大门入口旁的格局。这样的设计无非是想充分利用空间，尽可能地让小户型的空间更有效利用；或者是为了内部空间的视觉延伸，所以才将厕所设计在大门内的内明堂位置。而我们都知道，在家居布局中，内明堂区域光线明亮，引人注目。而厕所是排泄的地方，秽气较重。当内明堂遇上厕所，对其的舒适性就会有一定的影响。

此时的权宜之计是，可在内明堂区域与厕所之间做一个区隔。可以用软屏风，有一定的遮挡效果，让秽气不要直冲内明堂区域。同时，还需在厕所内建立良好的通风除湿系统，免得秽气外泄影响居住者。

2.忌厨房位于大门内的内明堂

厨房位于大门内的内明堂处，也是小户型住宅很普遍的现象。这个设计和将厕所规划在内明堂区域的原理是一样的，主要还是碍于空间受限，只能将厨房的区域做此规划。从布局上讲，厨房易产生油烟污渍，如果内明堂被厨房所占据，就会影响居住者的健康。

如果是选购或租赁现房的，自然要将此作为重要因素来考虑，千万不要选择厨房和内明堂相近的住宅，避免一进门就看到厨房的格局。如果是期房，也要留意设计图，小心避开此忌讳。万一期房的格局如此，宁可多花一点钱，也要事先要求房产商对设计图进行适当的修改，略作调整，以期符合好的布局条件。

3.忌横梁横跨在房屋中间

按照建筑结构和格局设计的原理，横梁部分本来就应该设计在墙面上。但有时可能因为原本的空间限制，像是一些畸零地，或是其他有碍建筑结构承重分配的因素，甚至是设计师的监工失误，造成横梁横跨在墙面之外或是横跨在室内中间，这样不但有碍观瞻，也会引发心理上的问题。特别是小户型的住宅，空间本来就不大，这时候如果横梁居中，就会产生强大的压迫感，同时也有碍空间的陈设。从心理上而言，房屋横梁横跨在开放空间的中间或上面，将造成“天罗地网”的感觉。这样的格局对于居住在房屋内的人尤为不利，就像整个人被套牢一样，似乎永远被无形的压力压迫着。

4.忌选大房分隔出来的小户型

有这样一种小户型，就是将一套大房分隔成大小不等的几套小户型，几套房屋共用一个大门，这样的小户型千万不要选。因为大门是住宅的纳气口，当大小户型混杂时，居住者相互影响。居住在这样的小户型里，人就好像落入“四面围攻”的境地，会没有安全感。

此外，选择小户型时，如果同一楼层全部都是小户型的房屋，建议你挑选全部小户型中的较大或最大面积的屋子。这样的选择可以有“鹤立鸡群”的意义，使自己在相应的条件下可以更突出，从而拔得

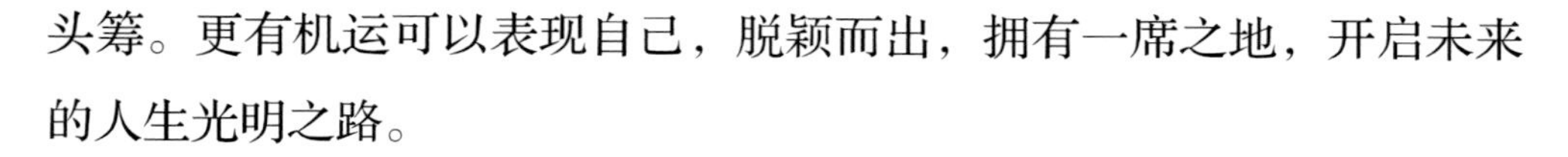

头筹。更有机运可以表现自己，脱颖而出，拥有一席之地，开启未来的人生光明之路。

小户型布局六大必胜技

小户型的使用面积非常有限，在通过对有效空间的最大化利用、家具摆放进行功能分区后，如何让房间在兼顾功能的情况下又孕育出好布局呢？下面我们就来介绍这个非常实用的小户型布局六大必胜技，保证让你的小户型处处舒适。

1.选择多种面积格局的住宅楼

会选择独立式一居室居住的人通常都是基于经济的考虑，在节约成本的同时要让自己住得舒适，但在选择小户型格局的时候就应该注意了。

▲选购小户型时，最好购买有多种户型规划的楼盘，这样就可以借助“大”住宅的力量，让大屋带动小屋，以增长一居室的气势。

尽量不要选择在一个大的空间中隔出好几个房间的套房，因为这样的套房必须与其他人共享一个大门，而且房屋容纳了许多人，这样的环境、气场相当混杂，而且户多、进出的人口多，对单身女子来说是不安全的。这种住宅不宜长久居住。

选择小户型时，最好可以选择同楼层内有其他不同房型的一居室。通常来说，一栋大楼内会有多种房型，面积大的会设计成二室一厅或三室一厅，供一家人居住；面积较小的则可能设计成一居室或一室一厅，供单身一族居住。在选择一居室时，以此类混搭在一般住宅中的较佳。这样就可以借助“大”住宅的能量，让大屋带动小屋，以增长一居室的气势。不过要注意的是，尽量避免选择门对门的房屋。

2.窗户应开在合适的方位

选择到好的套房后赶快来看看套房的窗户，窗户开在房间的何处对居室的环境是有影响的。

如果窗户开在东北、南方、西方、西北方，那么刚好位于适宜的方位上，住在这样的房子里自然会感到舒适畅快。而不幸的窗户是开在东南方、西南方，那么这几个方位的窗户是不利的，住户的健康可能会受到影响。

3.选择光线较好的房间

如果选择购买独立式的套房，就需要选择光线较好的房间，千万不能买没有光线的套房。从健康的角度来看，光线就是房子的命脉。套房如果完全没有光线，在白天也只能靠人工光源来进行室内照明的话，那么居住在这样房间里的人，不论是男性还是女性，心理感觉上都会不佳，甚至还会越住个性越忧郁。许多终日住在阴暗套房里的人，甚至需要服用安眠药才能入睡。

▲空气、光线影响居住品质，任何一个房屋都一定要有采光，才会有阳气。光线温和地进入屋内，才能阴阳协调。

4.浴室要通风

由于小户型面积较小，在规划上会尽量考虑不让床紧挨浴室的墙面。如果确实没有办法，出现了让卧床紧挨浴室墙面的情况，再加上如果浴室不通风，洗澡后水汽不能快速发散，慢慢通过墙面浸润，然后被棉被吸收，我们使用了湿气重的棉被，日子一久就会觉得腰酸背痛。所以，除了对整体格局上的考虑，还要注意浴室的通风效果，如果浴室很通风就不会出现上述问题。而且浴室是藏秽之地，如果通风环境比较好，则能让秽气快速散去，从而整个房间的环境就比较整洁了。

▲小户型的浴室空间通常较小，为了保证环境的整洁，就一定要保持良好的通风，让浴室产生的秽气能够及时排出。

5.电磁炉或微波炉要放的方位

一般情况下，独立的小套房没有单独的厨房，多以开放式的设计为主，常使用独立的柜子结合电磁炉进行厨房空间的设计，但一个房间没有厨房，则格局设计不当，此时可把电磁炉或微波炉放在适宜的方位。一般来说，适宜的方位在房屋的西北方、南方、东北方、西方。

值得注意的是，在有些小套房里会设计简便的水槽及单炉，这些物件的摆放位置也很重要，不可将其放置在进门必经之处，应注意调整这些物件的摆放位置。

6.进门不能见床

小户型住宅都容易出现“进门见床”的格局，特别是蜗居套房，由于使用面积有限，不得不把床放在进门就能看到的位置，这样的布置容易有暴露隐私之嫌，但屋主也请放心，我们还是有规避之道的，其方法也很简单，可在床前放屏风、柜子或使用门帘来进行遮挡。此外，在选择屏风、柜子或帘子的颜色时，也要根据家门的方位来选择。

如果家门位于东方，可以选择以白色为主的屏风、柜子或帘子。

如果家门位于北方，可以选择米黄色或黄色为主的屏风、柜子或帘子。

如果家门位于东南方，可以选择以金色或白色为主的屏风、柜子或帘子。

如果家门位于西南方，可以选择绿色为主的屏风、柜子或帘子。

如果家门位于东北方，可以选择红色、粉红色、紫色为主的屏风、柜子或帘子。

如果家门位于西北方，可以选择米白色或黄色为主的屏风、柜子或帘子。

“移动的住宅”——打造汽车好环境

汽车又被称为是“移动的住宅”或“第二住宅”，其中的讲究也不亚于房屋。现代都市工作一族，除了家居、办公环境之外，就是在车里的时间最长了，因此汽车的款式、颜色、产地等因素对车主人的影响也越来越大。所以，选择汽车时一定要仔细、谨慎。

▲汽车是一处流动的住宅，因为流动，它带给人们的风险也更多，所以在选择时要更加谨慎。

1.根据个人喜用神选择汽车幸运色

要打造吉祥如意的好汽车，首先要知道自己的五行属什么和幸运色是什么。

如果五行属木，则代表东方，颜色为绿色，为中性偏暖的色调；如果五行属火，则代表南方，颜色为红色，为暖色调；如果五行属土，则代表中间位置，颜色为黄色，为中性偏暖的色调；如果五行属金，则代表西方，颜色为白色，为冷色调；如果五行属水，则代表北方，颜色为黑色，为冷色调。根据你的五行属性，金、木、水、火、土五种颜色中，一定会有一至两种颜色是你的幸运颜色。此时可选择与自己幸运色相同的汽车颜色。

幸运色为绿色的人，可选择颜色为绿色的汽车；幸运色为红色和黄色的人，可选择颜色为红色的汽车；幸运色为白色的人，可选择颜色为白色的汽车；幸运色为黑色的人，可选择颜色为黑色的汽车。

在选择了汽车的外观颜色后，还可选择汽车内部空间坐垫、靠垫色调。幸运色为黑色、白色的人，可以选择冷色调的坐垫、靠垫；幸

运色为红色、黄色的人，可以选择暖色调的坐垫、靠垫；幸运色为绿色的人，可以选择中性色调的坐垫、靠垫，或者干脆选择淡绿色的坐垫、靠垫。如果幸运色是两种颜色的，可以结合选择之。

2.汽车颜色还需与五行搭配

我国古代先哲将宇宙生命万物的基本构成要素分类为五种，即五行。座驾中的“五行”，也是金、木、水、火、土，对应五行的汽车同样有着最适合的形和色。

木：含瘦长形元素座驾（如兰博基尼MirUa），对应颜色为青、碧、绿色系列。

火：含尖形元素座驾（如部分流线型跑车），对应颜色为红、紫色系列。

土：含方形元素座驾（如越野、切诺基），对应颜色为黄、土黄色系列。

金：含棱角形元素座驾（如凯迪拉克），对应颜色为白、乳白色系列。

水：含圆形元素座驾（如甲壳虫系列），对应颜色为黑、蓝色系列。

很多车都属“混合型”，即融多种元素于一车之中，这样则需具体考虑哪“行”为主，再选择对应颜色为佳。其他的中间色可依主色系分别归类，但该颜色应在主色所具的属性之外兼具辅色所具的属性。

每一个对色彩较为敏感的人都有他所喜欢的颜色，人对某种颜色的喜好是随着不同时间段和不同心情而有所改变的，而这种变化是吻合五行规律自然变化的。但平时要注意和谐地配搭，尽量避免违背自然规律。单凭一时喜好作某种五行相悖关系的选搭，从而无意间引发潜在冲突实不可取。

五行间相生相克的基本关系如下：

相生：木生火、火生土、土生金、金生水、水生木。

相克：木克土、土克水、水克火、火克金、金克木。

五行与颜色的关系：

通过专业分析，我们发现五行与颜色的关系如下。

喜金的人：应驾驶白色、金色的车，内部的布置亦要多采用白色、金色。

喜木的人：应驾驶绿色的车，内部的布置亦要多采用绿色。

喜水的人：应驾驶黑色、蓝色的车，内部的布置亦要多采用黑色、蓝色。

喜火的人：应驾驶红色、紫色的车，内部的布置亦要多采用红色、紫色。

喜土的人：应驾驶黄色、啡色的车，内部的布置亦要多采用黄色、啡色。

如果喜木的人经常开白色的车子，就造成金克木的格局，因为白色是金的主元素，大家都知道，金属的斧头是专门用来砍伐木头的。当然，也不是说绝对不可以开白色的，只是幸运色是最好的选择。

3.选择汽车品牌也要配合五行

五行属金的著名汽车品牌：奔驰、宝马、凯迪拉克、别克、雪佛兰、阿斯顿马丁、宾利、迷你、道奇、雪铁龙、克莱斯勒。

五行属木的著名汽车品牌：捷豹、莲花。

五行属水的著名汽车品牌：玛莎拉蒂、布加迪、水星。

五行属火的著名汽车品牌：法拉利、菲亚特、悍马、马自达、保时捷、福特野马。

五行属土的著名汽车品牌：丰田、本田、日产、斯柯达、大众、兰博基尼、土星、沃尔沃。

五行混杂的汽车品牌：劳斯莱斯（木、金）。

4.根据自己的生肖选择合适的装饰物

很多人喜欢在自己的爱车里悬挂或粘贴一些喜欢的装饰物，如生肖卡通、观音佛像什么的。如果选择的东西对自己有利，也是有很好的调理功效的。而对于这些车内的装饰物件，并不是自己属相是什么就挂什么生肖，若是选择不合适，就会出现生肖冲克的现象。所以，我们在选择动物饰品装饰爱车时，要根据车主不同的生肖来选择动物形的饰物，下面就为大家介绍一下各个生肖的车主爱车中忌放的动物饰品：

鼠，忌摆放马；牛，忌摆放羊；

虎，忌摆放猴；兔，忌摆放鸡；

龙，忌摆放狗；蛇，忌摆放猪：

马，忌摆放鼠；羊，忌摆放牛；

猴，忌摆放虎，鸡，忌摆放兔；

狗，忌摆放龙；猪，忌摆放蛇。

第二章 小户型的装修布置

要将小户型住宅营造出温馨的感受，除了需要对其布局有一个总的了解外，还应掌握一些装修布置方面的知识，如住宅的清洁管理、个性布置、配色定律等，下面分别进行介绍。

小户型住宅的清洁管理

据统计，人的一生有三分之二的时间是在室内空间中度过的，而其中大部分时间又是在家中度过的。由于居室内环境会对居住者造成不同方面的影响，所以必须重视居室内的清洁管理，特别是小户型的住宅更需要关注，浴室、厨房等使用率较高的区域，其卫生状况都不容忽视。

1.定期清洁浴室

小户型的家居住宅通常浴室和洗手间都是一体的，在功能上是为居住者提供洗涤、排泄的地方，属于秽气制造之所，就算有相对独立的空间，也要经常打理，使其整齐、清洁、干燥、没有秽气，这样就不会影响环境，也不至于妨碍生活和健康。同时，在经常打扫之余，还可在浴

▲小户型卫浴间面积通常不大，却是每天排除身体污秽的地方，定期清洁卫浴间，使秽气远离房屋，环境自然好上加好。

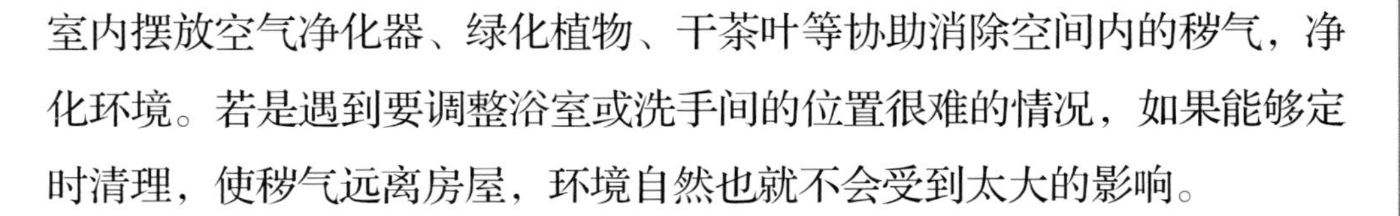

室内摆放空气净化器、绿化植物、干茶叶等协助消除空间内的秽气，净化环境。若是遇到要调整浴室或洗手间的位置很难的情况，如果能够定时清理，使秽气远离房屋，环境自然也就不会受到太大的影响。

2.保持厨房的清新

居室中的厨房是提供美食佳肴的所在，厨房的环境卫生也关系到居住者的饮食健康，所以，保持厨房的卫生，使其干净、整洁、清新，都是非常有必要的。且很多小户型住宅的厨房区域都是半开放或全开放式的，保持厨房的整洁清新也能让整个室内环境得到净化。

厨房的整理除了日常在做完饭后对灶台、水槽等的固定收拾清理外，还应该定期对厨房油烟机进行清理，使其正常运转的同时保持清洁的外观，同时对存储碗筷的储物空间进行清洁整理、消毒杀菌，确保饮食安全和卫生。此外，一般家庭的厨房多以白色或浅色系进行装饰，适当增加盆栽植物可以柔化厨房粗犷的线条，为厨房注入活力。

▲厨房是煮食之地，用水量多而潮湿，烹调食物不可避免地会产生垃圾，不定期清洁就容易滋生细菌，对人体产生危害。因此，保持厨房的清洁对居住者的健康来说至关重要。

小户型的个性化布置

这里从设计的角度出发，对小户型住宅进行布置，打造出既拥有好的环境，又拥有美丽外观的个性小户。此时，可以从一些为户型“瘦身”的收纳方案入手，也可以从星座、血型出发，进行个性化的家居布置。

1.十二个月的收纳方案

对于小户型的住宅，在有限的空间中要合理地摆放那么多生活必需品，就要给小户型进行“瘦身”，所以，收纳是一个永恒的主题。这里通过对各个功能区的分析，制定了一份1年12个月的收纳计划，能够帮助你充分了解不同区域的收纳技巧，个个击破，让你每个月都有新收获。

（1）1月的收纳方案

1月又称“元旦月”，是一个辞旧迎新的过渡，在这个月里，人们总是忙着赶制上一年的总结和这一年的计划，相对来对会比较忙，也经常会把工作带到家中进行，此时，家中的工作区域成了这个时间段里利用率最高的地方。工作区的收纳应合理灵活地利用空间，特别是对文具用品的收纳需仔细分类放置，才能提高人们的工作效率。

（2）2月的收纳方案

中国传统春节长假是在2月，在这个月里，人们会亲自下厨制作年夜饭、招待客人等，厨房的使用频率大大提升。所以，要找到最完美的厨房收纳方案，才能让生活过得更有条不紊。厨房的收纳因人而异，对于不经常下厨的新手来说，多功能的家具和细分配件能帮助你养成良好的收纳习惯，避免在下厨做饭的时候手忙脚乱。而家庭主妇的厨

房里一定多了不少烹饪器具，可以同时向墙面灵活索取空间，拓宽收纳领域。

（3）3月的收纳方案

随着春天的临近，在阳春三月里，沙发是收纳工作的重中之重。沙发若是看上去乱乱的，肯定会影响到客厅的整体效果。所以，不仅是沙发，对于该区域的收纳问题必须从自己和家人的生活习惯着手，一切应以功能性为先决条件，如果能拥有一个可以收纳的沙发、叠加的小边桌、收纳小凳等，都会让沙发区域周边释放出不小的空间，打造出一个整洁的沙发区。

（4）4月的收纳方案

4月天气温暖，最适合洗洗晒晒，此时可对衣服进行整理，为换季做好准备。这时可将冬天的衣物进行收纳整理了，同时也可将夏天的衣物整理到经常使用的衣柜中。其实，对于衣柜的收纳整理就如同海绵挤水一般，宜多利用可折叠的变形家具，各种收纳小配件等，将换洗衣物和洗涤用品收罗起来，归类整理，也方便在换季的时候能更快速地找到相应季节的衣服。避免每次一到换季的时候，家里的衣柜就负担太大。

（5）5月的收纳方案

天气晴好是出游的好日子，在这个月里，许多家庭会进行户外活动，这也让家里的各种土特产、纪念品慢慢累积起来，这时候就得好好规划一下家里的储物间了。一般小户型家庭很少有独立的储物间，那就利用家里的畸零空间，安装一些轻巧的搁架，用来存储这些搜罗到的心爱之物。

（6）6月的收纳方案

6月就是正式进入夏季了，由于阳光的照射力度加强，天气逐渐升温，此时人们更愿意待在室内，所以，在居室内，一个舒适的、良好的阅读区域在此时就显得特别重要了。而对于书籍、杂志的存储，就不得不求助于书架了。灵活的书架可以放置在任意空间，或是利用家中的角落辟出一个小小的阅读区。

（7）7月的收纳方案

传统的暑假开始于7月，在这个月里面，孩子都放假了，不用去学校，那在家的时间也多了，此时，就要注意儿童房的收纳问题了。在方案上要更追求实用性，强调功能上的灵活度和造型上的美观度，因此，简化陈设和清爽整洁的色彩最适合该空间。把凌乱的杂物收纳进床头柜、衣柜和床下等处，给孩子营造一个充分的睡眠空间。另外，儿童房的收纳还应强调各类材料的安全系数，保证孩子们能够快乐成长。

（8）8月的收纳方案

炎炎夏日，没有比舒舒服服地泡个澡来得更惬意了，如果卫浴间凌乱不堪可是会影响到你的心情。对于卫浴间的收纳，平日里就该养成良好的习惯，其中巧妙利用边角的空间就是非常重要的一点。用一些易安装的收纳配件把整个卫浴间都全副武装起来，小户型空间的收纳压力自然也就减弱了。

（9）9月的收纳方案

又是一个换季的时节，整理的问题重新提上日程。如果在4月对衣柜区域进行了很好的整理后，那么在这个月里，对于衣帽间的整理就要轻松很多。叠放区是衣帽间里常用到的地方，衣物应整齐划一存放于此。悬挂区里的衣物应分开一段距离放置。而杂物区多用来存放首饰、配件等，可以利用一些收纳盒、分隔栏等工具进行收纳。

（10）10月收纳方案

国庆长假，有些人会为了避开旅游高峰而选择宅在家里。此时，除了书籍能陪伴我们度过假期外，当然也离不开那些碟片了。此时，在这些影音区里大多放置着各类娱乐视频设备、CD碟片和遥控器，因此收纳的重点应放在杂物的存储上，一个小矮柜就是很好的选择，可以将这些物品通通打包，隐藏于无形中。

（11）11月的收纳方案

11月已经快入冬了，而冬天则是进补的好时候。此时，除了厨房区域的收纳外，居室中的餐厅空间也日渐趋于多功能化，于是餐边柜成为必选的家具之一。造型多变的餐边柜还能营造出餐厅的独特气质，更好地为用餐服务。

（12）12月的收纳方案

年底走亲访友的机会增多，玄关作为进门时的第一印象，也到了花费一番心思打造的时候了。玄关的收纳重点在于如何用有限的地方，规划出合理的空间布局，并在强调实用性、功能性的同时，适当地加入细节的点缀，就能让这个空间在瞬间大放异彩。

2.十二星座居家个性布置方案

现在很多年轻人对星座越来越感兴趣，其实星座是与西方的占星术相关联的，理论上来看，不同星座的人性格也会有所倾向，当然，在家居布置方面肯定也有很多不同的地方，我们在布置家居住宅时，也可根据星座来选择适合自己性格的家居布置方案，下面就让我们一同走进十二星座的个性家居世界。

（1）白羊座

白羊座是个温柔的星座，在家居布置上应以简洁、明快、活泼的风格为主。客厅摆设简洁，主题明确，卧室灯光柔美。最重要的是，家具最好选择能移动的，以便能随时创造出新的、不同功能的空间。

（2）金牛座

金牛座的守护星是金星，是掌握美的星座，这个星座在家居布置上比较重视个人美感和独特的设计感，其布置的风格宜清新自然、简单舒适，在房子的装潢、外观上都会颇费心思，力求让整个室内充满艺术的美感。同时，务实的牛儿还会要求房间中必需的东西一定要有哦，这样的家居环境才是牛儿们的上上选。

（3）双子座

双子是个矛盾的星座，具有多变的双重性格，这一点当然也体现在家居装饰上。他们喜欢流行、新颖、趣味的一切物品，不喜欢一成不变的东西，就好比衣柜、梳妆台等，最好是组合式、可拆卸的，这样方便重新组合，创造出不同的新奇感，以符合双子的玩乐性格。同时，双子座的房间还很重视分类，什么东西摆在哪，分在哪一类都要条理分明、清清楚楚而且整洁干净才好，不然这些混乱会让双子座精神紧张，对向来神经过度敏感的他们可是很大的伤害。

（4）巨蟹座

都说巨蟹是一个恋家的星座，这个星座的人喜欢待在家里，所以，“窝”对他们来说几乎和自己本身一样重要，这也是这个星座的人比较注重空间的舒适性的原因。在家居装饰上通常会选择白、银和珍珠色等安静的颜色来装扮房间，还会运用柔和的灯光来将客厅布置得温情脉脉，窗帘也会使用较厚的材质，以起到良好的遮蔽效果，保护居家隐私，这样才能让他们在这个舒适的家里安居。

（5）狮子座

可爱的狮子们是一个拥有“小霸权”习惯的人，他们在家居布置上要求简单大气，有一定的侧重点，如一张大床、书桌或沙发都可以，这个重心会是狮子们精心布置的对象。同时，狮子们还会缩减卧室、厨房、阳台等区域，把空间让给客厅，好营造大气的门面效果，还会在角落里摆上一些表现自我风格的东西，如一幅画或是造型特别的壁

钟等。当然了，狮子也是爱美的，他们的衣服很多，还会需要一间规划得宜、宽敞明亮、有大镜子的衣帽间才能满足他们的需求。

（6）处女座

处女座是个很坚持的星座，对他们来说，太过于窄小郁闷的空间可是很容易让他们发疯的，所以居室的空间一定要大。其次，处女座有点小洁癖，他们追求精致的生活，以整齐清洁为居家生活的第一要件。再者就是，他们还是一个完美主义者，对家居装修会一丝不苟，比较偏好“极简”的家居装饰风格。

（7）天秤座

天秤座对家居布置是比较有感觉的，注重空间感和色彩感，喜欢居住在一个宽敞开阔的空间里。同时，秤子们还会对居室的颜色上进行设计，深蓝色能够帮助他们加快脚步做出判断，红色则能加强他们的企图心。他们喜欢用花或是画来提升家居气质，打造出一个别致的家居空间。

（8）天蝎座

历来就属蝎子们最喜欢神秘，这个星座的人重视个人风格，他们独树一帜，在家居的色调上偏好深色系，喜欢用黑色和紫红色这样浓重的色彩来装饰自己的居室，这样营造出的居室环境能让蝎子觉得镇定而且安全，也增添了神秘感。此外，蝎子们还对不同于平常的饰物有着浓厚的兴趣，异国的装饰品能让蝎子的房间弥漫出一些贵族气息。

（9）射手座

射手座平常就是个大而化之的星座，他们比较重视的是生活上的“气氛”。喜欢到处跑的他们常常带回一些战利品，如各国的摆饰、手工艺品等。这样会使得房子像博物馆一样，充满了浪漫的异国风情。基于射手们比较随兴的特点，在房间布置上也不会刻意要求“井井有条”，但还是会保持整洁，做到乱中有序，营造出一种不经意的美感，让人觉得随兴但是自在。

（10）摩羯座

魔羯们的房间一向整齐干净，不会出现什么杂物堆积的现象，他们喜欢有实用性的摆饰，还会将浓重的个人情感与个人爱好融入居家装饰设计中，同时还会不遗余力地寻找贵重的丝织品、大气的家具，他们是把“古典美”发挥到极致的星座。

（11）水瓶座

水瓶座是个优雅的星座，也很具有艺术细胞，由于他们拥有强大的好奇心，所以会淘来不少稀奇古怪的东西，藏品颇丰。他们会设计出一个储物室来安放这些收藏，且又不影响住宅的舒适和美观。同时，瓶子也是很前卫的，他们接受开放性的空间设计，喜欢具有现代化及简洁风格的家具，喜欢灰色及白色等具有简洁感觉的颜色。

（12）双鱼座

双鱼座是一个有点小神经质的星座，他们的居室更重视气氛，所以他们的房间总少不了一些摆饰和有纪念价值的东西，虽然会有些混乱，但把东西归类整理似乎成了鱼儿们的日常家居活动。同时，在家具的选择上，鱼儿喜欢气质型的物件，如彰显都会气质的摩登现代造型床，以及以特殊材质制成的、具休闲品味的纸纤造型床等。值得注意的是，在房间内放上鱼缸是不错的装饰，还可以为鱼儿们带来好运。

3.不同血型的个性家居布置方案

不同血型的人性格各异，在家居布置方面的侧重点和喜好也是不同的。有些人比较重视厨房或者餐厅的布置，有些人则更加注重打造客厅的氛围，有些人会热衷于卧室的装饰，有些人则更喜欢花心思在小小的阳台上面。了解这些不同的讯息，能为不同血型的人带来更好

的家居格局，甚至还能对整个住宅的风格有所帮助。

（1）A型血人

A型血人在性格上可以说是慢半拍的乖宝宝。A型血人遵守规矩，注重建立生活秩序。做事都会思前想后，顾虑会比较多，所以总会比别人慢半拍，当然，慎重小心的工作态度大大降低了失败率。

循规蹈矩的A型血人向来秉持着不想成为异类的思想，所以在家居装修方面趋于保守，强调营造温馨感，过于花哨、充满个性的风格会让他们无所适从。但是，就像每一个星座都有它特定的喜好一样，A型血的人在整个居室环境中，最重视的就是厨房和餐厅。也正因为这样的人性格比较直接，有话直说、不拐弯抹角，所以在家具的选择上会更看重舒适度。而对于餐桌的选择，可以是淘来的旧货，围在一起的4把椅子就算风格不太统一也无伤大雅，因为A型血的人

▲A型血的人最重视厨房和餐厅的布置，喜欢精致的餐具，重视营造温馨的居家氛围。

很执拗，会通过自己的方式把这些杂乱的物品摆弄出相同的感觉和风格。若是想讨好A型血的人，不妨送上一套精致的餐具，或是一些功能性的厨房小家电，用来布置餐厅的布艺摆设也会是很好的礼物。

（2）B型血人

很多人都觉得B型血人是典型的没心没肺，简单地说，就是个性比较张扬。这个血型的人讨厌条条框框，不按常理出牌。如果说A型是隐忍型，那么B型就是情绪化型。但是B型血的人具有很好的创意，是一个喜欢与众不同的人，所以，在家居布置上，打造出一个充满特色、个性洋溢的小窝才符合其张扬的个性。而要将这些张扬的一面表现出来，就莫过于对客厅区域的布置了，这也是为什么B型血人最重视客厅区域的原因所在。

B型血人对于客厅区域的布置灵感会来源于其钟情的一种风格，在这个时候，B型血人又是十分笃定的，一旦认定了现代派的沙发搭配复古橡木腿边桌，就一定会这样去布置。同时，为了“适度”地让

▲B型血人个性张扬，有个性的沙发或抱枕等可以凸显性格特色的布置最讨他们的欢心。

人了解自己的品位，在布置上还会将自己最爱的杂志和书籍放在桌上显眼的地方，如时尚杂志、家居产品目录、青年作家的最新小说等。然后再搭配上一张创意与功能性兼具的小茶几，就成为一个凸显性格特色的展示空间了。值得注意的是，要讨B型血人的欢心，家居方面的礼物可以是一些很有特色的东西，一盏中古世纪的灯饰，一组造型独特的沙发抱枕等，反正就是要特别，就冲着特别去就对了。

（3）A B型血人

A B型血人是很复杂、很神秘的。有的人说A B型血人有点神经质，其实不然，只是他们的精神世界十分奇特，奇特到让一般人无法理解而已。这个血型的人会异想天开，会生出很多奇怪的想法。他们不像A型血的人，不想被人认为是异类，而AB血型的人根本不介意这一点，他们是与人有一定距离的人，所以，在家居布置上，不同于A型血人的循规蹈矩，也不同于B型血人的个人张扬，他们更注重细节，小至一个灯罩、一只茶托，亦要尽善尽美，追求清新自然风。

▲几盆精致的盆栽、一个小桌、两杯茶，如此悠闲的阳台时光，是A B型血人最钟爱的生活。

所以，AB型血人在整个家居布置中最重视的反而是大多数人认为可有可无的阳台。这个血型人的特点是细腻、敏感、异想天开，这些特点同时也体现在了居室的布置上。他们最爱摆弄花花草草，为了保有这一方自然小天地，宁愿舍弃扩大室内使用面积的机会，也要坚持

自己的爱好。鉴于此，送给AB型血人的礼物就可以是一些造型别致的饰品花艺，或一些小巧精致的绿植盆栽。

（4）O型血人

O型血人堪称集浪漫与现实于一身，他们比较善于调和理想和现实之间的矛盾，而且向来从容不迫。这个血型的人是四大血型中最不能抵御外在诱惑的，自制力很弱，但是也像他的性格具有综合性一样，在一旦确定目标后，自制力就会变强。为了省钱买部最潮最酷的电子设备，可以半年不添置任何新装。

▲O型血人性格较为自由散漫，最钟爱卧室，喜欢将其布置得温馨舒适，从而掩盖自己不爱收纳的坏毛病。

在家居布置上，O型血人基于天生的浪漫性情，比较希望自己的家弥漫着浓浓的浪漫情怀；而同时出于现实的考虑，也会注重实用性。这个血型的人最重视的区域是卧室。因为在这个空间中可以发挥其无可救药的浪漫情怀，而懒散的性格还想让这个私密的空间掩盖自己不喜欢收拾的毛病。“收纳”是这个血型人的一个弱点。

小户型装修配色的黄金定律

在小户型家居布置上，色彩搭配得当最能出彩。只要色彩搭配和谐，哪怕再简单朴实的空间，也能巧妙营造出一个温馨时尚的家，让

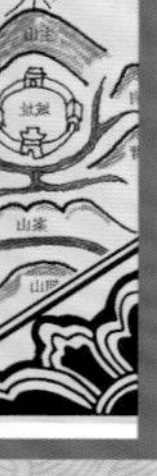

人犹如生活在一幅美妙的画卷中。要搭配出靓丽的色彩效果，以下定律你不能不知，不可不遵守。

空间配色一般不能超过三种，否则会显得很凌乱。三种颜色是指在同一个相对封闭空间内，包括天花板、墙面、地面和家具的颜色。每个空间，如客厅和卧房可以有各成系统的不同配色，但如果两个空间相连在一起的，如共用的客厅与餐厅，则视为同一空间。其中，白色、黑色、灰色、金色、银色不计算在三种颜色的限制之内。

▲生活的多姿多彩，源于世界千变万幻、五彩缤纷的颜色组合，作为与我们生活息息相关的居家环境，在一定程度上，色彩就决定着整个家居装修的风格。

金色、银色是万能色，也是装修最常用的，可以与任何颜色搭配，用在任何功能空间。其中，金色不包括黄色，银色不包括灰白色。还要注意的是，金色与银色通常不能同时存在，在同一空间只能使用其中的一种。

在没有专业室内设计师指导的情况下，用颜色营造居室的层次效果，通用的原则是：墙浅、地中、家具深；反之，不好的配色则是墙中、地深、家具浅。此外，天花板的颜色必须浅于墙面色彩或与墙面同色。当墙面的颜色为深色时，天花板则必须采用浅色，天花板的色系只能是白色或与墙面同色系。

餐厅尽量使用暖色调，红色、橘黄色都能增进食欲。但厨房则要避免使用暖色调，其中，黄色系除外。

卫生间最好用暖色装修，千万不要用黑色或者深蓝色，这两种颜色容易聚集阴气，给人阴冷的感觉。

想营造时尚明快的家居氛围，就不要让大红、大绿(植物除外)出现在同一个空间内，这样看起来有点俗气，显得主人很没品位。

想表现简约、明快的家居品位，小房子就不要选用那些印有大花小花的东西，比如壁纸、窗帘等，尽量用纯色设计，增加居室的空间感。

在没有专业人士指导时，给家居进行装潢布置坚决不要把色系相同但材质不同的材料放在一起，否则，你有一半的机会会犯错。

小户型装修报价审核常识

相比其他空间更大的住宅，小户型住宅的装修则需要花更多的巧心思。在选择装修公司时，业主们通常首先关注装修报价单，细心的还会“价比三家”，多跑几个装修公司，多拿几个装修报价单，然后往往会选择报价最低的。然而到装修完成后，业主们却发现，实际的装修花费往往比装修报价高出很多。这是因为很多装修公司利用消费者不懂行，在报价上玩花样。

总体来说，家饰装修中的费用应该包括：设计费、主材费、辅助材料费、工时费、管理费和税金。但需要提醒消费者的是，不要单纯以价格来选择家装企业。因为装修项目工程量的多少是影响整个装修造价的直接因素，且装修公司的规模、资质、等级、管理制度的不同，其收费标准也有所不同。在审核装修报价时，除了要综合这些基本情况外，还要特别注意隐藏在其中的“加法”和“减法”。

1.留意装修报价中隐藏的“加法”

有些装修公司在初期报价中往往很低，在装修合同完成后却往往出现很多增项，装修价格大大提高。如本来与设计师谈好的内容，然而合同中没有注明，消费者也没有注意到，这样尽管签订装修合同时价格并不高，但等到工程竣工时，却增加了很多内容，花销随之增加。最常见的“加法内容”包括：在签订合同前，装修公司并不报清楚水电路改造的价格，不分明暗管，而在最终的结算中却全部算最高价；或在水电改造施工时，有意延长水电管道的长度，消费者因此受到额外损失。

2.核实装修工程中的“减法”

在用慧眼识别装修报价中隐藏的“加法”后，还要学会核实其中隐藏的“减法”，保证家居装修的质量。如业主通常会对木工、瓦工等这些“看得见、摸得着”的常规工程项目比较注意，监督较紧，但对于一些隐蔽工程和细节问题却知之甚少。如墙面漆、水道改造、防水防漏工程、强电弱电改造、空调管道等工程，施工质量好坏与否在短期内很难看出来，也无法深究，不少装修公司或施工人员就会在此做文章，减少工程成本。如内墙通常要刷3遍墙漆，但施工队员只刷了1遍，表面上看不出有任何区别，但实际上却降低了工艺标准，时间一长，毛病就会暴露出来。

3.核实装修报价中的“分项计算”

有些装修公司为了标明自己做得比较正规，往往将某一单项工程随意地分解成多个分项，按每一个分项分别报价。很多业主通常会觉得这样的公司才是正规、懂消费者的公司，却不知其中的“猫腻”。如做大门，把门扇、门套、合页等五金件分别作为单独的项目计价，然后把分项价格各提高一小部分，就在不知不觉中使总体价格提高了很多。由于受专业知识的限制，消费者往往不能识别其中的秘密，也说不出这种报价不合理的原因，因此也就只有交钱了。实际上，这种分项计价很容易重复计费，使得大部分消费者被“宰”了还不知是怎么回事。所以，在出现这类分项计费时，业主就一定要放大眼睛，追问每一项目的价格缘由，仔细审核各项目要求是否合理。

▲为了省钱，很多家庭在装修时都会选择自己提供装修材料，专家建议业主们一定要到正规装修材料超市和大卖场购买材料，并仔细查看合格证、检测报告等。

装修合同中的注意事项

要让小户型的住宅化身优质的居住空间，设计与装修都非常重要。为了寻求更好的装修效果，大部分的家庭都会委托家装公司进行家居装潢。为了防止装潢过程中发生纠纷，业主一定要与家装公司签订《家庭装修承包合同》来保障自己的利益，签订合同时还要从以下方面多加注意。

选择正规的家装公司。签订合同之前，业主应先审查装饰公司的手续，查验装修合同当事人的身份，看对方是不是经工商行政管理部门核准登记，并经建设主管部门审定具有装饰施工资质的企业法人。

写明居室装修施工内容及承包方式，施工内容应当具体、明确，按照居室装修部位分别写清装修内容、使用的材料、具体施工要求及承包方式。

写明工价、付款方式和开工、竣工日期，对装饰公司的预算报价进行严格审定。无论采用何种承包方式，合同中的工价价款都应写清楚，不能含糊。合同中的总价款包括材料费、人工费、管理费、设计费、垃圾清运费、税金及其他费用。交付家装款要由业主亲自交到公司财务，并索要建筑安装专用发票，尽量防止出现其他人代收家装款的情况。税金由业主承担，这是装修业的特殊要求。详细写明有关材料供应的约定内容。装修材料供应的约定涉及家居装修质量和工程款项的重要问题。如果委托装饰公司选择建材的话，无论是包工包料还是包工不包料都应在合同附件的材料清单上详细写明材料的名称、品牌、规格、型号、质量等级、单位、数量、单价，对装修的材料标准尤其要注明，包括外墙、内墙、顶棚、地面、厨房、卫生间、阳台等，每个部位使用材料的品牌、型号都要清楚标明，不能笼统地用“国内名牌”、“国际名牌”之类的字眼。同时业主还应保存材料样品以便日后检查对照。此外，供料单上还应明确写明材料送达的时间和地点，同时还应约定好违约金的赔付比例。

合同要由法定代表人签订，如有委托代理人的，需要复印委托书，同时向装饰公司索要工商执照的复印件和资质证明的复印件，这两个

复印件都应该加盖公司章，还应索要项目经理和工程负责人的身份证复印件或公司正式职工的工作证复印件以及联系电话。

上述装修合同有3种形式：即承包人包工包料，部分包料，承包人包工、住户自己包料。在装修中还应注意以下几种情况，装修公司包料的，要向其索要购买的材料明细表、合格证、发票；业主自己包料的，选用的材料必须符合国家标准，有质量检验合格证明、有中文标志的产品名称、规格、型号、生产厂名、厂址等，禁止使用国家明令淘汰的装修材料。

依法定标准验收竣工质量。检测不合格的，如属承包人的责任，承包人应返工，并承担相应损失。需要注意的是，由于家居装修要满足多层次的不同需求，同一房型往往有着不同档次的装修，因而不可能也不应当将不同层次的装修适用同一标准。

装潢完工后，针对不同的项目有不同的保修期，客户可依具体情况与公司商议，保留原证件或扣留部分款项作为装修的质量保证金。

预算项目变更时，双方应该重新签订协议。

第三章 详解住宅十三大功能区的布局

有这么一句广告语：『让建筑赞美人生』。这充分说明了在建筑与人的关系中，谁才是真正的主体。建筑如此，住宅就更是如此了。不论是小户型还是大户型、独栋别墅，其真正的目的都是为人服务。在这个居住的空间内，都会具备相应的功能区域，如大门、客厅、卧室、厨房、厕所等，对其精心设计，才能实现小户型的室内完美布局。

大门的布局

不管是小户型住宅还是独栋别墅，对于居住在其中的人来说，要进入住宅，首先得经过大门。大门是分隔内外空间最重要的标志，大门对外的部分能显示出家庭的观念和对外在世界的态度、看法。如门口贴有吉祥对联，表示这个家庭重视对外世界，具有对外发展的潜力和基础。同时，大门在布局上是住宅的吐、纳气门户，所以在整体布局的把握上就需要更加用心了，大门的门向、尺寸、颜色都是有讲究的。

2.大门的门向

现代建筑中的门有两种形式，有整栋公寓大厦楼下的大门和楼上每户住宅自己居室的门的区分。而无论是大楼的门还是住宅的门，其

▲大门是住宅的要冲，是连接空间和大千世界的咽喉，大门的朝向正确，常年可见紫气东来。

▲大门是分隔内外空间最重要的标志。大门对外的部分能显示出家庭的观念和对外在世界的态度和看法。

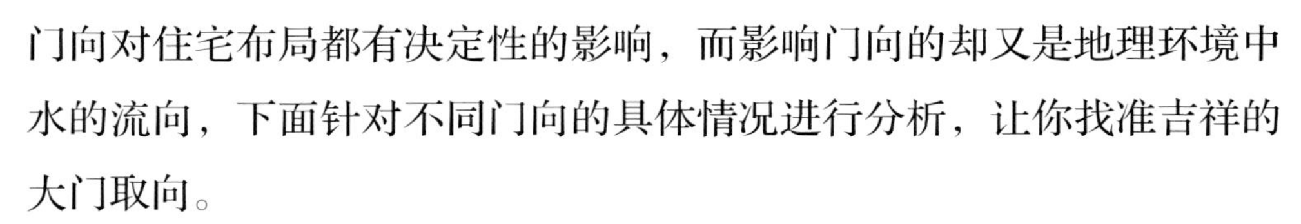

门向对住宅布局都有决定性的影响，而影响门向的却又是地理环境中水的流向，下面针对不同门向的具体情况进行分析，让你找准吉祥的大门取向。

（1）中门，即朱雀门

房子的前方是湖、海、川、沟、河、江、池、沼，有水流或水汽聚集，或有一宽敞绿茵、平地、停车场，即是有明堂，就适宜开朱雀门，即将门开在住宅的前方。古人说："门中正，家道成"，有条件开中门的住宅是很吉祥的。

（2）左门，即青龙门

所谓"左青龙，右白虎"，青龙门在左，白虎门在右。风水学里以路为水，讲究来龙去脉，若建筑所处地势右边高于左边，那么地气从高而多的地方向低且少的地方流去。如果大门前方有街或走廊，右方路长为来水，左方路短为去水，则宜开左门来牵引、收截地气。

（3）右门，即白虎门

与青龙门正好相反，白虎门在右，水由左边流向右边，也就是地势左边高于右边，河水或马路的水流或气流由左边向右边流，这样的房子就适合开虎门。

（4）后门，即玄武门

所谓玄武门，是指大门开在住宅的后面。一般独栋式房屋都适合开后门，一是对安全有利，二是利于住宅呼吸，这样有进有出，吐故纳新，住宅的能量循环正常，对宅主健康和事业就有极大帮助。

2.合理选择大门尺寸

小户型住宅在大门的选择上需要更合理，大门的尺寸需与房屋成比例，不可出现门大宅小或宅大门小的情况。因为屋子大门小会闭塞

▲如果住宅面积不大，门却开得太宽，就不能藏风聚气。

▲如果门开太窄，进入时会不舒服，有压迫之感；从门向外看，视线变窄，心胸也容易变窄。

气流，使得空气不流通；若屋子小门大则会泄气，室内流入疾风。同时，在居家布局中，住宅大门的尺寸大小有其象征意义，这也是不容忽视的。

首先，门不能太高。若门太高，人进出门时会习惯性往上看，有爱慕虚荣、喜欢被人拍马屁的心理暗示，自己处理事情也会眼高手低。有的大门的门楣太高，甚至超过了天花板，这样的格局非常不合适。

其次，门也不能开太低。若门楣太低，出入都必须弯腰低头，时间久了，人的目光习惯性向下方看，遇到强势的事物，也更容易选择低头退让，变得目光短浅、怯懦自卑。

第三，门不能开得太宽。门开得太宽，就不能藏风聚气。此外，门开太阔，对家中老人的健康会有影响。

第四，门也不能太窄。如果门开太窄，进出会不舒服，有压迫之感，从门向外看，视线变窄，心胸也容易变窄。适当的门宽，至少要能容得下两个人擦身而过。

3.大门的颜色与屋主的五行

大门的颜色也有讲究，古人一般喜欢将大门漆成红色，以表示吉祥之意。而从现代的角度看，若是坐南朝北的房子，则北风容易直接吹入，导致屋内空气比较干燥，若此时大门刚好是容易让人亢奋的红色，便会对人的情绪产生负面影响。当然，也不是说就不能使用红色作为大门的颜色，大门使用什么颜色，关键在于要让大门的颜色与屋主的幸运色相匹配，这样既装饰了大门，也能为布局加分。

若房主的五行属金，那么大门则宜选择白色、金色、银色、青色、绿色、黄色、褐色，可使住宅呈现吉祥。

若房主的五行属木，那么大门则可以选择青色、绿色、黄色、咖啡色、褐色、灰色、蓝色。

若房主的五行属水，那么大门则可以选择灰色、蓝色、红色、橙色、白色、金色、银色，比较吉祥。

若房主的五行属火，那么大门则可以选择红色、橙色、白色、金色、银色、青色、绿色等颜色。

若房主的五行属土，那么大门则可以选择黄色、褐色、灰色、蓝色、红色、橙色、紫色。

4.大门的布置要领

布置大门的格局除了要在大的方向上掌握大门的门向、尺寸、颜色的运用外，还有一些小的注意事项。首先是住宅大门的外观造型，不宜做成拱形，拱形的大门看起来像墓碑，使得阳宅看起来像阴宅，非常不吉利。同时，大门是住宅的颜面，所以宜新不宜旧，如果有磨损破败之处则应及时更换或修复。

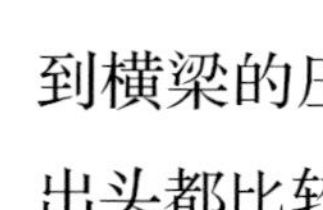

其次是大门开的位置，不宜在建筑物的横梁下。如果一进门就受到横梁的压制，居住在其中的人会感到终日郁郁寡欢、难以得志，要出头都比较难。

最后，现在大多数的住宅都是电梯公寓，而电梯是一个具有动向的所在，所以大门不宜正对电梯门，正对电梯门，人员流动，会影响家人休息。

5.巧用大门带来吉祥

吉祥对于一个家庭来说是非常主要的，这首先得从大门入手。下面总结了几种常见的方法，希望能给大家带来诸多益处。

（1）门旁摆水

所谓“山主人丁水主财”，有水的地方便能有好的气场。利用好大门的功能可以为家中带来吉祥，最简单的方法就是在门旁摆水，只要放在大门口附近便能生效。

（2）开门见绿

而除了水之外，所有水栽植物及插花都有美化环境的作用，而且一开门就见到绿色植物，生趣盎然，又可达到养眼明目之功效。

（3）开门见红

“开门见红”也叫开门见喜，即通过在入门处摆放吉祥物件，或将入口处墙壁涂红，引来吉祥。这样入屋放眼则有喜气洋洋之感，给人温暖振奋、心情舒畅的感觉。

（4）开门见画

“开门见画”即开门时就能见到一幅雅致的小品或图画，一能体现居者的涵养，二则可缓和进门后的仓促感。

玄关的布局

玄关是连接室内室外的重要通道，它对整个房屋内的气场流通起到了至关重要的作用。要让玄关有效地发挥家居布局上的作用，同时又兼具居室的美观性，就必须注重其相应的布局。

1.需在家中设置玄关的情况

相对来讲，对于小户型的住宅，特别是面积有限的一室一厅，是不宜设玄关的，因为这样会令住宅空间减少，显得更拥挤。而对于面积稍微大一些的两室一厅或三室一厅，则可根据实际情况而定。但是，如果一些住宅的外环境不好，需要在家中设置玄关以化解不利因素的，就又另当别论了。下面罗列出需要在家中设置玄关的情况，以供参考。

（1）大门面对尖角、柱和柱状物

邻居的屋顶、车库、阳台和建筑的侧面都有可能形成一个尖形的角，若客厅或房间有这种情况，在装修的时候，最好是把锐利的墙角用一些圆形木柱包裹起来。这样可以去除居住者心理上的不安全感。如果已经居住在这样的区域里，除设玄关外，还可采用在尖的物体或转角周围种一些活的藤类植物，或是在尖的边缘与门之间悬挂一些饰物，使这些负能量转向，从而进行化解。

（2）大门外有电站、电线杆

从物理学的角度讲，靠近高压电线、大型变电所、强力发射天线、高亮度泛光建筑的住宅，因各种辐射、电磁场的影响和干扰，会给人带来心理和情绪上的问题，很容易让人情绪烦躁、失眠不安。如果已经居住在这样的区域里，除可设玄关外，可在自家门前走道旁边的范围内种一些生长良好的灌木或小的树木，以阻挡不利的因素。

（3）大门面对死胡同、细长的街道、T形路口、走廊

如果大门正好对着一条细长的街道，则对安全不利。同样，从住宅向屋外看，如见两座大厦靠得很近，两座大厦的中间出现一道相当狭窄的缝隙，便会产生穿堂风，也会对健康不利。再者，如果开门见一条长长的走廊，也对安全不利。如果已经居住在这样的区域里，又不能改变门的方向，此时除设玄关之外，还可在大门处悬挂珠帘隔断空间。

（4）大门与阳台成一线

这种格局可以让人一眼看透大门与阳台，其室内空间的私密性就变得很差了。居住在这样的住宅里的人会常被外界的声音、景观影响，且气场的对流会比较大，对人体健康不利，此时就可以设置玄关，起到遮挡和回旋气流的作用。

（5）大门对窗或后门

门和窗户是气流进出屋内的开口，如果住宅的入口正好对着后门、巨大的窗户或者光滑的玻璃门，形成前后门相穿，使理气穿堂直出，不能聚集于屋内，导致穿堂风拂动，就会对人的健康造成不利。

▲如果住宅的入口正好对着后门、巨大的窗户或者光滑的玻璃门，形成前后门相穿的格局，应设置玄关。

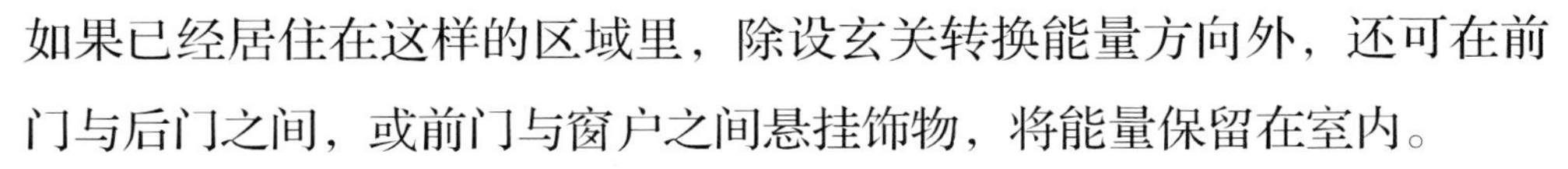

如果已经居住在这样的区域里，除设玄关转换能量方向外，还可在前门与后门之间，或前门与窗户之间悬挂饰物，将能量保留在室内。

（6）开门见梯

屋宅本是聚气养生之所，当楼梯迎着大门而立时，室外的空气会和室内的空气形成对流，对人体健康极为不利。此时除了可以设玄关外，还可在门与第一级台阶之间悬挂饰物，让能量能够回旋。

（7）开门见厕

厕所是供人们排泄的空间，本身并不算干净，更因厕所是极秘密的场所，所以大门也不宜直对厕所。同时，地下排水管也不宜跨越大门和玄关之间，以免财水内外交流时在此受污，导致家人健康不佳，财路不顺。遇到这种格局，除了在进门处要用屏风或玄关隔开外，还可以常把坐便器的盖盖好，把厕所门关紧。

▲玄关的间隔应以通透为主，使用通透的磨砂玻璃可以营造玄关明亮、整洁之感。

（8）开门见灶

灶台的风不能太过拂动，否则很难生火。要化解这种格局，首先可以改造厨房门的位置，其次还可在进门处用屏风或玄关进行遮挡，隔开空间。

（9）开门见镜

镜子会反射动静之气，让室内气

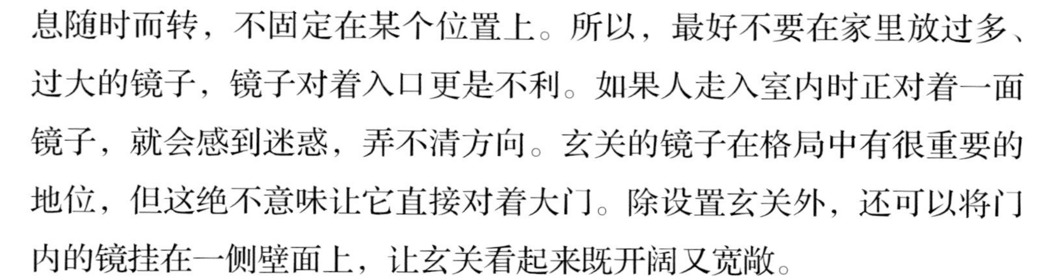

息随时而转，不固定在某个位置上。所以，最好不要在家里放过多、过大的镜子，镜子对着入口更是不利。如果人走入室内时正对着一面镜子，就会感到迷惑，弄不清方向。玄关的镜子在格局中有很重要的地位，但这绝不意味让它直接对着大门。除设置玄关外，还可以将门内的镜挂在一侧壁面上，让玄关看起来既开阔又宽敞。

（10）开门见墙角

开门就看到墙角不仅视觉上不美观，而且心理上也不舒畅。所以，在装修时就要尽量避免，最好把尖角作半圆形处理，若是遇到确实不好处理的情况，也可通过设置玄关、屏风或挂小物件的方法来进行化解。

2.玄关美化的四要素

不管是从格局上来说还是从设计上来看，在玄关处还是应该注意其美观性的。在做室内设计时应尽量设法去美化玄关，在美化时需要注意通透、适中、明亮以及整洁四个要素。

（1）通透

玄关应以通透为主，因此玄关用通透的磨砂玻璃比用厚重的木板好，

▲玄关天花的灯饰排列宜圆宜方，圆象征团圆，方则象征方正平稳，有益住宅的气运。

即使必须采用木板，也应该采用色调较明亮而非色调厚重的木板，色调太深便会有笨拙之感。

（2）适中

玄关不宜太高或太低，要适中，一般以两米的高度最为适宜。若是玄关太低，身处其中便会有压迫感；而太高，则没有效果，无论在格局方面还是在设计方面均不妥当。

（3）明亮

玄关宜明不宜暗，所以在采光方面必须多动脑筋，除了采用较通透的磨砂玻璃或玻璃砖之外，木地板、地砖或地毯的颜色都不可太深。玄关处如果没有室外的自然光，便要用室内灯光来补救，例如安装长明灯。

（4）整洁

玄关宜保持整洁清爽，若是堆放太多杂物，不但会令玄关显得杂乱无章，而且也会对住宅环境大有影响。

3.玄关天花的安置

对于小户型的住宅，在玄关区域都要注意其气流的流通，这才是关键。玄关的气流宽敞才有利于家中的气运。所以，在玄关天花的安置上，有宜高不宜低的说法。这是因为如果天花板太低，容易给人造成压迫感，在格局上也是不利的，象征着备受压迫、难以出头。天花板相对高一些，这样就使空气易于流通，对住宅的气运也是大有裨益的。

玄关天花板的颜色宜轻不宜重，如果天花板的颜色过重则不好搭配相应的地板，容易造成天花板的颜色比地板的颜色重，形成“上重下轻”的格局，象征长幼失序，不利家庭的和谐。而选用较

浅颜色的天花板，比较好搭配地板，且风水上呈现“上轻下重”的布局，较为合理。

天花灯宜方圆忌三角，若将天花灯等组排列成三角形，会像“三枝倒插香”，对居室大大的不利。玄关顶上的灯饰排列宜圆宜方，圆象征团圆，而方则象征方正平稳。

4.玄关地面的设置

玄关的地板宜平整，可使在家中行走顺畅。同时，玄关的地板不能太过光滑，太过光滑的地面容易让人滑倒，从家居安全上讲是不好的。地板还应尽量保持水平，不应有高低上下之分。

玄关地板的颜色宜深，深色象征厚重、根基沉稳，符合色彩搭配之道。如一定要用一些明亮的色彩，则可用深色石料包边，而中间部分采用较浅色的石材。倘若需要在玄关区域铺设地毯，道理也是相同的，地毯的颜色宜选用四边颜色较深而中间较浅的。

5.玄关饰物的选择

玄关位居要冲，在装饰物件的摆放上需要多加小心。古人喜在家宅门口摆放狮子、麒麟等威猛而具有灵性的猛兽，作为住宅的守护神。而现代的居室则不可能在住宅的屋外进行大物件的摆设，此时可退而求其次，在进门的玄关处摆放其他物件，可选择摆放较小的狮子或麒麟，使其面向大门，同样也可起到护宅的功效。

守护住宅的物件可以是各种动物造型的工艺品，值得注意的是，这些物件切忌不可与户主的生肖相冲。下面对十二生肖相冲的情况进行介绍，帮助你扫清宜忌障碍。

生肖属鼠 忌 马　生肖属马 忌 鼠

生肖属牛 忌 羊　生肖属羊 忌 牛

生肖属虎 忌 猴　生肖属猴 忌 虎

生肖属兔 忌 鸡　生肖属鸡 忌 兔

生肖属龙 忌 狗　生肖属狗 忌 龙

生肖属蛇 忌 猪　生肖属猪 忌 蛇

6.玄关植物的作用

在小户型住宅中，玄关的使用空间是有限的，有的只是一条走廊或过道，它是到客厅的必经通道，且大多光线较暗淡。由于玄关是家庭访客进入室内后产生第一印象的区域，因此，适当摆放一些

▲在玄关适当摆放一些绿色植物，能绿化室内环境，增加生气，以铁树、发财树及赏叶榕等常绿植物为宜。

绿色植物，能绿化室内环境，增加生气。花、观叶植物等有生气的东西都具有引导旺盛之气的作用。盆栽的花可以使空间安定。可以使用插花来装饰，但是切忌放置空的花瓶。

在玄关摆放植物时需注意，宜以赏叶的常绿植物为主，例如铁树、发财树、黄金葛及赏叶榕等等。如果利用壁面和门背后的柜面，放置数盆观叶植物，或利用天花板悬吊黄金葛、吊兰、羊齿类植物、鸭跖草等，也是较好的构思。而有刺的植物，如仙人掌类及玫瑰、杜鹃等切勿放在玄关处，以免刺伤人。而且玄关植物必须保持常青，若有枯黄，就要尽快更换。

当玄关位于东北位时，应以白色作为主要的装饰色调，装饰的花卉也应以白色为最佳，照片或装饰画的白花也可以。在玄关处放置粉红色花卉可以令人保持心情的愉快。

客厅的布局

客厅是住宅中非常重要的区域，是居家迎宾待客之地，从客厅的环境状况就可看出主人的涵养与气度。客厅也是一家大小聚集、聊天、放松和休息的多功能合一之地，良好的客厅格局造福于每个家庭成员。

1.客厅格局布置宜忌

客厅是舒展内心的地方，在装修布置上不妨多花些心思，做到舒适方便、丰富充实，使居住者或来访亲朋都能有温馨祥和的感觉。

（1）客厅采光宜忌

客厅的空间环境首重光线，采光宜亮忌暗，在阳台区域最好不要摆放太多过于浓密的植物，以免遮挡客厅的光线。而客厅的壁面也不

▲风水中，客厅为方是最佳的形状，取其“四平八稳”、“堂堂正正”之意，不仅方便纳气，还有利于居家活动。

适宜选择颜色太暗的色调，避免客厅阴暗。阴暗的客厅由于采光不足，无法形成好的气场环境，居住在其中的人就容易产生疾病。

（2）客厅方位宜忌

客厅是住宅中所有功能区域的衔接点，一进宅门就能见到客厅的屋宅，属于吉宅。客厅最好安排在整个室内空间的中央位置，中央是屋宅的中心位，客厅设在此代表房子的心脏，坐在客厅里，能够顾及客人和家人。相反，如果客厅在整个室内空间中的位置很偏的话，则让人感觉家里的生活不规则，没有秩序，所以客厅宜居中忌偏。

格局不仅与装饰相关，也与方位相连。从住宅的整体来看，客厅最理想的方位为东南、南、西南与西方。东南方取“紫气东来”之意，从而使得房间明亮而有生气；而南方客厅的南面要有阳台，才能采光和通风，使人充满激情；客厅设计在西南方则有助于创造安宁而舒适

▲从格局的角度出发，沙发应放置在醒目的地方最为合适，沙发形状以长方形及椭圆形最为理想。

的气氛，设计在西方则有助于创造娱乐和浪漫的气氛。

（3）客厅形状宜忌

受“天圆地方”观念的影响，中国传统房屋大多是方形的，取其“四平八稳”、“堂堂正正”之意。客厅也不例外，在形状上当以“四隅四正”为本。所谓“四隅四正”，简单来说，就是指四方形，其次是长方形。

客厅也忌有太多尖角，有尖角出现，会令客厅失去和谐统一。若要化解这种情况，可使用木柜或矮柜填补空间中的空角处。倘若不想摆放木柜，则可把一盆高大而浓密的常绿植物摆放在尖角位，这样可消减尖角对客厅的影响。如果客厅呈L形，可用家具将之隔成两个方形的区域，做成两个独立的房间。

（4）客厅摆设宜忌

要让客厅充满生气，添加相应的饰品摆设是非常有必要的。客厅宜摆鱼缸、盆景等物件，让室内的装饰效果丰富。盆景则以常青的绿色植物为主，盆景的尺寸不宜过高，以免形成客厅内多余的隔断效果。

客厅墙面也可通过悬挂画幅来进行装饰。若悬挂植物、山水、白鹤、凤凰等画幅，则没有太多的忌讳，而若是悬挂龙、鹰、虎、狮等猛兽时，则需要留意画中猛兽头部的朝向，宜将猛兽头部朝外，形成防卫局势，切忌朝内，会威胁自身。

2.客厅中沙发的摆放

小户型的住宅，因为空间比较有限，除了卧室就是客厅，客厅的使用率自然就比较高，而其中当然少不了沙发、茶几、地毯等摆设，这些物件的摆放其实也是有讲究的。

▲茶几的摆放应遵循“沙发为主，茶几为辅”的原则。沙发为主，宜高大，茶几为辅，宜矮小。

▲茶几的形状以长方形及椭圆形最为理想，圆形亦可，带尖角的菱形茶几绝对不宜选用。

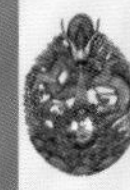

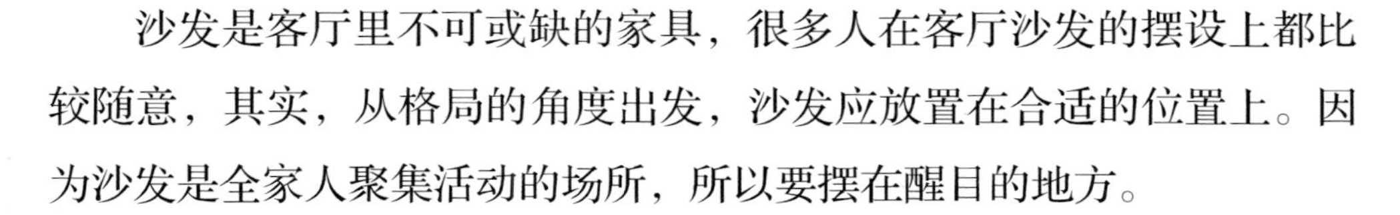

沙发是客厅里不可或缺的家具，很多人在客厅沙发的摆设上都比较随意，其实，从格局的角度出发，沙发应放置在合适的位置上。因为沙发是全家人聚集活动的场所，所以要摆在醒目的地方。

3.客厅中茶几的摆放

从功能上来讲，茶几是用来摆放水壶及茶具的家具，除了可摆设饰物及花卉来美化环境之外，也可摆设电话及台灯等，既方便又实用，也是客厅不可缺少的家具。大多数情况下，沙发和茶几是配套的，在摆放了沙发后，在沙发的前边或旁边必定会有茶几。

在茶几的摆放上应遵循“沙发为主，茶几为辅”的原则。沙发为主，宜高大，茶几为辅，宜矮小，如果茶几的面积太大，就是喧宾夺主，并非适宜。选取茶几时，宜以平为原则。如果人坐在沙发中，茶几高不过膝最为理想。此外，摆放在沙发前面的茶几与沙发之间必须有足够的空间，若是沙发与茶几的距离太近，则有诸多不便。

值得注意的是，茶几的形状以长方形及椭圆形最为理想，圆形亦可，带尖角的菱形茶几绝对不宜选用。倘若沙发前的空间不充裕，则可把茶几改放在沙发旁边。在长方形的客厅中，宜在沙发两旁摆放茶几，这两旁的茶几犹如青龙、白虎左右护持，令座上之人有左右手辅佐，不但利用了空间，而且含有较好的寓意。

4.客厅中地毯的摆放

地毯多与沙发、茶几摆放在一起，别看它只是一个简单的装饰，也能起到改变家居风格的作用。由于地毯经常覆盖大片地面，在整体效果上占有主导地位，除了利用地毯的花色和图案引进好的气场来提

升设计品位外，客厅方位与地毯的颜色也有重要关系。下面以表格的形式对客厅方位与适合摆放什么颜色的地毯进行详细的介绍。

5.客厅中的时钟

时钟是每个家庭的必备品，除了能提示时间外，还可起到一定的装饰作用。

时钟的摆动声和打鸣声能够提振室内的气场，当家中没有人时，气是静止的，时钟的摆动能在室内形成振荡，从而增加室内的气；而当家中有人的时候，节奏规律的摆动声能给居住者带来更多的稳定感。由此可见，时钟是一件非常重要的家居物件，时钟的选择和悬挂位置就需要特别注意了。

首先，时钟的形状很重要。时钟是一直不停走动的，具有“动”

▲在布局设计中，时钟不仅可以计时，而且能装饰美化环境。

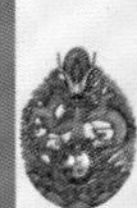

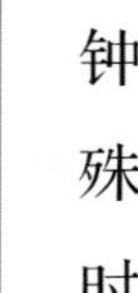

的形态，而圆形也具有一定的“动性”，在家居装饰上如果选择圆形的钟，则会形成“动上加动”的效应。而其他的如三角形、六角形等特殊的形状，会在空间内形成尖形，不美观，更不适合放在家中，所以时钟的形状应选择具有稳定感的方形，不管是长方形还是正方形都能给家居环境带来祥和的稳重感。

其次，挂在家里的钟不适宜过大。特别是小户型住宅，当以挂钟为首选，根据墙面的大小来决定时钟的大小。但切记，不管墙面空间多大，时钟的大小都不能太大，尤其是不能为了赶时髦去选择一些落地的大木钟，这样既影响室内的空间，同时，大木钟的打鸣声过大，产生的回声在狭小的空间里容易产生“声干扰”，让居住者心烦意乱，夜间更容易让人心生恐惧。

在选择了相应形状和大小的时钟后，将时钟挂在室内的哪个地方最为合适就成为我们接下来要解决的问题。首先，时钟的数量不能太多，一个房间一个就足够了，一居室的房间卧室一般可以不用悬挂时钟，可以将时钟悬挂在客厅。

6.客厅饰物颜色的选择

我们除了可以根据客厅的方位来选择客厅的主色系外，还可对客厅中饰物的颜色进行搭配运用，让客厅的设计更美观。下面针对客厅方位与五行进行介绍，同时结合相应方位讲解宜摆放饰物的颜色，让你能轻松搞定客厅布局。

（1）正东$\xrightarrow{\text{宜用}}$绿色

正东属木。在这个区域可放置茂盛的植物。另外，将属水的物品或山水画放在这个方位也可以。

（2）正南$\xrightarrow{\text{宜用}}$红色

正南方属火，喜用色是红色，适合悬挂凤凰、火鹤或日出的图画，

红色地毯或红色的木制装饰品也很合适。

（3）正西$\xrightarrow{宜用}$银色

此方五行属金，喜用色是白色、金色和银色。金属雕刻品、六柱中空金属风铃、电视和音响都很适合摆在此方位。

（4）正北$\xrightarrow{宜用}$黑色和蓝色

此方五行属水，喜用色是蓝色和黑色。在这个方位放置属水的物品，如鱼缸、山水画、水车等，或是黑色的金属饰品也可以。

（5）东北方$\xrightarrow{宜用}$黄色和土色

这个区域属土，喜用色是黄色和土色。陶瓷花瓶等属土的物品适合用在这个方位。

（6）西北方$\xrightarrow{宜用}$白色

这个方位属金，所以适合摆放白色、金色或银色的金属饰品，如金属雕刻品或金属底座、附白色圆形灯罩的台灯。

（7）东南方$\xrightarrow{宜用}$绿色

东南方五行属木，喜用色是绿色，所以在这个方位摆设属木的物品，而其中又以圆叶的绿色植物效果最好。

（8）西南方$\xrightarrow{宜用}$黄色

西南方位属土，在此处放置台灯可增加能量。另外，天然水晶和全家福照片也有相同效果。

7.客厅方位与颜色的选择

客厅是居室中的一个比较开放的空间，它的颜色对整个室内空间的色调有一个主导的作用。客厅颜色除了要让客厅呈现出大方美观的视觉效果外，客厅的颜色与布局设计也是息息相关的。

客厅颜色的运用从根本上来讲是以住户的喜好为主的，除了要兼

具美观、实用外，还应配合住宅的格局。当然，也得配合客厅大门的朝向，从而加强客厅的布局设计。

8.客厅的植物

在居室内摆设植物已逐渐成为一种时尚。客厅是家庭中最常放置室内植物的空间。实际上，植物、花卉不仅具有观赏价值，还象征着生命和心灵的成长与健康。从科学的角度来分析，植物能够降低人们的压力，能提供自然的屏障，让人们免受空气与噪音的污染。

在客厅摆放植物，首先要选择相应的植物种类。一般摆放在客厅的植物花卉品种有：富贵竹、蓬莱松、罗汉松、七叶莲、棕竹、发财树、君子兰、球兰、兰花、仙客来、柑橘巢蕨、龙血树等，喻意吉祥如意、聚财发福。

其次要注意客厅植物的搭配及摆放位置。最有视觉效果、最昂贵的植物都应该放置于客厅。客厅植物主要用来装饰家具，以高低错落的植物自然状态来协调家具单调的直线状态。而配置植物，首先应着眼于装饰美，数量不宜多，太多不仅杂乱，而且生长不好。选择植物时须注意中、小搭配。植物应靠角放置，不妨碍人们的走动。除此之外，还要讲究植物自身的排列组合，如前低后高，前叶小、色明，后叶大、浓、绿等。这样一来，展示在我们眼前的是一道兼具层次美、节奏美、和谐美的迷人风景。植物比例的平衡也极为重要，而对比的应用也不容忽视。客厅富丽堂皇的装潢可以用叶形大而简单的植物增强，而形态复杂、色彩多变的观叶植物可以使单调的房间变得丰富，给客厅赋予宽阔、舒畅的感觉。

最后，如果是采用大量植物对客厅进行装饰，那么植物配饰中心一定要选择最佳视线的位置，即任何角度看来都顺眼的位置。一般来

▲客厅植物高低错落的自然状态可以协调家具的单调，最有视觉效果、最昂贵的植物都应该放置于客厅。

说，最佳视觉效果是在离地面2.1~2.3米的视线位置。同时要讲究植物的排列、组合，如“前低后高”，“前叶小色明、后叶大浓绿”等。为增加房间凉意，可在角落采用密集式布置，产生丛林之气氛。但需注意的是，室内的植物不可顶到天花板。

卧室的布局

从功能上讲，卧房是人休息和睡眠的地方，是一个让我们疲惫的身心可以得到短暂休憩的港湾。所以，在家居布置上，除了要对玄关、客厅等功能区域的布局有所掌握外，还需要对卧室的布局有所了解。

对于一室一厅的住宅，此时的室只能作为卧室使用。而对于两室一厅的住宅，一般是使用一间作为主卧室，另外一间则作为婴儿房或

儿童房，主要给孩子使用。而在三室一厅的住宅中，此时的搭配就更多元化一些，可以是“主卧室+儿童房+书房”或“主卧室+儿童房+老人房”，这里先对主卧室的家居布置与布局进行介绍。

1.主卧室的位置

卧室布局得法，则气能生动，夫妻生活和谐甜蜜，享乐又健康；布局失当，则影响身体、心理。

主卧室的位置应该在整个室内空间的东方。卧室朝向东方，每天迎着朝霞起床，能使居住在其中的人精神振奋，自然好运不断。

其次是东南方，这个方位也是能促进健康的方位。

再次是西北方，这个方位和西南方都是阳光照射不到的地方，也

▲主卧室的位置在整个室内空间的东方时，是较好的。卧室朝向东方，每天迎着朝霞起床，能使居住在其中的人精神振奋，好运不断。

是养精蓄锐和产生健康心态的地方。

最后，卧室也可以朝向北方，但这个方位由于太阳照晒时间不常，应注意居室内的防腐、御寒等措施，避免这些因素影响居住者的健康。

而最不适宜设置卧室的方位则是正西方，房间被西晒，房内温度相对升高，暑气重，对人的健康不利，同时使得卧室在温度上的舒适度也大大降低。

2.卧室的形状

主卧室的形状以四方形为最佳，不仅有利于家具的摆放，看上去也美观大方。如果由于建筑条件的限制，没有挑选到正方形的卧室，也可挑选长方形的卧室。不过，主卧室的长度和宽度的差距越少，形

▲四方形和长方形的主卧室不仅有利于家具的摆放，看上去也美观大方，营造出稳定、静谧的卧室气氛。

状越好，所以，应该尽量避免卧室的空间出现狭长的方形或多边形，这样的房间作为卧房，由于其本身在形状上是一种动态的能量，就会与卧房要求稳定、静谧、安详的主旨相冲突。

此外，有的人为了追求视觉上的新奇，把卧室装修成斜边、凸角的形式。这些也都是不好的布局，因为奇形怪状和损位缺角的住宅，其内部之气会停滞或流动无规律，能量场的分布也很不均衡，会对人的身心健康及日常生活造成影响。

3.卧室门的位置

在家居布局中，卧室门的位置是有讲究的。首先，主卧室的门不能正对厨房门，以防止做饭时的湿热之气、油烟与卧室内的空气发生对流，进

▲卧室与卫浴门相对时，会加大卧室的湿气，影响人体的健康。出现这样的情况时，可在两者间加一道推拉门，并养成随手关门的好习惯，以减少湿气的排放。

入到卧室内，影响卧室的空气质量。其次，卧室门不可正对卫浴门，因为沐浴后水汽与厕所的氨气都很容易扩散到卧室内，而卧室内多有极易吸收湿气的棉麻布品，从而加大了卧室的湿气，影响人体健康。最后，卧室门还不能与储藏室的门正对。由于储藏室多用于存储一些不常用的东西，多少带有霉味，且容易藏污纳垢，易让卧室沾染不洁之气，也需尽量避免。

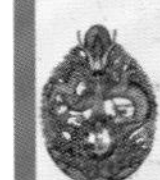

4.卧室中床的摆放

卧室之所以称为卧室，是因为有人在其中“卧”，而“卧”则离不开“床”这一承载物件，主卧室中床的摆放也是影响卧室格局的一大要素。

卧室中的床在摆放时需将床头紧贴墙壁，做成靠而有背的布置，这样人在床上休息时，头部靠墙会给人安全感，也有利于健康。

▲卧室中的床在摆放时需将床头紧贴墙壁，做成靠而有背的布置，这样人在床上休息时，头部靠墙会给人安全感，也有利于健康。

在摆设床头的位置时，还应考虑房间的整个构架，不能将床头随意依靠墙壁，还要弄清楚墙壁背后是什么空间。若墙壁背后是厨房，会有一灶台与床头相接，是为不利。且就温度上来讲，对卧室的温度也会有所影响。

床头宜斜对着卧室房门，这样的放置让人在床上休息时能够轻易地看到房门，从心理上讲，人若能在第一时间清楚地看到房门，能给人一种稳定的安全感。同时，斜向房门的床头摆放也可让人吸纳从房门进入的新鲜之气。

床头切忌正对或背对房门。不管是床头还是床尾，都不能正对房门，这样的摆放让人在进入卧室的第一眼就能清楚地看清室内的所有情况，让休息的人没有安全感。

5.卧室的颜色

卧室的装饰很大程度上取决于色彩的搭配。一般居室大致可分为五大色块：窗帘、墙面、地板、家具与床上用品。若将软、硬板块的色彩有机地结合，便能取得相应的装饰效果。

卧室颜色的选择应以柔和为主，具有温馨感，使人感觉平静，有助于休息。绿色是稳定而均衡的颜色，男女老少皆宜。卧室的墙壁选用暖色调有助姻缘和增进夫妻感情。卧室的墙面尽量不要用玻璃、金属等会产生反射的材料，这样容易干扰睡眠。油漆有利于墙体呼吸，还能避免睡觉时能量被反射，最适宜作为卧室颜色的涂料。卧室也不宜采用白色大理石，容易给人空虚和不实在的感觉，也会令人产生寒冷的感觉。

未婚女性的卧房，以清爽的暖色系（粉红、鹅黄、橙、浅咖啡）为佳，如果选用冷色系（白、黑、蓝），就会影响女性妩媚温柔之感。

▲未婚女性的卧室，以清爽的暖色系（粉红、鹅黄、橙、浅咖啡）为佳，如果选用冷色系（白、黑、蓝），就会影响女性妩媚温柔之感。

另外，卧室整体色彩的选择还要依卧室的方位而定。根据五行的原理，卧室颜色与方位有以下得对应关系，可根据方位来选择适宜的颜色。

卧室方位与颜色对应表

卧室方位	颜色
东与东南	绿、蓝色
南	淡紫色、黄色、黑色
西	粉红、白与米色、灰
北	灰白、米色、粉红与红色
西北	灰、白、粉红、黄、棕、黑
东北	淡黄、铁锈色
西南	黄、棕色

6.卧室布局六大忌

卧室是用于休息的场所，人在家中的时间大部分都是在卧室中度过的。卧室内的环境也会间接影响人的休息和睡觉时的质量，卧室环境的好坏也与布局相关。对于三室一厅这样的家庭，主卧室的布局是至关重要的。了解以下六点卧室风水中的禁忌，就能避免出现的相应问题。

（1）卧室中忌放太多电器

日常生活中必需的家用电器其实都带有一定的辐射，只是这些辐射都在国家允许的指标范围内。但由于卧室主要用于休息，人在睡眠时的气场相对较弱，若卧室电器过多，整个辐射量就会变大，从而影响人的健康。

特别是有的人喜欢在卧室看电视，还特意在正对床的位置放置大屏幕的电视，虽然方便了观看，但这样的格局让人在睡觉时脚正好正对电视屏幕，电视的辐射会影响双脚的血液循环，对健康不利。

从健康的角度来看，这样的布置都是不合理的，应尽量不要在卧室摆放多余的电器，尤其不要将电视正对脚。在睡觉时还可将不适宜的电器的电源拔掉，才能减少辐射。

（2）卧室卫生间门忌正对床

在现代家居中，针对三室一厅的住宅，在室内空间足够的条件下会做“双卫”的规划，即在主卧室的空间内增加一个卫生间，让住户的生活更方便。这样的设计本意上是好的，但在规划上切忌将卧室卫生间的门正对床。

若卧室中卫生间的门正对床，则容易使床潮湿，也容易影响卧室的空气质量，时间一长自然会导致住户腰酸背痛，从而加剧肾脏的排毒负担，影响健康。

（3）卧室空间忌过大

就算是主卧室，空间也不能过大，面积一般在20平方米以内就足够了。房子大会吸收“人气”，这里的“人气”就是我们常说的能量场。人体其实就是一个往外散发能量的能量场，如果房间面积过大，而又是卧室这样比较私密的空间，进出房间的人又比较少，这样人在这个空间中就需要释放更多的能量，这也是人在大的卧室中居住会感觉无精打采、容易疲惫的原因。

（4）卧室忌带阳台或落地窗

卧室如果带有阳台，算上阳台区域的面积后，也让卧室的空间在无形之中增加了，这与屋大吸人气是同样的道理，也会增加人在睡眠过程中的能量消耗。

卧室如果带有落地窗，也是不可取的。科学试验发现，落地窗的玻璃结构无法保证人的热能，并通过特殊的摄影手法，对人在“有落地窗”和“没有落地窗”的卧室中的能量场光谱图进行对照比较，明显发现前者低于后者。所以为了居住者的健康，在卧室里尽量少开大面积的落地窗，如果受房间格局的限制，那么在窗帘的选择上就应该选择相对厚实一些的材质来进行遮挡，以缓解人的能量场的过度散发。

（5）卧室窗口忌朝东或西

卧室与客厅不同，客厅是公共空间，而卧室是私密空间，由于功能性的不同，讲究也有所不同。卧室的窗口忌朝向向东或西，因为窗口朝东或西的房间，早上或下午的阳光都会比较强烈，过强的光线会刺激神经，影响休息，同时也容易形成“光干扰”。

（6）床正上方忌有吊灯

在床的正上方如果装有吊灯，则会出现压迫感。床的上方空应间保持空旷，在床边使用光线柔和的落地灯或是台灯来进行照明。

从另一方面考虑，人躺在睡床上时，眼睛能看到床正上方的吊灯，会给人一种心理暗示，怕吊灯不稳往下掉，从而增加心理压力，也许这个压力你没能察觉到，但在潜意识中会影响睡眠。在装饰卧室时，只要注意到这个问题，是完全可以避免的。

婴儿房与儿童房的布局

在小户型住宅空间允许的情况下，可将一间卧室布置为婴儿房或是儿童房，这个布置可根据不同家庭的具体需求而定。但是，不管是布置为婴儿房还是儿童房，在布局上都应有所注意。

除了一室一厅的住宅没有这个功能外，两室一厅或是三室一厅的住宅都能分隔出婴儿房或儿童房。从功能上讲，婴儿房是一个专用于

▲孩子在婴儿时期，婴儿房的装饰以及布局更多的是讲究安全性，而当孩子成长到一定的年龄，会更注重其私密性。

育儿的空间，以便对孩子进行全方位的照顾。因此，该房间的设计就要花费心思了，从房间墙面的材质到颜色的选用，从房间家具的选用到婴儿床的位置，从奶瓶奶嘴到玩具植物等等，都有一定的要求，以确保宝宝的安全健康。

而儿童房可以是婴儿房的延续，此时可根据孩子的成长情况来定。孩子在婴儿时期，婴儿房的装饰以及布局更多的是讲究安全性，而当孩子成长到一定的年龄，对于空间环境的要求又会不一样，会更注重其私密性。因此，在布局上必须充分考虑这些独特的要求，要善于借助装修，通过色彩、采光、家具、窗户、窗帘和饰品，寻求各种能量的支援，使孩子们在学习时能借力上进；玩乐时能想象力丰富、天真活泼；睡眠时能宁静安详、舒适柔和。

1.婴儿房的位置

婴儿房的位置和布局会对婴儿的成长产生很大的影响。由于婴儿一出生后几乎都在睡觉，并且婴儿的身体机能很稚嫩，因此绝对不能让婴儿住在刚刚装修好的房子里。

婴儿房一定要朝阳，以保持良好的光线，同时空气也要能对流，保证房间通风顺畅。在房间的方位上，以东方为好，向阳的设计让阳光能透进室内，而阳光中的紫外线可以促进维生素D的形成，防止婴儿患小儿佝偻病，但应注意避免阳光直接照射婴儿脸面。在室内时还应注意，不要让婴儿隔着玻璃晒太阳，因为玻璃能够阻挡紫外线，起不到促进钙质吸收的作用。此外，婴儿和母亲的被褥要经常在阳光下翻晒，这样可以杀菌，以防止婴儿皮肤和呼吸道发炎。

同时，婴儿房应尽量避免外人来往，更不要在屋里吸烟，以减少空气污染。还要避免噪音和油烟，绝不能与厨房相对，以免受冲。

2.婴儿房的床位

婴儿房床的摆放应该是独立的，最好放置在房间的中央，这样有利于婴儿的成长与自我意识的形成。还可在房间中调整婴儿床的摆放方位，使其呈“头北脚南”，从科学角度来说，这个方位最适合初生的婴儿。切忌的是，婴儿床不能放在靠窗靠门处，直接吹风对孩子身体健康不利；也不要靠近家具，避免家具滑倒伤害孩子；更不要靠近电源。

3.婴儿房的颜色

婴儿房的颜色以浅淡、柔和为宜，不宜用深色。研究证明，婴儿喜欢自然的颜色，如淡蓝色、粉红、柠檬黄、明亮的苹果色或是草绿

▲婴儿房的墙面应使用柔和清爽的浅色，家具选用乳白色或原木色，装饰画或墙绘随着宝宝年龄的增长和喜好而变换。

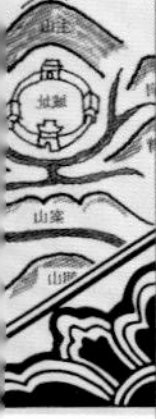

色。用原色喷出的图画也会使房间显得明亮、活泼，同时对婴儿的中枢神经系统有良好的镇定作用。建议婴儿房的墙面使用柔和清爽的浅色，家具选用乳白色或原木色，同时根据宝宝年龄的增长和喜好变换不同色彩的装饰画或墙绘，给宝宝一个多姿多彩的环境。

4.婴儿房的温度与卫生

婴儿房要保持恒定的温度和湿度，夏季室温应在24～28℃为宜，冬季在22℃为宜，湿度在40%～50%左右。冬天可用暖气、红外线炉取暖，但一定要经常通风，保持室内空气新鲜，通风时注意不要让风直接吹着婴儿。为了保持室内空气新鲜，应用湿布擦桌面，用拖把拖地，不要干扫，以免尘土飞扬。

5.儿童房的方位

在中国，孩子被称作是早晨七八点钟的太阳，所以黎明时能最早接受阳光能量的房间是最理想的儿童房。儿童房首选设在住宅的东部或东南部，这两个方向能刺激孩子的健康发展，预示着儿童天天向上、活泼可爱、稳步成长。住宅的西部下午会接收阳光，也可以用作儿童房，但是此方位更适合于儿童睡眠，不利于儿童房的游戏功能。

其次，可根据家里孩子的性别和年龄来选择不同的房间位置。例如，东方为震卦，代表长男，东南为巽卦，代表长女，然后据此来安排的房间的位置。

再次，将孩子的房间设于何处，应该按照其年龄做决定。在孩子年纪尚小时，儿童房应紧邻父母的房间；等到孩子10岁以后，房间最

好与父母的卧房保持一定的距离，以便各自拥有独立的生活空间。

另外，需要注意的是，儿童房不宜设在房屋中心，因为房屋中心是一屋的重点所在，只适宜用作客厅，倘若用作儿童房，则有轻重失调之弊，对宅运会有不利的影响。同时值得注意的是，儿童房也应该远离厨房和厕所，以免油烟、污秽之气的干扰。

6.儿童房的颜色

儿童房的颜色对小孩的心态有很重要的影响。儿童房的颜色可以适当活泼一些，以营造活泼、愉悦的氛围，可以是明亮的淡黄色、浅橙色，但切记不能使用太过刺激的大红大紫的颜色，避免孩子受刺激，还可以选择奶白色、粉蓝色及苹果绿等颜色，起到和谐颜色搭配的效果。同时还应避免黑色、咖啡色、灰色等较为深沉的颜色，避免让孩子的情绪受到影响而变得呆滞、忧郁。

儿童房的颜色最好是选择一种或两种颜色作为房间的主色，这个比例大约为整体的65%，然后搭配其他颜色来进行。

为了让儿童房的布局更佳，还可结合不同儿童的五行来进行房间的颜色搭配，五行不同的儿童，房间的颜色运用也不同。如五行属木的儿童，可选用浅绿色或浅蓝色作为房间的主色。若是以浅绿色为主色，则房间中的色彩应有65%是浅绿色，其余的35%可选用其他色彩来衬托。

儿童房颜色与五行对照表

五行	金	木	水	火	土
本色	奶白色	浅绿色	浅橙色	浅蓝色	鲜黄色
生旺色	淡黄色	浅蓝色	浅绿色	奶白色	浅橙色

7.儿童房的照明

合适且充足的照明能让儿童房具有温暖感、安全感，有助于消除孩子独处时的恐惧感。所以，儿童房的全面照明度一定要比成年人的房间高，一般可采取整体与局部两种方式布置。当有人陪同孩子玩耍时，以整体灯光照明，当孩子需要休息的时候，可选择局部可调光台灯来加强单线区域的照明。

此外，儿童房的照明最好使用柔和的壁灯，壁灯在墙壁上的位置可以高一些，这样能增加小孩的活动空间，台灯或落地灯不适宜儿童房，会为儿童的安全带来隐患。如果孩子怕黑无法入睡，可在儿童房里放上一盏小夜灯，可以选择一些带有卡通图案的，让孩子觉得有趣，同时也起到了照明的作用，这样就能有效地改善孩子怕黑的问题。

8.儿童床位的摆放

儿童房中床的摆放位置也比较重要，不能像婴儿床一样放置在房间中，也不能摆在房间的横梁下，需将床头靠墙。具体来说，儿童床的床头以朝向东及东南位较好。因为东及东南位五行属木，利于成长，对小孩身高和健康很有益处。但如果小孩夜间难以入眠，则可将床头朝向较为平静的西部及北部。

若家中的孩子是独生子女，还可将儿童床的床位与父母的床位摆放在同一个方向上，有助于增加孩子和父母之间的感情。而如果家中有两个或多个小孩共同使用一间儿童房，此时可以将小孩的床放在同一方向上，减少孩子之间的矛盾，使其相处更和谐。

9.儿童房的装饰

儿童房在装潢上不能太繁复，家具不要过大，应预留出更多的空间给孩子玩耍。在装饰上不要使用大面积的镜子或悬挂太多风铃，避免太过分散小孩的注意力。同时不能放置太多电器，避免电磁辐射的影响。玩具应以钢琴、汽车或有利于启迪智力的玩具为主，材质以木质为最理想。如果想培养孩子的独立性，可在房间内增设小的书桌或小的储物柜，让孩子自己动手整理自己的东西，培养他们的动手能力。

另外，最好不要在儿童房内放植物。一来孩子比较娇嫩，植物的花粉可能会刺激儿童稚嫩的皮肤以及呼吸系统，产生过敏反应；二来植物的泥土及枝叶容易滋生蚊虫，对儿童的健康不宜。尤其是带刺的

▲如果孩子怕黑无法入睡，可在儿童房里放上一盏带有卡通图案的小夜灯，让孩子觉得有趣，改善怕黑的问题。

植物，如仙人掌、玫瑰等，绝不适宜摆放在儿童房中。

10.儿童房中玩具的颜色与生肖宜忌

在儿童房中当然少不了儿童玩具了。在选择儿童玩具时还应注意玩具的颜色是否与孩子的本命生肖相宜，选择相宜颜色的玩具可以给孩子带来健康、平安、吉祥，还会令孩子的智力得到开发。

各生肖相宜的颜色

与肖鼠、猪的儿童相宜的颜色是白色、蓝色、黑色。

与肖猴、鸡的儿童相宜的颜色是黑色、蓝色、白色。

与肖蛇、马的儿童相宜的颜色是红色、黄色、绿色。

与肖虎、兔的儿童相宜的颜色是黑色、蓝色、绿色。

▲在选择儿童玩具时，选择相宜的颜色可以给孩子带来健康、平安、吉祥，还会令孩子的智力得到开发。

与肖龙、狗、牛、羊的儿童相宜的颜色是红色、黄色、咖啡色。

11.儿童房的巧收纳

儿童房是孩子活动和休息的空间，要保持这个空间的干净整洁，就需要做到有效的收纳整理，才能让整个房间显得有条不紊。在整理房间的过程中，也可让孩子参与其中。

（1）书架巧变储存格

体积纤巧的L形书架组合成方便的储存格，可用来放置儿童读本、各式小玩偶、奶瓶。

（2）旧物巧利用

原来是三个独立的小橱柜，可将其叠放，粉刷成天蓝和粉黄，交替相间，增添了童趣。强化的钢化玻璃，使物品一目了然，安全实用。

▲体积纤巧的组合书架组合成方便的储存格，可用来放置儿童读本、各式小玩偶。

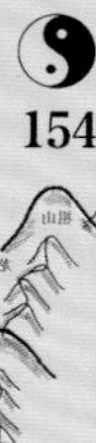

（3）滑门式储物柜

柜子层板上摆放玩偶，底下装上滑动装置，轻松推拉，既可随时拿取，又可以合上玻璃柜门把它们藏起来。

（4）旋转式橱柜

区分成不同层架的旋转式橱柜，可以用来整理鞋子和玩具，柜侧还可装上挂钩放些可爱的包包和其他饰品。

（5）借助彩色收纳箱

游戏时间结束，窗座下的彩色大箱子可以让孩子的玩具收纳工作变得轻而易举。

（6）临时性收纳筐

简单的收纳筐是儿童房必备的收纳好帮手之一，十分轻巧灵便。等孩子长大了，摆在架子上的收纳筐可随时替换成学习的课本。

（7）翻新壁架

壁架的使用伴随性强，架子上的展示物会随着孩子的成长而变化。学会利用涂料和五金零件对旧的儿童家具进行改造，个性化的设计才是最实用的。

（8）妙用床下空间

利用床下空间收纳玩具最适合不过，一来拿取方便，二来好打扫卫生。利用床下做收纳的关键在于要把东西全部装箱，而不是散着放在床底下。

（9）添加图片标签

为收纳节省时间，加注标签是一个办法，但年幼的孩子还不识字怎么办呢？做一个图片标签贴在收纳用品上，即便孩子不识字也能明白。

（10）发掘垂直潜力

发掘儿童房和壁橱的垂直空间，加大使用度。考虑安装可调节的

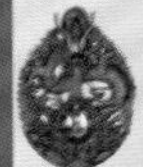

活动架子，随着孩子成长，架子的布局也能灵活地变动。如果壁橱高不容易拿东西的话，可以准备一个踏凳。

（11）提前准备衣服

事先分配好一周内每天要穿的衣服，分放在不同的抽屉里，然后打上从周一到周日的标签，这样可以避免孩子每天早上起来找衣服而耽误时间。每次洗完衣服往衣橱里整理时，这步工作可以交给孩子来完成，让孩子自己分配下周要穿的衣物。

老人房的布局

老人居住的房间在设计上应以舒适性为主，而在布置上也是有讲究的，房间的大小、方位、陈设、颜色等，都与老人的健康有所关联，需要引起重视。

1.老人房的方位

老人的卧室宜安排在住宅的南方或东南方，这两个方位的光线不会太强烈，但采光却较好，比较适合老年人居住。

老人经过了几十年的生活，可能会养成一些自己的习惯，这些习惯是不容易改变的，此时就需要我们来适应老人，可将老人的卧室安排在较为隐蔽的区域，使其具有一定的私密性。但老人房不可离主卧室太远，也不可太吵闹，浴厕也要离得近些，让老年人去洗手间更方便。

2.老人房的空间不宜过大

都说“养儿能防老”，从户型上来看，一般购买三室一厅或以上面积住房的人，都有安排老人房，让老人能挨着自己的儿女，尽享儿孙绕膝的天伦之乐，安享晚年，这也代表全家人的福泽深厚。

现代的一些住宅，在设计的往往把老人房的空间留得比较大，以为宽敞一些比较合理，殊不知，这正与“卧室空间忌过大”的原则相悖。

根据中医理论，白天时，人体的体内能量和外部空间能量是一个内外交换的过程，人体通过吸收阳光、摄入食物等，可随时补充运动、用脑所消耗的能量。而一旦当人体进入睡眠状态，则只有通过呼吸摄入能量，人体能量是付出多，吸收少，如果房间过大，很容易引起精气的耗费。特别是老年人，身体能量整体衰减，在睡眠过程中则能量更弱，所以在房间的选择上可以安排较小的次卧房作为老年人的卧室，以减少精气的耗费。

3.老人房的陈设与装饰

在老人房的陈设上，如果空间面积允许，可以设置衣柜，但衣柜不适合摆在床头，尤其是紧挨床头，那样会给老人造成压迫感，影响睡眠，可放在床尾的对角区域。也可以摆放一张双人沙发，方便老人之间聊天。此时的沙发在老人房中的功能更接近休闲用的藤椅，不需要有太多的摆放要求，但有一点是很重要的，就是应该将沙发靠墙摆放。同时，尽量避免在老人房间里放置太多的金属类物品，因为金属类的东西色调较冷，不适合老人房温馨的氛围。此外，还可以为有阅读、学习习惯的老人准备一张大小适中的写字台，这也能让老人感觉到家人的体贴和关注。

在老人房的装饰布置上，最合适的是选用带有“平安益寿”和“招福纳祥” 等字样或寓意的装饰画，以求长寿吉祥之意，同时也是一个美好的愿望。

4.老人房的颜色

老年人居住的房间在色彩上忌用太鲜艳的颜色。鲜艳的红色装饰太过艳丽，具有视觉刺激性，会让人的精神处于兴奋状态，对老年人的身体健康不利，特别是有高血压、心脏病的老年人，室内装饰绝对不能使用红色。当然，老人房也不能使用灰色、黑色、深蓝色等过于阴郁的颜色，会加深老人心中的孤独感，长时间在这样孤独、抑郁的心理状态中生活，会严重影响老人的健康。

▲老人房的颜色宜稳重，白色、米色与棕色的搭配既低调又不失活力。

老年人在晚年时都希望过上平静安详的生活，为迎合这样的心愿，老人房在布置上要尽量制造出缓和、放松的气氛，所以色调应以淡雅为首选，如淡绿色、米白色、浅棕色、淡蓝色等。

此外，还可根据老人房的方位选择相应的颜色，能起到带来幸运的作用。下面对老人房的方位和相应的吉祥颜色以表格的形式展现出来，方便对照查看。

老人房颜色与方位对照表

老人房的方位	吉祥颜色
东与东南	淡绿色、淡蓝色
南	淡紫色、咖啡色
西	粉红色、白色、米色、灰色
北	灰白色、米色、粉红色
西北	灰色、白色、粉红色、黄色、棕色、棕黄色
东北	淡黄色、铁锈色
西南	黄色、棕色

5.老人房的植物选择

老人房以栽培观叶植物为好，这些植物不必吸收大量水分，可省却不少劳力。老人房里可放些如万年青、蜘蛛叶兰、宝珠百合等常青植物，象征老人长寿。此外，桌上可放置季节性的球类植物及适宜水栽的植物，容易观察其发根生长的，可让老人在关心植株生长中打发空闲时间。

仙人球、令箭荷花和兰科花卉等，这些植物在夜间能吸收二氧化碳，释放出大量氧气；米兰、茉莉、月季等则有净化空气的功效；秋海棠则能去除家具和绝缘物品散发的挥发油和甲醛；兰花的香气沁人心脾，能迅速消除疲劳；茉莉和菊花的香气可使人头晕、感冒、鼻塞等症状减轻。

6.老人房的家具摆放

老年人的睡眠质量一般不太高，为了能使他们有高质量的睡眠，家具应尽量以最佳的方式来摆设。

首先，床应按照卧房床位的法则正确摆放。其次，应根据老人的需要，增添家具，并合理摆放。如衣柜不适合摆在床头，尤其是紧挨床头，那样会给老人造成压迫感，影响高质量的睡眠。最后，还可添加一些其他的设施，如写字台等。特别是对于有阅读、学习等习惯的老人，一张大小适中的写字台能为其带来很大的方便。此时，可将写字台与床头摆放在同一方向。在写字台上不应摆放超过两层高的小书架，如果有很多书需要摆放，可以在写字台的侧面设置一个书架。

▲对于有阅读、学习等习惯的老人，卧房中一张大小适中的写字台能为其带来很大的方便。

7.老人房温度的保持

老人房温度的保持对老人健康有非常重要的作用。在寒冷的冬天和炎热的夏天，人体会消耗大量的能量用来弥补温度带来的负荷。为了避免身体能量的过度消耗，老人房的温度应尽量达到冬暖夏凉。冬天时，老人房的温度应在16～20℃之间；夏天时，老人房的温度应保持在22～28℃之间。当太阳出来后，浑浊的空气消散了，此时很适合打开窗户，使新鲜空气进入房间，调节室内的温度。

书房的布局

随着人们居住条件的改善，就算是在小户型的住宅内，在面积允许的情况下，越来越多的住宅都配备了一间独立的书房。从功能上讲，书房的功能很多元化，兼具了工作与生活的双重性，同时也是一个公用的空间，可以是家庭中的办公区域，也可以是孩子做功课、写作业的场所。

1.书房的格局

书房在住宅的总体格局中归属于工作区域，但与普通的办公室相比，更具私密性，是学习思考、运筹帷幄的场所。独立的书房可以是父亲拥有的独立的领域或疆土，同时也可以是孩子们做功课玩游戏的重要场所。非独立的书房可以是起居空间或卧室的一个角落，以写字台及书架家具简单构成。

在空间上，书房主要由收藏区、读书区、休息区组成。一般情况下，如果书房的面积不是太大，可将收藏区沿墙边布置，读书区靠窗

布置，休息区则占据余下的空间。而对于面积较大的书房，布置的方式则更灵活一些，豪华一点的风格可在书房中央设置一个圆形可旋转的书架，留一个较大的休息区或者小型的会客区供多人讨论。

2.书房的布置

书房一般都设有写字台、电脑操作台、书柜、座椅等家具，若是针对一些带有会客功能的书房，还需配备沙发、茶儿、矮柜等家具。而这些家具的摆设，除了要根据格局的划分来布置外，还应考虑其功能性。

书柜应靠近书桌，以方便存取物品，还可留出一些空格来放置装饰物件，活跃书房气氛。

▲书桌置于窗前或窗户右侧，以保证看书、工作时有足够的光线，并可避免在桌面上留下阴影。

书桌应置于窗前或窗户右侧，以保证看书、工作时有足够的光线，并可避免在桌面上留下阴影。

书桌上的台灯应灵活、可调动，以确保光线的角度、亮度。另外，在书桌上还可适当放置一些盆景，以体现书房的文化氛围。

书房的墙面、天花板色调应选用典雅、明净、柔和的浅色，如淡蓝色、浅米色、浅绿色；地面应选用木地板或地毯等材料；而墙面最好选用壁纸、板材等吸音较好的材料，以取得书房宁静的效果。

3.书房的采光与通风

在书房装潢设计时，除了合理规划出分区，并摆放好想要的家具家饰外，最重要的是要保持书房良好的通风与采光。读书是怡情养性的事情，能与自然相融合，头脑就会更清醒、通畅。此时，书房的朝向就很重要了，可以选择采光较好的房间，让整体空间的光线更柔和。同时，书房还要经常开门、开窗，通风换气，流动的空气也利于书籍的保存。

反之，如果书房的通风不畅，将不利于房间内电脑、打印机等办公设备的散热，而这些办公设备所产生的热量和辐射会污染室内的空气，长时间在有辐射和空气质量不高的房间中工作和学习，对健康极为不利。

4.书房的照明

书房由于其功能是办公、看书的区域，在光线的要求上除了要有良好的自然光线外，还需要均匀、稳定、亮度适中的人工照明，以满足阅读、写作和学习之用。

▲书房的颜色要柔和且使人感到平静，尽量避免使用跳跃和对比的颜色，总体上适宜以浅绿色和浅蓝色为主。

照明高度和灯光亮度非常重要。一般台灯宜用白炽灯，瓦数最好在60瓦左右，太暗有损眼睛健康，太亮刺眼也对眼睛不利。写字台、桌子台面的大小、高度也非常重要。台面的大小可根据手的活动范围以及因工作需要而配置的道具和书籍等物品来决定。因此，在选购书房灯具时，不但要考虑装饰效果，还要考虑灯光的功能性与合理性。在书房工作时，不要为了省电只开桌上的灯，天花板灯也应该开着，使书房保持明亮。

5.书房的颜色

书房颜色的运用也会对工作和学习的效率产生很大的影响。在工作比较紧张的环境里，书房宜采用浅色调来缓和压力；而在工作比较

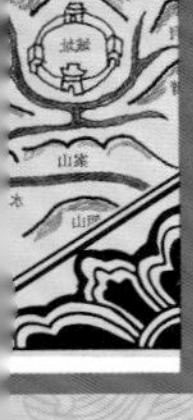

平淡的环境里，书房宜采用强烈的色彩以振奋精神。但总的来说，书房的颜色要柔和且使人感到平静，尽量避免使用跳跃和对比的颜色，以便创造出一个有利于集中精神阅读和思考的空间。

值得注意的是，书房的颜色总体上比较适宜以浅绿色和浅蓝色为主。这主要是因为浅蓝色易使人平静，集中注意力。绿色具有保护视力的作用，对于缓解眼睛疲劳最为合适。

6.书桌的摆放

书房的布局除了整体布置外，书桌的摆放也是非常关键的。

书桌不能摆在房间正中央，因为这是四方孤立，前后左右均无依无靠，坐在此处缺少安全感。

▲书桌摆放在房间适宜的位置，有利于学业。书桌背后最好有书柜或者墙面依靠，象征靠山稳健，容易得到支持。

书桌要向门口，可保持头脑清醒，且只需一抬头就能整体掌控在书房内发生的任何情况，但不能让书桌正对书房的大门，以免被过往的人影响而分散注意力。

书桌的背后宜有依靠，这种摆法象征着主人可得贵人眷顾，上学的学生易得到老师的宠爱，上班的人士也容易得到上司的赏识。

书桌不宜正对窗，因为这样的摆放不利于使用者。书桌正对窗外，书桌后的人容易被窗外的景象所吸引，分散注意力，难以专心工作、学习。

书桌和座椅也不能位于横梁或是空调、吊灯的下方，否则会令人有被压迫的感觉，无法集中精力学习和工作。

书桌也不宜正对镜子。因为书桌上一般都放有台灯，如果灯与镜子太接近，会产生灯光从镜子里直射出来的感觉，令人情绪紧张、头昏目眩。同时，镜子里照射出的影像还会分散人的注意力，影响人的工作和学习。

7.书架的摆放

书架的功能是将主人的藏书分格进行摆放，从而让主人能够快速地查找需要阅读的书籍。书架的布置主要根据主人的职业及喜好而定。但一定要记住，杂乱的房间会影响一个人的工作学习效率，作为读书、工作区域的书房，如果不加以良好收纳，会给好的格局带来负面影响。

（1）带滚轮的活动书架

如果常用的书刊数量不多，一个方形带滚轮的多层活动小书架就可以满足需求。此书架可根据需要在房间内自由移动，要注意的是，不要放在走廊和过道，最好是靠墙摆放，这样既方便取用，在房间中也不会显得突　。

（2）屏风式书架

对于厅房一体户，还可以利用书架代替屏风将居室一分为二，外为厅，里为房。书架上再巧妙地摆设小盆景、艺术品之类，有较好的美化效果。

（3）敞开式书架

对于房间较小而书籍较多的情况，可充分利用墙壁配置成敞开式书架，这样会方便取放书籍。所配置书架的色彩应与室内装饰的色调一致，以免像阅览室。

（4）床头式书架

在靠墙的床头做一个小书架，并装上带罩的灯，既可放置长用书籍，又便于睡前阅读，加强与伴侣的交流。不过这种书架不宜过大过高，因为过大过高的书架容易给床上休息的人以压迫感，不利于睡眠。

（5）连体式书架

把两个敞开式书架叠放，背部都朝向书桌，再把一个敞开式书架放在书桌上，并使其背面与叠放的书桌背部相依靠，可形成一个多用途的立体书架，既可供孩子使用，又可供大人工作、书写使用。

8.书房的装饰

与儿童房、老人房、客厅等功能区域相同，书房也可进行适当的装饰、美化，以协助营造安静、平和的书房氛围。

▲书房也可进行适当的装饰、美化，以协助营造安静、平和的书房氛围，体现居住者的品位。

书房墙面所挂画幅要讲究一种平衡，需要结合主人的秉性来具体分析。如果主人的性格比较安静，就可选择比较“偏阳”的画幅，可以是展示力量阳刚之美的抽象画或装饰画；而主人比较好动、性格比较外向的，则可以选择属“阴”的画幅，如大气沉稳的山水画等，为书房营造出安宁的气氛。

餐厅的布局

所谓“民以食为天”，在居室的内部环境中，餐厅就是一个补充体能，可以让你饱餐一顿的地方。布置良好的餐厅可使家庭和睦、身体健康、进餐愉悦。在这样好的餐厅中，可以让人精神放松，在用餐时

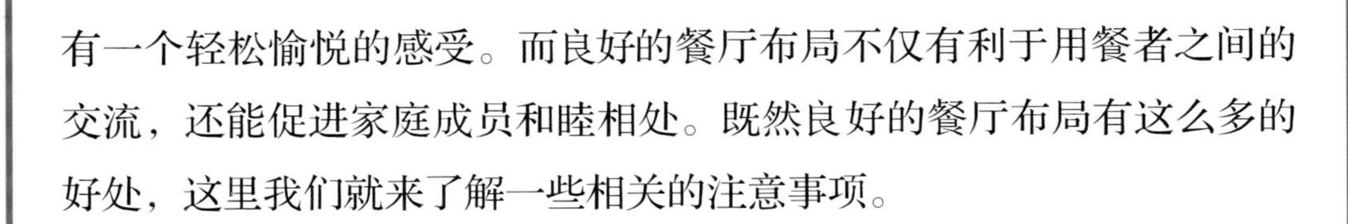

有一个轻松愉悦的感受。而良好的餐厅布局不仅有利于用餐者之间的交流，还能促进家庭成员和睦相处。既然良好的餐厅布局有这么多的好处，这里我们就来了解一些相关的注意事项。

1.餐厅的装饰

餐厅的装饰与客厅的装饰一样重要，可在这个区域内增加装饰画、植物等，悬挂的画幅可以是简洁的装饰画。还可以运用镜子等物件增大餐厅区域的空间感。

首先，餐厅区域要求空气流畅、环境整洁，不可放置太多的装饰品，保持简洁大方是主要原则。在装饰画幅上可以选择和谐背景的图画，赏心悦目的食品写生、欢宴场景或意境悠闲的风景画均可。放在餐具柜上的真水果，鲜翠欲滴，也有着同样的效果。

其次，在餐厅的墙面或是餐具柜上还可镶嵌小面积的镜子，能够映出食物及餐桌，还可拓展空间视觉感，增强食物的能量，是餐厅中非常好的立面装饰。餐桌布宜以布料为主，放置热物时应放置必要的厚垫，特别是玻璃桌。

最后，餐厅的灯光一定要柔和，才能增加用餐的温馨气氛，强化家庭成员之间的感情交流。餐厅的灯以白炽灯为主，宜使用可调节亮度的，让灯光保持弹性。吃饭时可使用低亮度的灯光，在其他时间则可改用明亮的灯光。

2.餐厅的格局

在餐厅布局中，方位和格局非常重要。

所谓“东食西寝”，这是设计学的基本概念。东边充满了朝气蓬勃

▲餐厅区域的格局要方正，不可有缺角或凸出的地方。长方形或正方形的餐厅格局最佳，能使家人在此用餐时心情愉快。

的能量，因此面向东面的餐厅较好。

餐厅区域的格局要方正，不可有缺角或凸出的地方，长方形或正方形的格局最佳。如果因为其他的原因，不得不将餐厅放置在房子的尖角处，那么可以考虑用橱柜来弥补缺憾。

餐厅的门不适合正对住宅的大门，会使来访的客人直接看到餐桌。餐桌象征着家庭的财富，被来访的客人看见是不合适的，应尽量避免，如果实在避免不了，可以使用屏风遮挡。

餐厅的门不宜与卫生间的门相对，出现这样的情况将比厨房的门正对着卫生间的门更糟糕。厨房里的食物仅仅处在烹制过程中，而餐厅里的食物处在享用过程中，在享受食物带给人愉悦的过程中，来自卫生间的异味会严重地影响就餐情绪。

3.餐厅的绿化

餐厅的绿化和点缀非常重要，可以通过在餐厅摆放植物来为其注入生命和活力，增添愉悦的气氛。而健康、茂盛的植物是气的汇集物，

能将生生不息的能量带进家里。餐桌或餐桌的旁边放置盆栽或鲜花能使人在进餐时增强食欲，同时也可以让餐厅增添几分生气。

适宜在餐厅摆放的植物有番红花、仙客来、四季秋海棠、常春藤等。由于餐厅是用餐的地方，所以切忌在餐厅摆放如风信子、香水百合等气味过于浓烈的植物。此外，餐厅植物摆放时还要注意植物的生长状况应良好，形状需低矮一些，以免影响相对而坐的人进行交流。为了让空间更具有立体效果，还可将有色彩变化的吊盆植物置于餐厅的分隔柜上，划分餐厅与其他功能区域。

4.餐厅的颜色

目前，很多家庭的餐厅和客厅都是相通的，所以一般餐厅的颜色都是随客厅的色彩来搭配的。墙壁颜色多以素雅为主，如灰色与白色，

▲一般来说，餐厅的颜色都是随客厅的色彩来搭配的，墙壁颜色多以素雅为主，可以衬托食物的美感与增加进食的心情。也可使用暖色系的色彩，有利于促进食欲。

不能太刺眼，油漆尽量不反光，这一切都为了衬托食物的美感与增加进食的心情。也可使用暖色系的色彩，有利于促进食欲。

值得注意的是，餐厅在整体色彩搭配时，地面色调宜深，墙面可用中间色调，天花板色调则宜浅，以增加稳重感。在不同的时间、心理状态下，人们对色彩的感受会有所变化，这时可利用灯光来调节室内的色彩，以达到利于饮食的目的。家具颜色较深时，可通过明快清新的淡色或蓝白、绿白、红白相间的台布来衬托。

5.餐厅的采光与照明

从风水角度来讲，餐厅光线不足就是阳气不足，对家人健康不利，而充足的日照会使家道日益兴旺。因此，餐厅最好在南面开窗户，以利采光。如果自然采光不足，可以采用柔和明亮的照明来补充。淡淡的灯光静静地映照在热气腾腾的佳肴上，可以刺激人的食欲，营造出家的温馨，也能促进身心健康。

餐厅的照明应将人们的注意力集中到餐桌上，所以餐桌上的照明应以吊灯为佳，如用单灯罩直接配光型吊灯投射于餐桌，也可选择嵌于天花板上的照明灯。朝天壁灯也是一个相当好的光源，比起吊灯，它会为房间增添更多的戏剧性，而且光线由墙面透迤而上，再从天花板反射而下，柔和整个光线。此外，桌灯与立式台灯也都能创造出温馨的气氛，适合摆放在屋里的任何角落，这种照明既具有装饰性，又会使产生的光线色调柔化整个餐厅氛围。

如果餐厅设有吧台或酒柜，还可以利用轨道灯或嵌入式顶灯加以照明，以突出气氛。在用玻璃柜展示精致的餐具、茶具及艺术品时，若在柜内装小射灯或小顶灯，能使整个玻璃柜玲珑剔透，美不胜收。

6.餐桌的选择

餐厅的布局当然离不开餐桌的配合，餐桌是一家人共同吃饭之处，它的影响很大。它不仅影响着一家人的食欲，对饮食健康也有着重要的影响。因此，不得不慎重考虑餐桌的选择与摆放。

餐桌宜选圆形或方形。中国的传统宇宙观是天圆地方，日常用具也大多以圆形或方形为主，传统的餐桌便是最典型的例子。传统的餐桌形如满月，象征一家老少团圆，亲密无间，能够聚拢人气，营造出良好的进食气氛。方形的餐桌，小的可坐四人，称为四仙桌；大的可坐八人，又称八仙桌，象征八仙聚会。方桌方正平稳，象征公平与稳重，因此被人们广泛采用。圆桌或方桌在家庭人口较少时适用，而椭圆桌或长方桌在人口较多时适用，设置时宜根据人员数量加以选用。

7.餐具的选择

现在，许多人的家居生活已经关注细微的地方了，选择适合自己家居氛围的餐具时，应注意餐具的风格要和餐厅的设计相得益彰。一套形式美观且工艺考究的餐具可以调节人们进餐时的心情，增加食欲。

中国人历来都是崇尚自然的，在餐具上也体现出了这一传统，竹的筷子和陶瓷的汤勺是我们的主要餐具。传统的碗、盘、碟、筷等，一般造型典雅、形态饱满祥和，多用龙、蝙蝠或桃子等吉祥图案作为装饰，能给就餐者带来好运。而随着时代的进步，餐具的取材也越来越多样化，如玻璃材料的贝壳平碟，用贝壳材料制成的贝壳勺、花朵碟、珊瑚果盘，玻璃材料的花朵碗，用自然椰壳材料制作的椰壳烛台，用铝合金镀银材料制成的银叶小碟，用铁、钢材料制成的铁制扭纹刀叉等。

用自然材料制作成的餐具和反映自然的餐厅家具搭配起来，会有非常浓郁的自然效果。一般来说，木制餐厅家具颜色都较深，想突出它的话，宜选择颜色较明亮的餐具一起使用。深色调的餐厅家具不宜和颜色艳丽的餐具配套使用，否则易产生不协调的效果。

厨房的布局

厨房是家居住宅中不可缺少的一个重要部分，是烹饪食物的场所，在功能上除了要具备相应的家具设备外，还要将其布置得明亮、舒适，给烹饪食物的人带来一个舒畅的好心情。给厨房布置出一个良好的格局，能让屋主每日的心情更上一层楼。

1.厨房的方位

厨房是烹饪食物的场所，在风水的五行上属火，抓住这个特点，对厨房在住宅空间的位置进行安置，找对方位布对局，就可增强住宅的气场，将整体布局设计合理。下面结合厨房本源的属性与各个方位的五行属性进行介绍，帮你破解厨房布局的方位之谜。

厨房在房间的北方。由于北方五行属水，故有水火相济的说法，寓意家人平安。

厨房在房间的东方或东南方，由于这两个方位五行属木，故为木火通明之局，寓意居住其中的人能得到贵人的帮助和提携。

厨房在房间的东北方，由于东北方五行属土，故为火土相生之局，寓意融合。

厨房在房间的南方，由于南方五行属火，此局火气太旺，故只能

作为小吉论。

厨房在房间的西北或西方，由于这两个方位五行属金，是为火金相克之相，故为不利。

厨房在房间的西南方，由于西南方五行属土，同时结合西南方气流较强，则有土掩火之势，故也为不利。

2.厨房的颜色

不同的色彩能给人不同的视觉感受。厨房的色调应与整个居室在风格上大体一致，多以柔和、洁净为主，当然也要根据屋主的性格爱好等具体情况而定。一般来说，浅淡而明亮的颜色能让厨房显得更加宽敞，纯度低的颜色可以赋予厨房温馨、亲切的感受，而倾向于暖色调的颜色让厨房充满了活力，可以增加食欲。

▲一般来说，浅淡而明亮的颜色能让厨房显得更加宽敞，纯度低的颜色可以赋予厨房温馨、亲切的感受。

3.厨房的照明

所谓“厨房有窗，进财有方”。厨房除了要保持日常的清洁、干燥外，如有自然光线进入到厨房中就更加理想了，阳光的照射可以让厨房的空气保持清新，还可除菌。

一般家庭的厨房中，除了基本照明外还应有局部照明。可分别针对工作台面、洗涤器、炉灶或者储藏空间安装相应的照明设施，以保证每一个工作程序不会受到照明不足的影响。如常在吊柜的底部安装隐蔽灯具，并使用玻璃罩住，以便照亮工作台面。在墙面上安装些插座，以便工作时点亮壁灯。厨房里的储物柜内也应安装小型荧光管或白炽灯，以便看清物品。当柜门开启时接通电源，关门时又将电源切断。这些精巧的设计能还你一个干净明亮的厨房空间，让你瞬间产生当大厨的冲动。

4.厨房的绿化

绿色传递给人一种平稳、和谐的感受，在厨房空间中可通过借用各种建材或厨具来进行装饰，如瓷砖的图案、漆料的颜色等，都可以选择相应的样式或色彩来绿化我们的厨房。同时，由于厨房是操作频繁、物品零碎的工作间，烟和温度都较大，因此不宜摆放大型盆栽，而吊挂盆栽则较为合适。其中以吊兰为佳，居室内摆上一盆吊兰，在24小时内可将室内的一氧化碳、二氧化碳、二氧化硫、氮氧化物等有害气体吸收干净，起到空气过滤器的作用，此外，在疾病的防治上，吊兰具有活血接骨、养阴清热、润肺止咳、消肿解毒的功能。

另外，虽然天然气不至于伤到植物，但较娇弱的植物最好还是不要摆在厨房。厨房的门开开关关，加上厨房里到处都是散发高热的炉子、烤箱、冰箱等家电用品，容易导致植物干燥。在厨房里摆些普通而富有色彩

变化的植物是最好的选择，这要比放娇柔又昂贵的植物来得实际。适合的植物有秋海棠、凤仙花、绿萝、吊竹草、天竺葵及球根花卉，这些植物虽然常见，若改用较特殊的套盆，如茶盆、赤陶坛、黄铜壶等载培，看起采就会很不一样。

▲在厨房里摆一些普通而富有色彩变化的植物，要比放娇柔又昂贵的植物来得实际，净化空气的同时，也美化了厨房环境。

5.厨房炊具的摆设

现代很多家庭都用到微波炉或电饭煲，在摆放这些物品时，应将其置于住宅主人卧室较远之处。电饭煲和微波炉的插座应位于隐蔽处，同样的原则也适用于烤面包机和焖烧锅等。

在厨房中，还免不得使用各种刀具，诸如菜刀、水果刀等，这些都不应悬挂在墙上或插在刀架上，而是应该放入抽屉收好。厨房内也不宜悬挂蒜头、洋葱、辣椒，因为这些东西会散发不洁气味。烹饪用具、锅不宜挂在墙壁或摆放在外面，应清洗擦拭干净后放入厨柜内。炊具不可放在窗前或窗下，此种摆法易染灰尘。餐具应与调味料、食品分开存放。

6.炉灶摆设的禁忌

在厨房的摆设上，当然少不了炉具和灶台，而这些东西在摆设上也有忌讳，要小心应对。

（1）忌开门见灶

在中国传统的风水观念中，认为炉灶是一个家庭烹饪食物的场所，故不宜太暴露，尤其不宜被门路所带进来的外气直冲，否则会造成食物的不洁。

（2）忌与房门相对

炉灶是生火煮食的地方，甚为燥热，故此不宜与房门正对，否则会对房中的人健康不利。

（3）忌与卫浴间相对

炉灶是一家煮食的地方，故此地应该讲究卫生，否则便会病从口入，损害身体健康。而卫浴间藏有很多污物及细菌，故此地不宜临近厨房，尤其炉口不可与卫浴间相对。

（4）忌贴近卧室

炉灶生火而炙热，煎炒时所产生的油烟对人体不利，炉灶贴近卧室则更不适宜。

（5）忌背后空旷

炉灶宜背后靠墙，不宜空旷，倘若背后是透明的玻璃亦不好，因为炉火存在一定的危险性。

（6）忌安在水道上

炉灶属火，而水道乃排水之物，水火不容，故此两者不宜接近，倘若炉灶放置在水道上则不安全。

（7）忌横梁压顶

衡梁压顶在各处都是不利的，炉灶上也不例外。

（8）忌斜阳照射

一般认为厨房向西，特别是煮食的炉灶受西方阳光照射，不好，会加快食物变质。

（9）忌尖角冲对

尖角锋利，容易造成损害，故对于尖角相对很忌讳。而炉灶是一家煮食养命的所在，倘若受到尖角相对，便会使烹饪者心情不佳，不能料理出美食。

（10）忌水火相冲

厨房是水火相冲的空间，但是如果能平衡二者，做到水火共济的局面，则可促进厨房内部的和谐。炉灶属火，而洗碗盆则属水，故此两者不宜太接近，灶位应避免紧靠洗碗盆。炉灶更忌夹在两水之间，例如夹在洗衣机和洗碗盆之间。

卫浴间的布局

卫浴间是住宅的重要组成部分，是用于清洁手部、脸部、头发和身体的地方，也是容貌修饰以及生理排泄的场所。在居家生活中，卫浴间包含了盥洗室、浴室和厕所三种功能，更有人还赋予了卫浴间洗衣房的功用，所以，基于这么多功能的合并，卫浴间在设计上应当以简洁、实用为主。除此之外，在装修时还应对卫浴间的布局予以特别关注，才能让你拥有一个良好的家居布局，运势就能持续升温。

1.卫浴间的格局

住宅的使用面积决定了住宅格局的划分，相对于一般的小户型住宅，在使用面积上最多能划分出5平方米左右的空间作为卫浴间，此时

▲卫浴间的格局应是规整的长方形或正方形，要宽敞、明亮、通风，且卫浴间中一定要有窗。

就需要充分地运用布局了。

卫浴间的格局应是规整的长方形或正方形，要宽敞、明亮、通风，且卫浴间中一定要有窗，而且最好光线充足，空气流通，只有这样才能让卫浴间的浊气更容易排出，保持空气新鲜。有些住宅的卫浴间是全封闭的，没有窗户只有排气扇，这样的布局就是不合理的，完全封闭的卫浴间对居住者的健康是非常不利的，就算使用空气清新剂，也只是改变了空气的味道，而对空气的质量则并无帮助。

2.卫浴间的方位宜忌

卫浴间在住宅中的方位是家居布局的重要因素之一，所以，在家居布局时，哪些方位能设置为卫浴间，哪些方位不能设置为卫浴间，都是需要注意的。

（1）适合设置卫浴间的方位

卫浴间是聚集污气的地方，潜伏有杀机，所以布置卫浴间时宜将其设在住宅的隐蔽处。

（2）不能设置卫浴间的方位

首先，卫浴间不能设在套宅的中心，其原因有三点：①卫浴间设在套宅的中央，供水和排水可能均要通过其他房间，维修非常困难，而如果排污管道也通过其他房间，那就更加麻烦了。②住宅的中心就相当于住宅的心脏，至关重要，心脏部位藏污纳垢，是不好的。③卫浴间位于住宅的中央必定采光通风不好，加之卫浴间原本就是水重之地，潮湿的空气长期闷于室内，极易滋生细菌病毒，对我们的健康也不利。

其次，卫浴间不宜设在住宅走廊的尽头，因为从卫浴间流出的潮湿污秽之气会沿着走道扩散到相邻的房间。而且卫浴间设在走道的尽头，若没有良好的抽湿系统及朝外的明窗，则气味就会很重。浊气不散，会影响整个住宅的和谐顺畅。

3.卫浴间的颜色

卫浴间的色调能改变整个空间的气氛，在整体色彩的运用上，如果运用得当可以让空间变大。因此，对于面积有限的卫浴间来说，最需要运用色彩来装饰和营造大空间的感受。

卫浴间的整体色调应保持一致，最好能体现出卫浴间简洁、实用的功能。色彩以冷色调搭配同类色和类似色进行深浅变化为宜。可以是浅灰色的瓷砖、白色的浴缸、奶白色的洗脸台，再配上淡黄色的墙面，即可让整个卫浴空间呈现出干净的视觉感受。还可以是清晰单纯的乳白、象牙黄等暖色调的墙体，搭配颜色相近、图案简单的地板，结合柔和的灯光，不仅让卫浴空间视野开阔，也让整个卫浴间给人清雅洁净、心旷神怡的感觉，让人在这样的环境中感到非常的放松。

4.卫浴间的照明

卫浴间的照明，白天应当以自然光源为主，通过窗户的设计，让自然光能满足卫浴间基本的照明要求。照明的灯具主要满足夜晚照明的需求。

▲温暖的橙黄色搭配纯白的卫具，结合柔和的灯光，既有利于营造卫浴间温馨的氛围，更能扩大它的空间感。

卫浴间的整体照明宜选择日光灯，柔和的亮度就足够了，但在化妆镜旁需设置独立的照明作局部灯光补充。镜前局部照明可选日光灯，以增加温暖、宽敞的感觉。值得注意的一点是，由于卫浴间是用水比较频繁的地方，在卫浴间灯具的选择上应以具有可靠的防水性与安全性的玻璃或者塑料密封的灯具为佳。而对于灯具的具体造型，可根据住户的喜好来进行选择。

5.忌将卫浴间改做卧室

现代都市，房价真的是到了寸土寸金的地步。有些家庭为了节省空间，会把双卫格局中的其中一间浴厕改做卧室，以获得尽可能多的

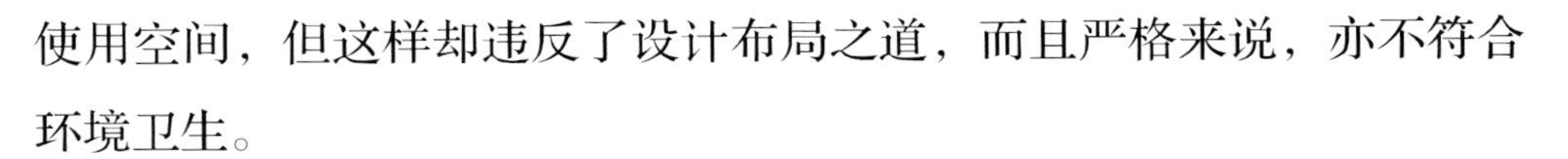

使用空间，但这样却违反了设计布局之道，而且严格来说，亦不符合环境卫生。

浴厕一般被视为不洁之地，卧室邻近浴厕已不太适宜，更不可把浴厕改作卧室。而从环境卫生来说亦不适宜，因为虽然把自己那层楼的浴厕改做卧室，但楼上楼下却并不这样，如此一来，自己那层卧室便被上下层的浴厕夹在中间，相当难堪。此外，楼上的浴厕若有渗漏，变会直接危害到住在下面的人，不符合环境卫生之道。故此，应该尽量避免把浴厕改为卧室，但若改作储物室则没有多大问题。

6.卫浴间物品放置事宜

在许多住宅的格局中，卫浴间一般都带有浴室的功能。卫浴空间潮气重，较易脏污，若卫浴间长期处于脏乱的状态，其中弥漫的“杂乱之气”必然会造成使用人的使用效率下降。因此，合理地收纳卫浴

▲在面盆下设置一个较大的储物柜，并做好防湿防潮的密封工作，将浴巾等卫浴物品收纳其中，既充分利用了边角空间，还方便了生活。

间，尽量降低“杂乱之气”对住宅的影响就显得尤其重要。

在卫浴间里，可以将浴室用的转角架、三脚架之类的吊架固定在壁面上，放置每日都需要使用的瓶瓶罐罐等洗浴用品。也可用合乎尺寸的细缝柜收藏一些浴室用品、清洁用品。同时，用浴室专用的置物架增加马桶上方的置物空间，放置毛巾及保养用品等。还可在面盆下面的空间放一个较大的储物箱，但是要注意储物箱的密封效果，并且需要卫浴间有较好的干湿分区。将洗漱台做成一个开放式的抽屉，收纳毛巾、浴巾、洗漱用品和护肤品，在拥有良好的透气性的同时，还可以成为一个展示空间。同时，拖鞋、鞋垫可以选取用与墙体颜色反差较大的色彩，如柠檬、海蓝、浅分红、象牙色等清淡的颜色，会为卫浴间带来洁净感。香皂、洗发液应整齐摆放，但不必封闭于柜内，因为美好的香味能使空气清新，有利于放松心身，清扫用具不宜露在外面。毛巾、卫生纸等用品，用多少摆多少，牙刷不宜放在漱口杯上，应放在专用的牙刷架上，电吹风属火，用后应收入柜内。

总之，这些都是很好的空间收纳法，可以让您的卫浴间更井然有序。充分利用卫浴间的闲置空间作为得力的“收纳助手”，只要整洁，小空间也不会显得那么拥挤。

阳台的布局

在家居环境中，与大自然最接近的地方就是阳台了，它是居室的纳气之所。住户可以在阳台上晒晒太阳、呼吸新鲜空气，还可以纳凉、晾晒衣物等，可见阳台也是一个必不可少的活动场所。在阳台的使用上也需要注意一些问题，比如阳台的朝向以及阳台的格局等，了解这些能帮助我们规避一些问题，避免让居室布局不合理。

1.阳台的朝向

现代住宅中的阳台多是开放式的，易受外界影响，所以阳台的朝向就不容忽视了。阳台朝向的不同，会造成接受光照时间长短上的差

▲开放式的阳台易受外界影响，所以阳台的朝向十分重要，其中以朝向东方和南方为最佳。

异，自然也就形成了不同的格局。

所谓“紫气东来”，这里的“紫气”即祥瑞之气，阳台朝向东方，祥瑞之气经阳台进入住宅之内，一家人必定身体健康。而且日出东方，太阳一早就能照射进阳台，整个居室内显得既光亮又温暖，居住在其中的人也会因而感觉精力充沛。

有道是“熏风南来”，阳台朝向南方则“熏风”和暖宜人，令人陶醉，在格局上也是极好的。

阳台若朝向北方，最大的缺点是冬季寒风入室，会影响人的情绪，再加上若是保暖设备不足，就极容易使人生病。

太阳东升西落，阳台朝西会每日都被西晒，太阳照射时间过久会让热气到夜晚仍未能消散，从而影响居住者的健康。

2.阳台的格局

除了阳台的朝向外，阳台的格局也是比较重要的。

首先，阳台不宜正对住宅大门，这样容易让气流穿堂而过，不利健康。此时可通过在玄关处设置屏风或是使用玄关柜在大门和阳台之间形成隔断，对气流进行阻隔；还可在大门入口处放置鱼缸或在阳台养盆栽及爬藤植物，都能起到化解气流的作用。

其次，阳台不宜正对厨房，因为厨房忌气流拂动。此时可制作一个花架，种满爬藤植物或放置盆栽，使其内外有所阻隔。同时也可将阳台落地门的窗帘尽量拉上或是在阳台和厨房之间的动线上以柜子或屏风作为遮挡，起到阻隔的作用，不让阳台直通厨房即可，但前提是以不影响居住者的行动为原则。

此外，对于小户型的住宅而言，阳台的面积都不会太大，此时就要合理地利用空间，使小空间发挥更大的作用。阳台顶部一般都有晒

衣服用的吊架，可以用铁丝吊上花盆，将吊兰、吊竹梅等植物摆放在此处。在阳台的前面的墙台上可以摆放一些盆栽，如绿萝、常春藤等，使之下垂生长，还可以摆放一些喜光的盆栽植物，既美观又开运。

3.阳台的布置

从室内的布置上来看，装修布置阳台时要注意排水、插座、遮阳篷以及灯具等几个方面，下面分别进行介绍。

（1）排水

阳台的排水功能是非常重要的，特别是没有封闭的阳台，如果下雨就会大量进水，所以在装修时要考虑阳台地面的水平倾斜度，保证水能流向排水孔。

（2）遮阳篷

阳台除了要注意防雨之外还要防晒，所以可以为阳台添加遮阳篷，在材质的选择上可以是一些比较结实的纺织品，也可用竹帘、窗帘来制作，建议做成可以上下卷动或可伸缩的，以便按需要调节阳光照射的面积、部位和角度。

▲阳台除了要注意防雨之外还要防晒，所以可以为阳台添加遮阳篷，在材质的选择上可以是一些比较结实的纺织品。

（3）插座

在装修的时候，阳台要预留插座。这是为以后的功能扩充所做的硬件准备，若在以后的居住中，想在阳台上读书，或者听音乐、看电视，那么在装修时就要留好电源插座。

（4）灯具

阳台的照明也是非常重要的，灯具自然就不能少了。阳台灯具可以选择壁灯或草坪灯之类的专用室外照明灯。如果喜欢凉爽的感觉，就可以选择冷色调的灯；如果喜欢温暖的感觉则可用紫色、黄色、粉红色的照明灯。

4.密封阳台的利与弊

由于空间的局限，有很多购买小户型住宅的人家会将阳台封闭起来，以扩大居室的使用面积。而封闭后的阳台可作为写字读书、健身锻炼、储存物品的空间，也可以作为居室的空间，这样就等于扩大了卧室或客厅的使用面积。同时，阳台封闭后，多了一层阻挡尘埃和噪音的窗户，有利于阻挡风沙、灰尘、雨水、噪音，可以使相邻居室更加干净、安静。如果是在北方的冬季，还可起到保暖的作用。而从安全防护上来讲，房屋又多了一层保护，能够更好地防盗，起到安全防范的作用。

当然，这也有其不利的因素。将阳台密封后，有违气流交换，因为关闭了纳气之门。同时，阳台被封会造成居室内通风不良，使室内空气难以保持新鲜，氧气的含量也随之下降。居室内家人的呼吸、咳嗽、排汗等会造成自身污染，加之炉具、烹饪、热水器等物品散发出的诸多有害气体，都会因阳台被封而困于室内。久居其中，易使人出现恶心、头晕、疲劳等症状。

过道的布局

过道也是需要精心设计的地方。小户型住宅中，一室一厅的户型由于受面积的限制，过道区域不会太明显，而两室一厅或三室一厅的户型，在空间的安排上可能会出现过道，它起到了联接各居室的作用。作为室内的“交通线”，方便行走是过道主要的功能要求，因此，过道的地面应平整，易于清洁，空间上要留有适当的宽度以便通行。而对于过道的装饰，其美观程度主要反映在墙饰上，因此要尽可能把握“占天不占地”的原则。

▲过道在住宅的整体布局上也是十分重要的。

1.过道的方位

在实际中，很多人会忽略过道区域，而实际上，过道在住宅的整体布局上也是十分重要的。

过道宽度应保持在1.9米以上，且有栏杆、屋顶，并有数根支柱支撑以突出个性。若能如此，则无论在任何方位均为吉相。居室入口处的过道常起到门斗的作用，既是交通要道，又是更衣、换鞋和临时搁置物品的场所，是搬运大型家具的必经之路。由于沙发、餐桌、钢琴等的尺度较大，因此，在一般情况下，过道净宽不宜小于1.2米。通往卧室、起居室(厅)的过道还要考虑搬运写字台、大衣柜等物品的通过宽度，尤其在入口处有拐弯时，门的两侧应有一定余地，故该过道宽度不应小于1米。通往厨房、卫生间、贮藏室的过道净宽可适当减小，但也不应小于0.9米。各种过道在拐弯处应考虑搬运家具的路线，方便搬运。

2.过道的绿化

▲过道的绿化装饰应选择体态规整或攀附为柱状的植物，如巴西铁、一叶兰、黄金葛等，可以调节视觉，帮助空间的过渡。

居室的过道空间往往较窄，但它是玄关通过客厅或者客厅通往各房间的必经之道，且应光线较暗。此处的绿化装饰应选择体态规整或攀附为柱状的植物，如巴西铁、一叶兰、黄金葛等；也可选用小型盆花，如袖珍椰子、鸭跖草类、凤梨等，或者吊兰、

蕨类植物等，采用吊挂的形式，这样既可节省空间，又能活泼空间气氛。还可根据壁面的颜色选择不同的植物。假如壁面为白、黄等浅色，则应选择带颜色的植物；如果壁面为深色，则选择颜色淡的植物。总之，该处绿化装饰选配的植物以叶形纤细、枝茎柔软为宜，以缓和空间视线。

3.过道的光源

对于一些面积稍大的住宅，房间与房间之间多会形成一条小过道，当然，面积更大的，过道就会更大、更长。

一般大厦内屋外的过道便是电梯大堂。门外过道要光亮，故24小时必须有灯亮着。现今大部分大厦都装有灯，不需要自己动手安装，但这些灯如果坏了而大厦管理人员迟迟未修理，那自己就得想办法尽快把它修理好，因为门前过道太阴暗，不利于家人的工作运。屋内过道同样要光亮，不可太阴暗，否则，不利于家人的活动。

4.过道的格局之宜

这里我们把过道的格局宜忌分开来进行介绍，以便让读者的思路能更清晰明了。下面通过整理，将过道格局之宜归纳为以下几个小点，分别进行介绍。

（1）过道宜保持光照

过道是空气的通道，因为旺盛之气是随明亮的光和“S”形线进入屋子的，所以昏暗的走廊不利于空气流通。在这里摆放的植物、桌子、书架等物品，都应该交错形成“S”状。在走廊的拐角处，气容易沉淀，所以在拐角处可用花或灯进行装饰，有意识地给空间照明。

（2）过道宜整洁、通畅

干净整洁的过道会给居住者带来好心情，也方便居住者随意行走。如果在过道堆放过多杂物或者垃圾，就会影响居住者的心情和生活，使生活失去方向。

（3）过道边墙宜重点装饰

过道装饰的美观主要体现在墙饰上，可在一侧墙面安装内有多层架板的玻璃吊柜，放些纪念品等物；也可挂上几幅尺度适宜的装饰画，起到补缺的作用，更能增添文明、雅致的气息；或在面积稍大的一面墙上，挂一块较宽的茶镜玻璃，下方墙脚处放置盆景或花卉来衬托。如果茶镜能反衬出室外的树木等景色，则有借墙为镜，延展空间的良好效用，上下、内外相映生辉，生生不息。另外，塑料墙纸品种、花色、图案极多，如需使用应认真加以选择，以达到最佳效果。

（4）过道边墙宜有艺术感

作为室内的主要“交通线”，如果在墙边铺上七彩的卵石，放上小海星、小贝壳等饰品，整个空间会更充满艺术感，也会给家人的日常生活带来好心情。

（5）大面积过道宜摆放绿色植物

若是过道比较宽敞，可在此摆放一些观叶植物，叶部要向高处发展，使之不阻碍视线和出入。摆放小巧玲珑的植物，会给人一种明朗的感觉，也可利用壁面和门背后的柜面，放置数盆观叶植物，或利用天花板悬吊抽叶藤、吊兰、羊齿类植物、鸭跖草等。至于柜面上，可放置一些菊花、樱草、仙客来、非洲紫罗兰等。每周与室内的花草对换一次，以调整一下绿色植物的生长环境。

（6）尽头是厕所的过道宜安门

有些客厅与卧室之间存在一条过道，过道尽头是厕所，不但有碍观瞻，而且在风水上也不宜。而在过道安门后，坐在客厅中就不

会看见他人出入厕所，既避免了尴尬，也避免厕所的秽气流入客厅。

（7）过道地面宜铺设实木地板

过道地面主要有实木地板、瓷砖和地毯三种装饰材料。中式风格的过道装修中，最好选用实木地板而不要用复合地板。虽然复合地板的图案多样、色彩丰富，但却太过于强调现代气息。而实木地板色彩单调，但正是这种单调的色彩给予过道地面以宁静、古典的气息。且实木地板更具高品位的质感，与室内其他实木家具等搭配和谐。

（8）过道地毯宜耐磨

选择过道的地毯时要考虑铺设的位置和该处的行走量。过道是走动频率较高的区域，要选用密度较高、耐磨的地毯。一般而言，素色和没有图纹的地毯易显露污渍和脚印；割绒地毯的积尘通常浮

▲过道是走动频率较高的区域，要选用密度较高、耐磨的地毯，颜色和花纹宜深不宜浅。

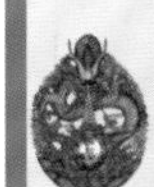

现于毯面上，但尘污容易清理；圈绒则容易在地毯下面沉积灰尘，较难清除。优质地毯有不褪色、防霉、防蛀、阻燃等特性。选购人工或机织地毯时，应注意是否有厂方提供的防尘、防污、耐磨损、防静电等保证。

5.过道的格局禁忌

在介绍了过道的格局之宜后，同样也要对过道的一些格局禁忌进行介绍。下面通过整理，将过道格局禁忌归纳为以下几点。

（1）过道忌将房子一分为二

首先，过道忌将房子分隔为两部分，否则即是把住宅分散成两半，不利于整体的设计装修。同时，在住宅中央穿过的过道把整个家一分为二，有家庭不和睦，影响夫妻感情的暗示。

（2）过道内忌有横梁

横梁是装修设计中应注意的问题，也是较难处理的一个部位。如果小过道内出现横梁，一般会做假天花来化解，这样既美观大方，又解决了问题。否则，有碍美观的同时也会使人的心理有压迫感。

（3）过道忌五颜六色的灯光

过道的使用频率很高，为了方便人们的日常生活，不管是室外过道还是室内过道，均宜以明亮而不刺眼、单纯而不单调的暖色系灯光为主。切记搞得五颜六色的，这样只会适得其反。

（4）小面积过道绿化忌杂乱

居室的过道是行走最频繁的地方，摆放的绿色植物切忌杂乱无章、缺乏主题。不宜把插花、盆栽、盆花、观叶植物等并陈，这样既阻塞通路，令人走路时受到阻碍，也容易损害植物。

（5）过道地毯忌不透气

地板是阳气很强的，如果在上面再铺上不透气的地毯，就会阻隔阳气，导致家里阴气增加，所以要选择通气良好的地毯铺设过道。地板是吸收大地能量的过滤器，但深色、陈旧的地板不能充分地吸收大地的能量，所以应该用明亮色调的地板或地毯铺设过道。

（6）过道不宜使用过多的大理石

用有自然纹理的大理石或有图案花纹的内墙釉面瓷砖铺贴墙面，可起到良好的装饰作用。大理石是高级装修材料，价格昂贵，用它装饰墙面，庄重大方、高贵气派。但如果要讲究经济实用的话，过道中不宜大面积使用。

窗户的布局

在功能上，窗户和门一样，是阳光和空气进入室内的口，也是私人生活与外界沟通的通道。好环境的住宅，窗是必备的，而窗的形状、数量以及窗帘的选择，都是非常重要的细节，掌握这些细节与格局的关系，能让小户型住宅不仅更适宜人居，同时也能带来好的心情。

1.窗户的形状与五行

在窗户的设计上，窗户最好是向外或两边推开的，但要以不干扰到窗前的区域为原则。而向内开的窗户会显得居住者胆小、退缩，同时向内开的窗户也经常会被窗帘或百叶窗阻挡，变得很难开启。如果窗户是向内开的，可在窗户下摆放盆景或音响，加强此处区域的功能。除此之外，窗户的形状、方位与五行相关，运用得当则有助于加强家

▲正方形或长方形窗属土形窗，其最佳位置是在住宅的南、西南、西、西北或东北部。它能使住宅的外立面产生一种安定、稳重的感觉。

居的能量吸收和增加活力。窗户的五行形状包括了金形圆、木形长、水形曲、火形尖、土形方。

（1）直长形窗

属木形窗，适合在东、南与东南方，能使住宅的外立面产生一种向上的速度感，并会在家庭中形成积极向上的氛围。

（2）圆形或拱形窗户

属金形窗，在住宅的西南、西、西北与东北最为适宜。能产生一种凝聚力，形成团结的氛围。

（3）正方形或长方形窗

属土形窗，其最佳位置是在住宅的南、西南、西、西北或东北部。它能使住宅的外立面产生一种安定、稳重的感觉，并会在家中形成平稳踏实的氛围。

（4）尖形或三角形窗户

属火形窗，在住宅建筑中比较罕见，由于其过于尖锐和太具杀伤力，故不适于居住者选择。

（5）波浪形窗户

属水形窗，在住宅建筑中并不多见。主要是设计师为了表现装修设计的效果，将窗户内的形状用波浪形的元素来装饰。

2.窗户的数量

窗户是一个居室的气口，通过窗户能让居室内外的气进行流通。但是也要注意，窗户不可过多，如果窗户太多则会使得内气难以平静，也会使居家生活易紧张，难以松弛；如果窗户太少，则无法吐故纳新，内气抑郁其中，易导致居住者产生内脏方面的疾病。

客厅或卧室的窗户若过大或数量过多，容易使内气外泄。尤其是家居中的大型落地窗，夏天会导致过多的阳光或热量进入室内，导致家庭关系不和；冬天又会使室内的热气迅速散失。如果发生这种情况，可通过悬挂百叶窗或窗帘来补救。相比之下，百叶窗比窗帘更易于吸纳外气，所以效果要比窗帘好。

3.窗框的颜色

窗户的窗框和墙壁漆成不同颜色，可将外部景致明显地纳入窗中，形成一幅天然的风景画，能为居住者带来活力和创造力。但选色最好要注意，若能选择与方位配合的颜色，则对居住者有益。

现在为八个不同方向的窗框配色。

向正东的窗户宜用黄色、褐色；

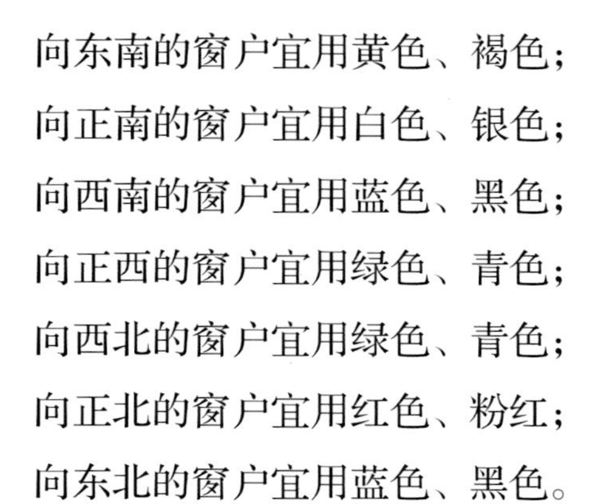

向东南的窗户宜用黄色、褐色；

向正南的窗户宜用白色、银色；

向西南的窗户宜用蓝色、黑色；

向正西的窗户宜用绿色、青色；

向西北的窗户宜用绿色、青色；

向正北的窗户宜用红色、粉红；

向东北的窗户宜用蓝色、黑色。

4.窗帘的选择

无论是客厅还是卧室，窗帘都是必不可少的家居用品之一。它不仅能起到遮挡光线的作用，也能起到隔热降温的效果，同时还兼具了设计的美观性，可谓一物多用。窗帘与格局的关系其实是窗的方位与格局的关系。随着太阳角度的不断变化，可在东、南、西、北四个方向分别挡上窗帘，选择自己想要的光照强度，同时，这也与窗帘的颜色、厚薄、质地有关，应根据具体情况慎加选择。

（1）东边窗

适宜用百叶帘和垂直帘。因为东边房间窗户的光线总是伴随着早晨太阳的升起而出现的，所以能迅速地聚集大量热能，因为热能多通过窗户的金属边框迅速扩散，所以东边窗适宜选择具有柔和质感的百叶帘和垂直帘，它们具有纱一样的质感，并能通过淡雅的色调和柔和的光线给人产生视觉上的清爽凉意。

（2）南边窗

适宜选择日夜帘。南边的窗户一年四季都有充足的光照，是房间最重要的自然光来源地，能让屋内呈现淡雅的金黄色调。但是和暖的自然光含有大量的热能和紫外线，在炎热的夏季，这样的

▲南边的窗户一年四季都有充足的光照，是房间最重要的自然光来源地，能让屋内呈现淡雅的金黄色调，适宜选择日夜帘。

阳光显得有些多余。因此，目前比较流行的日夜帘是个不错的选择。白天的时候，展开上面的帘，不仅能透光，将强烈的日光转变成柔和的光线，还能观赏到外面的景色，其强遮光性和隐秘性会让主人在白天也能享受到燥热季节的凉爽与宁静，并能提供良好的光线。

▲西晒的窗户阳光照射时间过长，会造成室内温度过高、家具被晒褪色、食物不易储存等问题，需安装有防晒功能的窗帘，如百叶窗、卷帘等，以免阳光直接照射在室内造成诸多负面影响。

（3）西边窗

西边窗应注意防止西晒，并保护家具。由于西晒的时间较长，会使得整个房间的温度升高，尤其是炎热的夏天，窗户应经常关闭，或予以遮挡，所以应尽量选用能将光源扩散和阻隔紫外线的窗帘。百叶帘、风琴帘、百褶帘、木帘和经过特殊处理的布艺窗帘都是不错的选择。

（4）北边窗

适宜选择百叶帘、风琴帘、卷帘、布艺窗帘等。这些类型的窗帘对于尽情享受生活、追求艺术画面感的人来说是最为理想的选择，而且从窗户的采光角度来讲也是最为适宜的。

第四章

完全破解

四种小户型格局

在出现初期，小户型被多数人看作是一种过渡空间，对它的居住功能更是充满质疑。然而时至今日，诸多小户型在保持其高性价比优势的同时，其类型也在不断丰富、功能也不断完善，居住舒适度和健康的标准也在不断提高，在小小的空间里，精巧的设计，多功能的家具，让每种小户型都有不同的精彩上演。

一室一厅 小小蜗居，大大智慧 40～70平方米

对于小户型的住宅，在按照一定的规格对各类户型进行划分后，针对这种独门独户的一居室小户型，时下给出了一个时尚又新颖的名称——“蜗居”。小小的蜗居，一般只有40～70平方米的居住空间，通常只有卧室、客厅、厨房和洗浴间，可以说是“小中之小”，而如何让小小的空间承载生活所需的全部功能，则需要动用我们大大的智慧了。

虽说一居室的空间不大，给居家布置和生活带来一些不方便的制约因素。但空间小并不见得就一定得让自己刻意将就，相反，通过对小窝进行装潢设计，搭配合理的风水布局，保证让你拥有一个既温馨浪漫，又幸福吉祥的“甜蜜空间”。

在对一室一厅的户型进行设计和装潢时，出于具体房屋面积的考量，除了要做到将空间放大利用，消除小面积家居环境带来的局促感外，还可以结合家具家饰来对居住环境进行设计装饰，从而让房间呈现出宽敞、通透的空间效果，让一居室也提供给住户“小身材、大印象”的居住感受。

1.增大内明堂空间

有书曾言：“内明堂之宽狭宜适中，不能太宽阔，太宽则近于旷荡，旷荡则不能藏风，不藏风则气难融聚；又不可太逼仄，太狭窄则气象局促，太局促则无华贵雍容之态。”而在一室一厅的空间里，最大的硬伤就在于其“窄小”的面积，要想在这个小小的蜗居里既住得舒适又拥有理想的格局，就需要将设计的重点放在居家布置上，巧妙地运用一些小技巧，让有限的室内空间得到最大化的运用，最重要的就是净

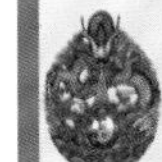

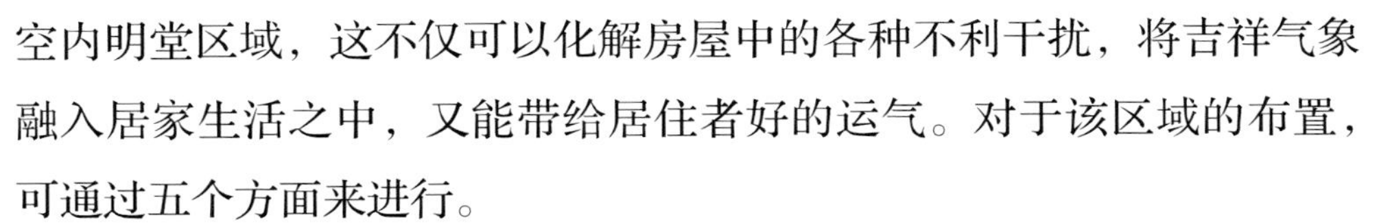

空内明堂区域，这不仅可以化解房屋中的各种不利干扰，将吉祥气象融入居家生活之中，又能带给居住者好的运气。对于该区域的布置，可通过五个方面来进行。

（1）内明堂要干净、敞亮

内明堂区域不仅在功能上位置关键，而且从家居环境上来讲，内明堂最引人注意，因此，在该区域绝对不要摆放或堆积太多家具或物品，尽量让内明堂保持干净、敞亮的状态。

（2）提升内明堂的照明

内明堂越大，引入的财运就会越多。对于小户型的住宅而言，可通过在明堂区域增加适度的照明设施，如发白光的电灯等，制造出柔和的光线，让内明堂区域更通透，增加空间感。也可在墙上悬挂手绘的山水画，促进住宅精、气、神的生成流转。

▲内名堂区域的灯光要尽量明亮，才能照亮这个区域，形成好的居室环境。

（3）在内明堂摆放玄关柜

在内明堂空间的设计上可发挥创意，将内明堂打造成具有区分内外空间的小区域。此时不妨摆放一个玄关柜，可以用做鞋柜，起到收

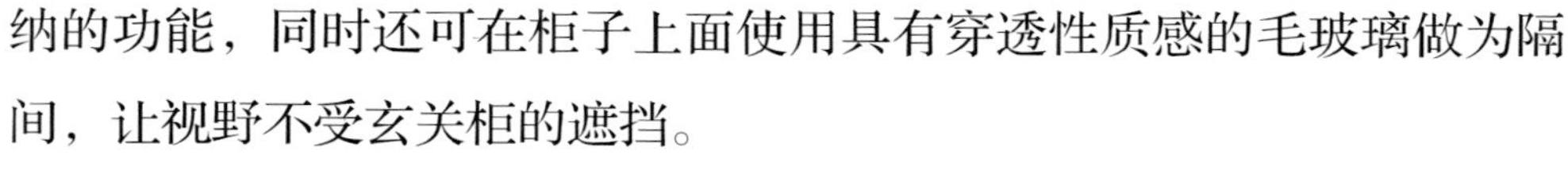

纳的功能，同时还可在柜子上面使用具有穿透性质感的毛玻璃做为隔间，让视野不受玄关柜的遮挡。

（4）消除秽气

很多家庭在内明堂的底部或是靠近电视柜的地方，会设置一个小鞋柜。需要注意的是，鞋柜上的鞋子应经常清洗、暴晒杀菌，去除秽气，以免影响整个内明堂甚至整个住宅的环境。

2.明亮外明堂空间

小户型的房屋不管有无隔间，都要尽量地净空空间，环境才不会出现劣势，不会影响居住者的心情。在清除完内明堂区域堆积的杂乱物品，净空内明堂的空间之后，要让小小蜗居的空间更大，还应该为这个爱的小窝打造一个明亮的外明堂。

很多时候，小户型住宅楼的楼层走道空间很小，采光条件也不乐观，要想营造一个明亮的外明堂非常不易，此时可通过灯饰照明等设计来增强外明堂的空间感和明亮感。在外明堂区域设置照明灯光，可以使用从门框上方往下的射光，光线比较柔和，起到良好照明作用的同时，也为外明堂的空间做了一个采光烘托，以衬整体设计。因为“外明堂”主掌业务关系，应以理性的白光作为照明的主要光源，使宅主在推展业务时保持冷静理性，时时掌握业务动向。另外最好再加一盏黄色光的灯，或是用黄色灯罩透出黄色的光，寓意着人际关系的和谐和金钱运上的提升。

由于小户型住宅面积有限，很多没有入户花园的设计，导致外明堂区域与走道之间没有明显的区分。此时，可以在本就不多的空间中，动点小心思，在进门前的区域放置一张软垫，可以是柔软的织物，也可以是草编的脚垫等，以起到区分的作用。

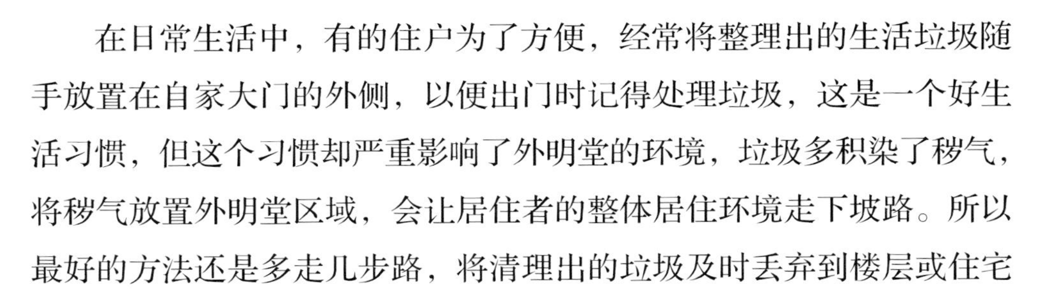

在日常生活中，有的住户为了方便，经常将整理出的生活垃圾随手放置在自家大门的外侧，以便出门时记得处理垃圾，这是一个好生活习惯，但这个习惯却严重影响了外明堂的环境，垃圾多积染了秽气，将秽气放置外明堂区域，会让居住者的整体居住环境走下坡路。所以最好的方法还是多走几步路，将清理出的垃圾及时丢弃到楼层或住宅小区指定的垃圾堆放点。

3.家具巧隔功能区

一室一厅的房子面积很小，像餐厅、玄关等功能区可能就完全不存在。这时，就需要开动智慧来充分利用房间中的每一寸空间，将家具做为隔断，缩小家具的体积和占地面积，让房间发挥“麻雀虽小，五脏俱全”的功能，让居住者顺风顺水，事事如意。

在内明堂区域可通过在鞋柜的立面添加镂空的折叠或推拉门，使空间形成一个半隔断的效果，既隔出了小玄关的区域，也与客厅进行了功能区分。

▲使用镂空的折叠门或是推拉门，都能起到很好的间隔作用，需要时拉开就能快速隔出一个单独的空间。

还可根据实际的需要，定制伸缩式的餐桌，平时收放在柜子中，在需要时拉出来，既可形成小的餐桌，也可作为工作台使用，兼具了多种功能性的同时，还可将用餐区域与客厅进行功能区分。

对于卧室内的空间还可根据需要，适当地增加梳妆台、书桌等家具，能加强居住者的运势能量。同时，多选用可以折叠或移动的梳妆台、书桌等物件，加大家具的灵活运用，让空间的区分更加自由多变，这也能方便居住者的生活。

对于厨房空间可使用分离式的餐桌，也可使用带小轮可移动的样式，方便在备餐中整理空间不够时拉过合并使用。打造出一个半开放的小餐厅，保证备餐和用餐的便捷性。

通过家具进行隔断布置，除了可以增加外观上的审美以及功能的适用性之外，还可以改善很多问题，避免给居住者带来不便。譬如，当房间的格局比较狭长，房间的大门直线侧对着客厅的书桌或其他家具时，可通过调整家电的位置，将冰箱这类家电放置在书桌旁，使其与衣柜等家具对称，从而让房间的格局方正起来，动线流畅，同时又能以多种物件来抵挡大门直线侧对书桌的问题。同样的直线侧对的问题也会出现在厨房区域，此时可在厨房的一侧放一个简易的小餐桌，并在燃气灶的侧边用一块屏风挡住炉火与小餐桌的直线侧对问题，就能快捷简单地解决这个问题了。

4.善用色彩增大空间感

在家居装潢设计中，色彩可以说是非常重要的一个元素，而色彩的搭配也是和空间相关联的，运用得好则能为房屋的装饰效果加分。一般居室在色彩运用上大致可分为五大色彩区域，包括窗帘、墙面、地板、天花以及家具，若能将这些较大面积的空间的颜色进行有机地

▲室内空间中的颜色也要根据不同人的需要来定，可选择以浅黄色为主色调，搭配适当的淡紫色，让空间内的色彩具有设计感的同时也很和谐。

组合，便能取得很好的装饰效果。

总体来讲，对于居室内的色彩总体的规则是宜淡不宜浓。现在很多人有一个设计上的误区，喜欢在居室中涂上一些彰显个性的色彩。这些设计手法针对面积大的大房间比较适合，因为面积大，可供创造的空间也大，住户根据个人喜好选择适当的色彩来装饰房屋，有充分的过渡区域来对这些个性的彩色元素进行调和。

在小户型的空间里，即使是有单独客厅空间的一居室，在房屋内进行过多色彩的处理，这样非但不能突出主人的品位，反而给人杂乱无章的感觉。要让有限的房间显示出更大的空间感，在房间色调的选择上就要有所讲究了。通过一个基本色调，做一些有控制的变化，是小户型设计时的明智之举。具体的色彩选择上，多以清爽、浅淡、柔和的色彩为佳，如米白色、浅绿色等，这些颜色会让人感觉放松、愉

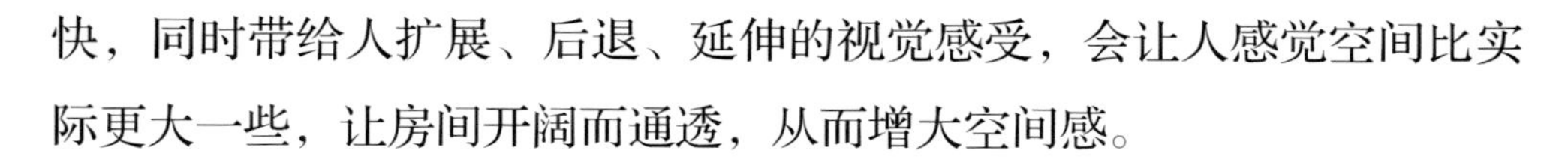

快，同时带给人扩展、后退、延伸的视觉感受，会让人感觉空间比实际更大一些，让房间开阔而通透，从而增大空间感。

5.合理选择家具营造开阔感

每一户小户型住宅的空间，几乎都无法避免家具占用住宅有限面积的问题，但只要懂得设计规划，再小的户型也可以顺利解决家具阻隔空间的困扰。

虽然一些华丽的家具能增加整体设计的奢华感，但小户型房屋在家具的选择上应以简洁为主，尽量避免一些体积庞大、结构复杂的家具，要少而精，以小巧精致为主打风格，多采用使用弹性较大的可拆装和组合的家具，让家具贴合使用环境，真正做到“小体积、大容

▲在一室一厅的空间内，选择较小的家具能更大地节省出走动空间，为居住在其中的人提供方便和舒适感。

量”。同时，整体家具的高度最好低一些，这样能让空间有一种延展的感觉，提升上下空间的内部体积感。

▲一室一厅的户型可以使用凹缩款式或悬空的一些组合家具，这样既具有了家具应承载的功能，也在空间上有一定的开阔感。

多功能家具集多种功能于一体，占地少、灵活性大、功能转换简便，实用性强，是家具中的首选。不过选择多功能家具，不仅要考虑到家具的组合多变性，更重要的是要从家庭实际需要出发，考虑到生活中所需的家具功能，然后找到最能兼顾所有功能的产品。比如，家里经常来客人，可地方小得根本没地方睡觉，多功能的沙发床就成了你最好的选择。

家具的选择要适用，有很多屋主为解决小户型房屋的空间问题，索性把室内的书柜、碗柜、储物柜等物件设计成悬空，这个创意虽然能避开家居庞大占空间的问题，但是装设悬空的橱柜会让屋内上半部的空间更小，住在里面的人呼吸吐纳出来的废气在窄小的空间内循环，不仅健康会受影响，而且气场也不通畅，心情也会越来越差。要解决这一问题比较简单，尽量将悬空橱柜的踢角部分设计成悬空抬高凹进去的款式。这样一来，就可以增加柜子底下抬高的踢角空间，改善空气环流。同时达到视觉延伸的加分效果，从凹线往地板看的时候，产生往内延伸的空间感。

6.改善墙面增大空间

墙体也是重要的空间组成部分，起到区隔空间的作用，但小户型中的墙体往往会造成空间的封闭感，除了可通过在墙面上涂上颜色辅助空间设计外，还可对墙面进行改善以增大空间。

在一居室小户型住宅中，客厅是除了卧室之外的主要活动场所，在客厅的墙面上除了颜色的装饰外，还可通过添加镂空效果来增加空间感。实际操作时可在客厅墙面上镂空出多个长条形的玻璃透光窗，嵌入木质的隔条，形成一个小的凹陷区域，一来打破了空间的封闭感，给单调的墙面增加装饰性的元素，同时也为客厅的采光加分。

在客厅空间中还可通过镜子来增加空间感。可在客厅的墙面或是储物柜上的合适位置安装镜子，以通过反射效果增大室内空间感。同时，镜子本身就可以直接当做镜面进行使用，在客厅中若以镜子做为

▲在客厅区域的墙面上还可适当添加一些镜子、镂空雕花等元素进行装饰，能增大室内的空间感。

壁面，结合层板的使用就可在墙面上制作出陈列空间。既增加了空间感，又带有储物的功能，真是“一物多用”的最佳方法。

7.空间并用让空间最大化

不是所有人都能住在好几层的豪华别墅里，也不是所有人的家都拥有宽大而独立的储物间，但是只要善加利用家里不起眼的空间，尽量将开放的空间进行并用设计，就能让小空间变大，让空间加倍，打造出最贴切的居家生活空间。

在一些小户型房屋的设计上，有的带有一个很小的阳台，此时可将阳台区域与客厅区域进行并用，将卧室区域外推至阳台区域，让原本放床的区域成为客厅，就能合理地增加室内的空间。

在空间的并用上还有诀窍，可将留出来放置洗衣机的空间与洗理台同时处于一个空间，上面是洗理台，用层板隔出空间，下面则放置滚筒式的从前面开启的洗衣机，从而节省出相应的空间。

借由并用的原理，我们也可将空间的并用效用应用到客厅的冰箱与衣柜空间上，在制作整体的阁柜时适当配合冰箱的尺寸并预留出空间，让冰箱“嵌入”到整体的柜架中，形成空间共享，同时也让房间的格局更规整。值得注意的是，若是阁柜的高度无法完全适合，还可通过使用布帘的装饰遮挡冰箱空出的上部区域，尽可能地做到让房间格局整体化。

8.储物空间的最大化

一个家庭所需的生活物品必然繁多而复杂，但对蜗居小房来讲，其生活环境空间本来就已经够狭小了，杂物一多居家空间必然变得拥挤杂乱。当空间变得杂乱无章时，风水必然会受到影响。杂乱所引起的能量阻塞不仅会影响居住质量，还会对居住者的生理、心理以及心灵等各方面产生不利影响。

要保持空间的干净敞亮，在居家布置时必须进行浓缩和取舍，除了减少不必要物品的购买外，同时还应多学习收纳高招，可在小空间里进行多种储物设计，在有限的空间中开发出无限的收纳空间，为这些生活必需品找到一个合适的“家”，让居住环境更加整洁明朗。

养成定时整理的习惯，将一些根本没用或是用不到的东西，如空箱子、废电器、旧报纸等及时清理。同时要及时收纳整理一些短时间不用或长期不用的东西，如棉被、冬衣等季节性物件，以免空间变得杂乱而又狭迫。

▲利用洗手台下的区域设计出一个洗手台，可做储物柜使用，同时还可结合一旁的空间，定制出符合大小的储物柜，让储物空间最大化。

如果居室内有空心柱，还可对这个区域进行应用，可将空心柱制作成衣柜或储藏柜，加大储物空间，让最小的地方存储最合适的东西。

蜗居小户还可通过对卧室区域的地面进行设计，可架高木地板，区分出室内的功能空间，同时可将部分的地板区域添加支撑架，

打开架子后下面就是一个巧妙的储物空间，最适合收纳一些较为大件的杂物。

小户型住宅的浴室区域都很小，通常只能容纳洗手台、马桶以及淋浴头等必备设施，而对于浴室上部的空间，可运用层板隔出一层储物空间，以方便放置一些卫浴用品。

对于卫浴区域的运用还有一个小妙招，若是空间足够放置一个方形的洗手台，此时不妨将洗手台的下方好好利用，设计出一个储物柜，这样既节省了空间，同时也让储物空间再次得到优化。

床是我们生活中一个很占空间但又必需的家具用品。在床的选择上可以购买带有床头箱和掀床设计的床铺，就可以一物多用，将平常用不上的物品收纳到床头箱或掀床内部，让有限的居住空间更加整洁，不至于被家中杂物占据，从而影响美观、影响格局。

9.巧用天花板曲线增加流动感

小户型房间要营造出大空间的氛围，在装修的整体理念上是宜简不宜繁的，可以巧妙地在房屋中间区域应用曲线，从视觉上增加空间的流动感。

设计房屋中间区域可通过添加天花板来进行。一般情况下，对于较小的空间，在设计时能不做吊顶就不做。如果遇到特别需要做吊顶的情况，或是居住者特别钟爱吊顶设计时，则最好选取曲线形式的吊顶，它比普通直线形吊顶更能丰富房屋的线条，为房间增添一些层次感。

天花板的设计也可不做吊顶，用只走房屋边线的手法来进行。此时可在屋顶天花板上镶嵌小的石膏边线，添加一定的曲线效果，而天花板上的射灯在走势上也可做成曲线，令空间中的光线形成曲线链条，

加强延伸感。

在装潢设计中，也不能完全摒弃传统的直线设计，相对于曲线的延伸，直线能够营造一种稳定坚实的感觉。在一些户型结构偏长方形或挑高比较有限的房子里，在墙面的部分可做一些直线纵向纹理的处理，不仅有助于延伸房屋的纵向空间感，还有助于保持整体设计风格动静的平衡。

10.避免使用垂挂式的吊饰

一居室的房子因为空间狭迫，除非是挑高格局或空间高度足够，否则在设计任何装潢家饰时都要尽量避开垂挂式的设计。特别是吊灯、吊扇等垂挂式的家饰，会让已经狭迫的小户型房屋空间更具压迫感。

▲小户型的客厅基于空间的限制，不是很适合安装吊灯，可使用平顶或结合天花的射灯来进行照明。

要避免小户型住宅的空间出现压迫感，可加强房间的通风和采光。在采光装饰的选择上，需要避开使用吊灯，可多选用壁灯或是紧贴天花板的方形装饰灯。而加强通风的设备也要避免使用吊扇，可选用

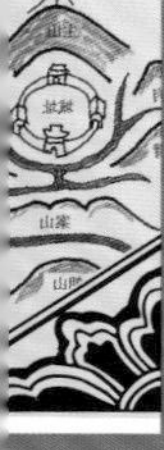

立式可调方向的风扇，能随居住者的需求进行方位的调整，加强室内的通风效果。

11.巧用空间“留白术”

“留白”是常用的一种艺术创作手段，在住宅空间的装饰上同样适用。在室内空间中进行留白设置不仅为未来的生活留出了空间，而且也为现在的生活提供了各种选择。

由于空间的限制，住在小户型住宅里的住户一定要有“简单就是美”“少就是美”的空间留白概念，在进行居家布置或开运陈设时，应尽量避免摆设体积过大的家具，省略一些陈设装饰。同时，还要善于

▲在一室一厅的空间中，特别是客厅区域，应避免复杂的装饰，选用大小合适的家具，适当留出空间以增加室内的整体空间感。

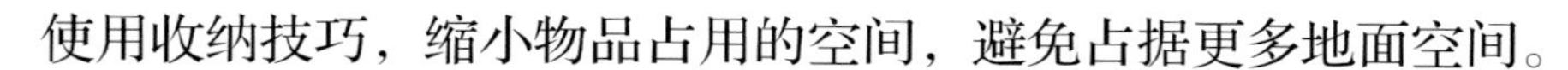

使用收纳技巧，缩小物品占用的空间，避免占据更多地面空间。

小户型住宅的客厅空间一般不大，如果放置较大的餐桌会显得拥挤，此时就应弃用餐桌，而选用较小的吧台来代替餐桌。这样既能解决用餐的问题，也可充当操作台或书桌来使用。如果卧室空间不够则尽量不要放置大衣柜，就可以用便捷的布质衣柜来代替，不仅实用且方便搬运，还可随着居室的变化调整衣柜的摆放位置。如果房屋的主人刚好是个“喜新厌旧”的时尚潮人，那就更方便了。可以选用多功能组合、可延伸拉展、方便移动调整的家具，如带滑轮的床边桌、活动书架、窄长的储物架等。只要你肯多用点心思，家也可以是活动的艺术空间。

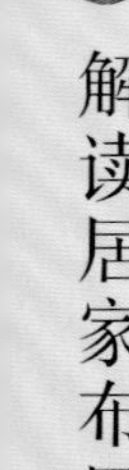

12.开放式厨房变相扩大视野

开放式厨房是指巧妙利用空间，将实用、美观的餐桌与厨房紧密相连，形成的一个开放式烹饪、就餐空间。一室一厅的家最好设置开放式厨房，然后可利用布帘等软隔断，分隔出操作室与餐厅的空间。这个方法还能有效地遮掩凌乱的厨房用品，这样在提高了空间整洁性的同时，还变相扩大了餐厨区的视野。

厨房通风措施要做好。厨房空间相对较小，而厨房设施的密度却极高，橱柜、厨房电器、灶台、管道等等，加之我们每日在厨房中起火做饭，使之成为一个烟气混杂的场所。不管是从舒适度还是安全的角度来考虑，通风对于开放式厨房来说十分重要。在布置厨房内送、排风口时，一定要按灶具的具体位置加以考虑，不要造成排风时油烟的倒吸。为了安全起见，厨房的排气系统宜按防火分区划分，尽量不穿过防火墙，穿过时应装防火阀。

还可用色彩提亮就餐区。这个方法是在看腻了厨房家具时使用的，

可选用华丽的彩色贴纸重新装修一番。色彩鲜亮的厨房，会让生活变得更加快乐有滋味。

增加厨房储物空间的家具。针对厨房储物的复杂性，要增加各式各样的收纳小帮手和道具，甚至最不起眼的“S”挂钩，也能在关键时刻起到大作用。

▲一室一厅的空间中不可能有单独的餐厅，所以一般都是隔出一定的就餐区域即可，餐厅区域的灯光宜明亮，以提供良好的用餐感受。

保持台面整洁。在厨房的布置过程中，最经常遇到的是，各类杂物在日常使用中，越积越多，导致台面被慢慢侵占，所以小空间更要保持整洁。

13.一室一厅小空间设计的四大忌

对于空间设计来说，大空间有大空间的设计预案，小空间有小空间的设计手法。其实不管空间的大小，只有选择正确的设计理念才是关键。对于一居室住宅，空间已经不算大了，如果采用了错误的设计概念，不但破坏了空间感，同时也降低了空间的使用性。下面提供了一居室小空间设计的几大禁忌，让你能及时避开家装的“雷区”。

▲小户型的面积较小，将餐厅、客厅等相容性较高的空间规划在一起，可有效增加空间的利用率。

（1）采用封闭式的隔间

一室一厅的小户型或者更小的独立式一室户，最好不要采用封闭式的隔间，因为封闭式的隔间会影响室内的采光和通风等因素。不管是光线太弱还是采光不佳，都会让室内空间变得更加狭小，也会让室内的通风不顺，空气不流通也会影响居住者的健康。

（2）让空间分隔过多

在有限的小户型空间中，隔间会造成空间的切割效果，而将各个空间切割为更小的区域则会让整个室内空间显得更加地狭小、局促。所以，一居室的小户型在设计上不能让空间有过多的分隔，可将同性质或相容性比较高的空间规划到一起，减少空间的分隔，这是小户型设计的一个原则。同时还应避免虚留专用通道的设计格局，以免形成没有太多实际用处的走道空间，从而将小户型住宅中的空间使用率发

挥到最高点。

（3）天花板的颜色太深

不管是一居室还是套房，室内天花板的颜色都不能太深。太深的颜色会让居住者的视觉产生沉重感，从而造成一定的心理压迫感，不利于健康。最好是选用比墙面颜色再浅一个色系的颜色作为天花板的颜色，才能更好地营造视觉衍生感。

（4）选择尺码过大的家具

一居室的住宅，不管是客厅还是卧室，都不要选择尺码过大的家具，才不会让空间看起来太过局促。这也是基于小户型房多以“简约大方”为装修风格设计原则为基础而形成的一个禁忌。比如卧室的双人床最好不要选择2米×2.3米的大床，避免床占据太多卧室空间，而衣柜也不能选择5开以上的大衣柜，避免出现衣柜柜门不方便开关的情况。

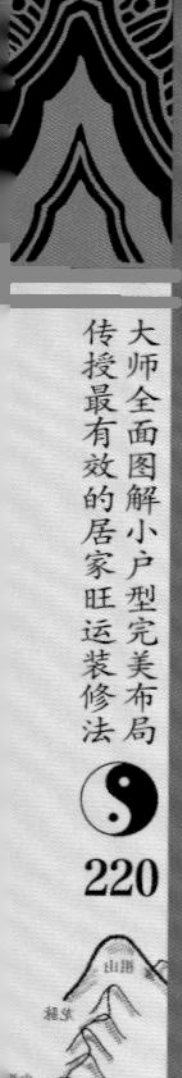

就大多数的中国家庭而言，买房是件大事，不管是一室一厅还是两室一厅的房子，在房价飙高的时期，能购买一套住宅就是经济实力的体现。同时，中国人买房除了考虑财力外，也受家庭成员结构的影响。目前，大多数成年人在组建家庭后往往都自立门户，并没有和父辈们生活在一起。所以，普通的二居房型已足够满足他们的需求，这也是时下越来越多的人偏好购买二居房型的原因。另外，二居房型还是一种很好的过渡房型，既能满足一家三口的使用，还能为家庭的扩大做好升级储备。

两室一厅的房子面积通常在55至90平方米之间，在这几十平方米中，往往包含了客厅、主卧、次卧、厨房、卫生间、阳台等几大功能区域。小户型“麻雀虽小，五脏俱全”，如何在这个小环境里充分利用空间呢？可通过合理的布置、巧妙的设计，结合家居布局的辅助，让平凡的两室一厅也能展现出与众不同的家居布置风格和品位。

1.巧妙布置扩大空间感

在现今社会中，小户型越来越受到年轻人们的推崇。虽然两室一厅的房子功能齐全，但由于它单个的空间都很小，在一些人眼里，两室一厅的小户型还是摆脱不了那股小家子气，体现不出大房的空间感。其实不然，只要进行合理的空间设计，从色彩、家具、布局以及空间划分等方面重点考虑，增大房子的空间感，小户型同样可以亮丽起来。

（1）色彩拓展空间感

色彩是打造空间感不可缺少的元素，选择合适的色彩会让整个空

间看起来更加整洁宽敞。即使小空间内物品较多，也能从视觉上起到一些拓展空间感的作用。现在有很多人都喜欢给自己的居室涂上一些彰显个性的色彩，一定要避免使用那些过于饱满和凝重的色彩，以免让人产生压迫和局促的感觉。

要增加居室的空间感，整体色彩最好挑选彩度高、明亮的浅色调，白色是最基础的选择，其他如米色或淡绿色等色彩也可以使用。浅色调的色彩能够带给人扩散、后退的视觉感受，让人觉得空间比实际更大一些，同样也能带给人轻松、愉快的心理感受。

此外，使用色彩装饰房屋时，还应避免在墙壁上进行过多材质和过多色彩的处理，这样非但不能体现出主人的个性和品位，反而会让人觉得杂乱无章、喘不过气来。因此，在某一个色调的基础之上，做一些有节制的变化，是小户型装潢设计时的明智之举。

（2）布局延伸空间层次

要让小户型空间的使用功能尽量扩大、延伸，应多多利用空间的重叠效应。当平面空间不够用时，就可以向上发展，解决空间上的不足。如将一面墙设计成搁板柜，收纳日常用品与装饰品，若东西太多太杂，可设置帘子将其遮住。如果房屋层高够，可在厨房、餐厅、玄关、阳台等空间顶部安装收纳柜，会比在地面放置家具或在墙壁设置搁板效果好。此外，还可利用原墙面的厚度，设计嵌入式的书架或柜体，创造更多的收纳空间，嵌入式设计不仅实用美观，同时也不会占据小户型的空间。

（3）简约家具带来更大空间

住宅里家具的形式和尺寸一般会直接影响我们的空间感受。从设计的空间感和空气的流通需求来看，造型简单、质感轻、小巧的家具，尤其是那些可随意组合、拆装的家具比较适合小户型。如宜家的家具多以简单为特点，在结构上也多可进行组合和拆装，色彩也以浅色为

▲在客厅区域的墙上可根据具体的尺寸制作出相应的收纳柜，可以是正面墙的都是收纳柜，让空间既体现出整体感又适用。

主，同时还有很强的收纳功能，并不会因为体积小而影响“内存”。如果不顾小户型的空间特点，往家里添购一些体积庞大、结构复杂的家具，即便那些家具再昂贵再精美，也只会弄巧成拙，使房子显得拥挤窄小。

此外，在家具的选择上，也一定要综合考虑房屋的形状。家具尺寸和设计最好能和房间的边边角角充分融合，必要时可定做，避免空间的浪费，可根据物件的大小和形状形成适当的收纳空间。

在家具的摆放上也有一定的学问，主要应考虑到人与家具之间的关系，让家具与主人活动的空间保持一定距离，尽量不要在空间上发生冲突。同时，可以在居室的角落里摆放一些小型家具，如花架、角柜等，既能充分利用空间存放物品，也起到美化居室的作用，可谓一举两得。

（4）功能空间可相互渗透

小户型的空间划分首先要满足实用功能，合理地分配各个功能区。但在布置时要善于利用相互渗透的原理，功能相似的区域可纳入同一空间，相互渗透，从而增加室内空间的层次感和装饰效果。如会客、用餐等人多的区域，可纳入同一空间，适当地进行统一布置。而睡眠、学习则需相对安静的区域，属于另一空间，这两个性质不同的活动空间则应进行分离，以免影响家人休息或活动。

对同一空间进行空间划分时，一定要避免绝对的空间划分，以免浪费空间。比如独立的玄关就会占去客厅的空间。住宅在空间分隔上分硬装修和软装修两种，同一空间分隔最好采用屏、滑轨拉门或可移动家具来取代原有的密闭隔断墙，这样可使整体空间增加通透感。

2.提升房子的脸面

房子如同脸面，小客厅、小餐厅、小卧室如何在客人到来的时候不失主人脸面？这就要看家居布置的功力了。家居的布置有时像给房子穿一件衣服，或者是化一个妆，好的家具布置能充分反映主人的品位和个性，提升宅主的脸面。

（1）美化客厅接待空间

客厅是接待客人的最主要场所，应特别注意此处的布置，尽量节省空间，为客人提供便利，这样客人来访时就不会觉得局促。电视机是客厅中最主要的电器，在半空中设置电视托架就可有效节省空间。明亮的照明也可让小客厅变大，在客厅上方设置吊灯作为主光源，同时在电视墙设置别具特色的墙面灯，既能增强客厅的空间感，还有美化客厅的作用。

▲要共用空间，还可在书房区域放置一张沙发床，以便解决客人的临时居住问题，提升室内空间的功能性。

（2）空间共用省出休憩空间

谁家都有亲戚朋友来访的时候，一间主卧、一间书房刚够小两口的使用，来了客人难道真的让人家到客厅打地铺？日常生活中，如果书房对你非常重要，但又解决不了缺乏客人休息空间的难题，不妨试着空间多用，将书房和客房完整地融合在一起，就能轻易解决这一问题了。如将床安装在书柜里，平时收起来不让床铺占用位置，完全就是一个独立的书房；来客时则可将床拉出，就成了临时客房，客人也有一个独立的空间，休憩起来就会更舒适。如果不想占用书柜空间，在书房里放置一张折叠沙发，不用时收起，来客时再打开，同样可以节省空间。

3.挤出来的工作区

▲工作空间是可以灵活设计的，可放弃卧室区域的床头柜，将工作台设置在卧床旁边，即可形成工作区域，从而节省了空间。

两室一厅的小户型，一家三口住着都嫌挤，单独的书房肯定不能奢求了，可总得有一个地方上网、看书、充电学习吧？这就为屋主提出了一个难题。其实，只要稍微动点儿心思，突破思维，将空间功能多样化，解决这个难题一点都不难。

对工作区域要求不是很高，但是利用率颇高的年轻一族，可以试着摒弃床头柜，将工作台设置在卧床旁边，工作完毕直接就可以倒头呼呼大睡，这就完美结合了卧室与工作区的功能。

再前卫一点的做法是把床垫直接放在地台上，旁边接出一块工作区域，卧床直接成为工作区的一部分。这样空间节省就更多，也更适合需要在非常规时间(比如半夜)起来工作的人们。

4.为孩子多腾出点空间

两室一厅的小户型要满足一家三口甚至五口的需求，在空间上确实是有点不够。因此很多家庭会将露台或者客厅隔出一个小空间，改造成儿童房。这样的儿童房空间看上去肯定是窄小而压抑的。不过再小的儿童房，只要经过巧妙的搭配和设计同样可以功能齐全，也能让

孩子拥有一个舒适的自由空间。马上行动，为孩子打造一个完整的儿童房吧。

（1）向上向下要空间

针对有些家庭已经给孩子买了单层的儿童床，家长可以向孩子的床上和床下要空间。即床下可以做储物的抽屉，床上的墙壁可以做吊柜用来充当书柜。

（2）家具整体低一点

在为儿童房挑选家具时，最好用小一号的家具，这样不仅符合孩子的需要，而且还能让人感觉更空旷一些。同时，可以把儿童房的天花板做得五彩斑斓。请专业的墙面手绘师调出蓝天白云或者星空的样子，可使房间显得更高，还能扩展孩子的想象力且有助于思维能力的发展。

▲儿童房的布置可以更有设计性，可充分利用床下的空间进行收纳，床上的墙壁处也可隔出小空间，以便放置一些小摆件。

（3）少用硬装饰多用配饰

儿童房千万不能使用大量的硬装饰、固定家具，尽可能用软装饰来点缀房间，而家具则主要采用可以活动的组合家具，这样同样可以省出不少空间。

5.打造一个衣帽间

每个女人都梦想自己能有一个超大的衣帽间，可以容纳下所有自己钟爱的衣服和鞋子，可小小的两室一厅根本没有空间建一个独立式衣帽间，怎么办呢？不要担心，时下很多住宅在建造时，会留下若干凹进、凸出，甚至三角形的不规则角落，若是能够好好设计，把这些困难区域改置成衣帽间，就能将缺憾变成优势，还能拥有一间自己喜爱的衣帽间。

（1）嵌入式衣帽间

住宅内有凹进区域的，可以“以形就形”将其设置成一个简单的衣帽间。如果这块地方超过4平方米，就可以考虑请专业家具厂依据这个空间形状，制作几组衣柜门和内部间隔，作成嵌入式衣帽间。这样的嵌入式衣帽间既节省了房间面积，提高了空间利用率，也容易打理及保持物品的清洁。

（2）夹层式衣帽间

如果住宅内恰好有夹层布局，则可利用夹层中的走廊梯位做一个简单

▲衣帽间的设计可根据住宅而定，若是在卧室区域有凹陷进去的区域，就可以设置一个嵌入式的衣帽间，丰富住宅功能区。

的衣帽间，内部设间隔，使空间每个角落都得到充分利用，还可将其外门设计成推拉式，最大程度节省空间。衣帽间内部还需根据衣物的品类分区，一般分挂放区、叠放区、内衣区、鞋袜区和被褥区。

（3）开放式衣帽间

如果住宅内没有这些边边角角可以利用，但又非常需要衣帽间解决衣物存放的烦恼，可以试着设置一个开放式的衣帽间。就是利用一面空墙设置衣柜存放衣物，而不与其他功能区隔断。这样的衣帽间方便、简单、宽敞、通风，只是不能防尘。如果家在风尘比较大的北方，可采用防尘罩悬挂衣服，用盒子来叠放衣物，若多设一些抽屉、小柜，则更为实用。

6.刚柔并济，“软装饰”有“硬道理”

在买到房子后，很多人都急急忙忙地开展装修，将住宅“分隔”成不同的空间。其实，对于小户型，很多“硬装修”都是可以省下来的，将这些省下来的钱买一些比较好的家具，可能会更有利于居家品质的提高。当小空间减少了固定笨重的装修隔断，空间被挪出来了，人会活得更自在。

“软装饰”的装潢理念主张：在有限的预算下，居家空间的实用机能应以家具配置作为装潢的首要重点，至于天花、地板、墙壁的修饰则属于空间修饰的配角。当然对于一个家庭来说，住宅的各种功能还是要具备的。比如说，休息、阅读、吃饭、洗浴都要有各自的空间，但是有空间不代表“分割”空间。小户型要尽量不使用墙做硬隔断，而是通过一些软性装饰来区分空间。

比如，用一道珠帘来隔开客厅和餐厅；利用一个大书柜来区分卧室和书房。如果很少做饭，厨房还可以设计成开放式厨房，利用小吧

▲在居室内可使用垂吊的线帘分割空间，让这些软装饰发挥特定的功效，美化居室内的环境，提升家居品位。

台来做早餐区或是阅读区。值得注意的是，重视“软装饰”不代表轻视“硬装修”，如布线等要求反而更高，网线、电路都要考虑得更仔细、更周到，这样的家才会更实用、更科学、更温馨。

7.绿色低碳，打造最环保乐活家居

日益恶化的周边环境，让越来越多的人更珍重自然，更注重健康的生活方式。在绿色环保备受追捧的今天，人们越来越呼唤纯天然的绿色家饰，以期营造一个清新健康的家，给自己和家人一个舒适健康的居住环境。合理运用家居饰品能为你打造一个心仪的环保居室带来一些帮助。

（1）打造绿色自然的家居

如果喜欢自然的色彩，想把大自然搬进自己小小的蜗居，就要从装潢选材开始，选择环保、无害、贴近自然的油漆色彩与装修材料，经过巧妙地造型、创意与组合，不仅能给小户型创造出更强的空间感，获得更明亮的效果，更重要的是能把健康、环保、节约资源的理念在家中一一呈现，营造出一个绿色环保的家。

（2）将绿色装饰融入生活

怎样才能改变自己小小蜗居沉闷的格调？不妨多用植物和花朵来美化住宅环境，让绿色陪伴你渡过家居生活的每一天。若嫌打理植物麻烦，还有干花饰品可以选择。它们是用新鲜的植物材料，经过脱水、干燥加工而成的，一般可连续使用几年，资源利用率高，既经济又环保。绿色饰品不仅仅局限于植物与花朵，取自自然的藤编家具、木相框等都是绿色环保家饰的适宜之选。

8.向墙面要空间，开发无用之地

对小户型住户来说，无论是一室一厅还是两室一厅，对空间的渴望似乎永远得不到满足。但是住宅的实际面积摆在那里，能去哪儿要空间呢？别担心，环顾一下自己的家，是不是还有未开发的空间，地面面积不够，可以试着向墙面要空间。

（1）客厅兼鞋、包、杂物收纳区

小户型的房屋里空间很小，很难设置专门的收纳柜。那么不妨挑选一组风格简约的电视柜，同时在电视墙上设置一组与电视柜风格相符合的壁柜，家中零散的书籍、杂志、鞋子、包包、碟片等就都有了容纳之所了。如果这样还是不够收纳闲散物品，还可以通过在墙面上安装搁板来创造更多储物空间，即使是墙角也可以利用。

▲在客厅区域可通过在墙壁区域设置隔层，增加收纳的区域，同时配合相应的摆件，也起到了美化客厅的效果。

（2）厨房再“立体”一些

小户型中最小的地方可能就是厨房和卫浴间了。厨房物品繁多，觉得很拥挤，那么马上从操作台下手，通过挂杆和挂钩充分利用厨房墙面和上方的空间，让刀具、餐具、调味瓶罐、抹布、纸巾统统上墙，为厨房节省下空间，还便于操作使用。

（3）阳台变身“一体化”工作区

当屋内空间不够时，不妨向屋外发展。根据家中的需求，在阳台上开创一个“一体化”的工作区域，设置一个超大容量的收纳架，配合利用一些挂钩、篮子等小道具，无论是收纳杂物，还是洗熨衣物，都能一步到位，让一切都井然有序。

如果阳台紧靠厨房，还可以利用阳台的一角建造一个储物区，存放蔬菜、食品或不经常使用的餐厨物品。如果阳台面积够大，还可摆

放少量的折叠家具，将其扩展为休息、聚餐用的休闲区。

（4）玄关过道开辟临时工作区

出门前经常会发现有些工作要处理。如果专门跑到书房去进行，又会很浪费时间。这时不妨考虑利用过道狭小空间，在玄关上的墙面布置一个可以灵活开关的挂柜，设立一处临时办工区，无论是收取快递、填写单据都非常方便快捷。

9.两居室中的畸零空间弥补术

这里的畸零空间是指畸形和零碎的空间。在购买房屋时，一般是不建议购买不规则的畸形和零碎空间的住宅的，但也不是说所有不规则的住宅都不能居住，此时也可通过一些空间的弥补术来进行调整，让住宅变得更实用。

这里以三角形的畸形空间为例进行空间修补。由于是三角形户型，会形成很多尖角，若此时使用横平竖直的线条来进行调整难免显得不适用。而要在不浪费空间的前提下将各个空间运用得当，不妨通过大量的圆弧线条以及折线的设计，让功能区变化丰富。

▲在厨房空间中，配合住宅的户型，在设计上采用了整体的组合橱柜，同时加入嵌入式的烤箱、吸油烟机等的设计，让空间的感觉更整体。

同时配合迷你尺寸的灶具及电器，让狭小的空间也一样充满活力。

（1）将缺憾变成优势

在具体的操作上，还要剔除笨重规矩的家具，在背景墙、装饰摆件上都可以打破常规，将装修的困难区域改造成衣帽间，或是在靠近弧形窗户的位置，设计成阳光房。这些做法往往能将缺憾变成优势，成为畸零空间设计的点睛之作。另外，我们还建议多运用户型设计和顺势而设的布局，去遮盖房型的斜边缺陷。

（2）“小、嵌、透”三招节俭空间必备技巧

除了合理地规划空间，小户型的业主还需要学会一些必要的技巧，如材料、光线的运用以及家具、电器的选择。在畸零小空间里，可以通过选择迷你尺寸的灶具和抽油烟机，量身设计嵌入墙面的底柜等方式，以达到提高空间利用率的效果。总结起来就是“小、嵌、透”三种技巧。

“小”即使用迷你电器，使其能更契合小厨房。对于面积不大的厨房来说，选择小尺寸灶具十分重要，下方是间距30厘米的两眼电磁灶具，上方则安装了迷你型抽油烟机，最大限度地节省了空间。

“嵌”即使用隐藏式的设计以节省空间。无论是厨房底柜下方的嵌入式冰箱、洗衣机，还是客厅墙面中央镶嵌在凹槽里的平板电视，嵌入式设计一直都是小户型节俭空间的首选。

“透”则是使用视觉效果放大空间。卫浴间没有可以采光的窗户，如果用硬性材料必然会造成闭塞和拥堵，所以可以采用透光性绝佳的玻璃墙进行围合。它不仅能提供足够的采光，同时还具有隔断水汽、气味的作用。

10.做一个旺夫的小女人

俗话说“家和万事兴”，妻贤子孝是人生的一种境界，同时也是男人最大的“财富”。男人希望自己的老婆有“旺夫命”，这是无可厚非的，因为这样的女人不但能帮助自己照顾好家庭，同时也会在丈夫的事业发展上起到很大的作用。其实，不仅仅是男人，很多的女性也希望自己是一个“旺夫”的女人，成为男人成功背后的贤内助。不想永远居住在小小的蜗居里，那就马上行动吧，也许下一个“旺夫”的女人就是你。

（1）工作和行业环境

都说“物以类聚，人以群分”，从工作所处的行业环境来看，如果一个女人能较稳定地长期在一个环境较好、规模较大、行业较好的单位工作，且岗位又相对比较稳定，那么其性格也会比较温和，而且在这么好的环境里接触到的人也都是性格不错的，而相反的，如果工作不稳定或经常换工作，又或长期加班或经常在外出差，都会让她的感情呈现出众多的不稳定因素。

（2）从缘环境

民间有句俗话叫“女儿能不能干，要先看丈母娘”，其实，这也是“从缘环境”的体现。简单来说就是，如果这个女孩的母亲是一个非常能干、精明的人，这样的人不管是在家里还是在外面，都有一定的领导能力或威望。那么，女儿在这样的环境成长，多少会感染母亲的一些习性和性格。

（3）心理行为环境

心理行为环境是指要保持良好的心态，因为对旺夫的女人而言，心理素质其实是很重要的。要不断提高自身素质，不要过于爱慕虚荣，还要注意控制自己的言行，对待恋爱的态度也不能太随便。同时还要保持良好的习惯，要有恒心和耐心，所谓“守得云开见月明”，说不定下一个传说中的灰姑娘就是你。

三室一厅 和谐天伦，平安喜乐 70～120平方米

住宅，不管其面积有多大，归根结底是为人“服务”的，它提供给我们一个稳定的居住地，可以遮风挡雨，给予我们基本的生存保障。而拥有了房屋不见得就是完整的家，我们还得在这个空间内增添生活所必需的家具、装饰，并对这个居住空间进行必要的设计装修。最重要的是还得在这个空间里住进我们深爱的家人，才能成全这份对家的眷恋与挚爱，才能让这份感情得到完整地回归。

三室一厅的住宅就是为这样的家庭而准备的，在经济允许的条件下，购买这样的住宅的人是考虑到了老人和孩子这两个因素的，所以对房间的要求就相对多一些。这种户型的房子使用面积通常在70至120平方米之间，在房间的功能划分上有客厅、卧室、老人房、儿童房、厨房、卫生间、阳台等区域。我们可以结合不同的需要对这些区域进行合理地布局和装饰。当然，风水同样也是我们关注的重要问题。在整合了种种因素后，不仅让我们的三室一厅更美观，同时也让生活在这个空间里的人感到舒适。试想，在这个空间里居住着成熟稳重的丈夫、温婉贤淑的妻子、可亲可敬的双亲、懵懂天真的孩子，因为有了这些人的存在，也才真正意义上营造出了其乐融融、天伦之乐的氛围，才能让平凡的我们在这样温暖的家中尽享人生的平安喜乐。

1. 提升居家品位的布置术

三室一厅的住宅在小户型住宅里，就使用面积而言已是相对宽裕的。在这样的空间中，应该通过怎样的装饰、布局，从而提升居家的

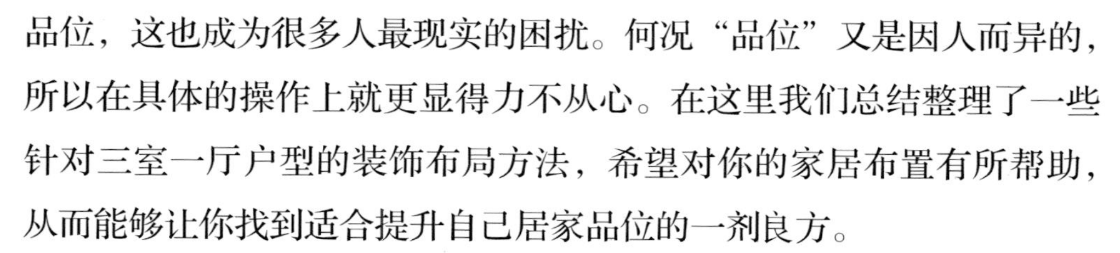

品位，这也成为很多人最现实的困扰。何况“品位”又是因人而异的，所以在具体的操作上就更显得力不从心。在这里我们总结整理了一些针对三室一厅户型的装饰布局方法，希望对你的家居布置有所帮助，从而能够让你找到适合提升自己居家品位的一剂良方。

（1）拆除墙体隔间，加大活动空间

就目前来看，小户型住宅的单个室内使用空间普遍都在20多平方米左右。然而对于一些对空间有更要求的人，却希望能拥有“三房两厅”的格局，如此势必让房间变得狭小。针对这种情况，不妨在合理的位置，将其中一个房间一侧的实体墙拆除，进而改用拉门来进行空间间隔，在拉门打开时就能与公共空间构成一个较大的空间，需要隐私时，即可关上拉门，创造出独立的空间，增加了空间的灵活性。

▲软性织品对提升室内空间的品位是有决定性的影响的，可通过更换这些物品来提升家居品位。

（2）运用软性织品，打造舒适的生活环境

居家空间内，人们与纤维的接触无疑是非常频繁的。但凡窗帘、寝具、毛巾、踏垫、拖鞋、椅垫、桌巾等，这些选用各种不同纤维聚集而成的软性织物，与生活的质感都是息息相关的。它们不但直接与我们的肌肤接触，更会影响到我们的感受，可以是温暖的、安逸的、舒展的，等等。所以在使用空间时，可多多地使用这些软性织品来对家居环境进行装饰。如居室中的地板，不管是哪种材质，日子久了总会觉得少些变化，若能在地板上铺上地毯，地面的“表情”就会更丰富，空间内的感觉也会有所不同。此时若能善用地毯，就能提高居家品位，让自家的居室环境紧跟潮流。同时，若是家里的桌面或柜体不是那么漂亮，也可在这些家居上选择合适的软性织品来加以衬托，从而通过家饰的添加打造出不同的居室生活环境，展现属于你的个性品位。

（3）不限规格隐藏隔间，提升居室品位

人在潜意识里都有贮藏物品的习惯，在一个空间内生活的越久，所堆积的物品就会很多，此时，杂物也会变多。这些小物品是破坏舒适感的关键，只有在室内创造出良好的收纳环境，才能维持室内空间的舒适感。我们可以在规划空间时，利用梁柱、假墙或畸零空间设置隐藏式收纳柜，做出隐藏式的隔间，将这些杂物放置在这些区域，就能让杂乱隐于无形。从而还给我们一个干净整洁的家居环境，也能起到提升居家品位的作用。

（4）布置也有哲学，层次是关键

居家布置也有哲学原理，要讲究层次。所谓居室内的层次，是指家居环境中各个物品之间的一种协调关系，从而体现出摆设的展示重点，让整体具有设计感，提升居家的品味。

在家具的选择上，可以巧妙地使用色彩或花纹便能够营造出整体

感。如果觉得墙壁或是天花板的部分过于单调，也可多设置一个小置物架，摆上各式各样的装饰品，或是利用银色的金属物品强调出利落的气氛。而如果画所占的面积最大，周围物品的色系都要呼应画的色系，如果灯是主角，周围饰品则要避免复杂，如此一来，即使东西多，也不会让人感到繁杂了。若是同时摆设几件摆件，就应亲自动手，可站远一些，拉远视觉距离，以查看饰品和家具比例是否协调，只要比例协调，看得舒服，就是最适合自己的布置。

（5）选用天然建材，增添空间内涵

在传统的理念中是把重点放在建材上的加工上。近年来，随着天然环保的概念进入到了住宅的设计中，设计师会选择木、石、玻璃、金属等材质，表达最忠于原味的个性风格。借由天然建材的选用，让居住者可以感受到室内设计与自然间紧密的关系，从而起到在居室空间中体现天然环保设计概念的作用。

此时，建材的“质”就成为了影响空间气质的关键因素，空间是否令人感到放松，建材的颜色、材质、造型都会产生影响。若想维持空间的单纯，可利用建材的特质来形塑风格。例如，近年流行的抛光石英砖、橡木染白木地板、银狐大理石等，就是以浅色基调来营造大气与宽敞，以浅色适度搭配沉稳色彩，更有定心的作用。

（6）多用绿色植物，增加空间舒适感

大部分的人或许不知道，植物的绿色是非常健康的颜色，同时也是创造惬意美好生活的能量。如果打算在室内规划一个空间作为休憩之用，那么在旁边用简单素色的花器种上一株绿意盎然的小树，或是利用普通方架摆着几盆迷你盆栽，立即转换的自然气氛会带给居住在室内的人一种完全不一样的新鲜好感。

（7）巧用设计风格，搭配家居布置

居室环境的设计是最讲究风格的，整体风格若是对了，感觉

▲居室内空间设计要注意整体设计风格的统一，通过家具、墙面、天花等方面的整合运用，让空间呈现自然而质朴的中式田园风。

就会协调。每个家居都能找出一个大致的风格与色调，依着这个统一的基调来布置是不容易出错的方法。首先是确定家居的整体设计风格，然后再依照这个风格找到对的装饰品。若家居的风格较为简洁利落，那么具有设计感的装饰品就很适合整个空间的调性。如家居所呈现的感觉比较接近温馨的乡村风格，以自然的装饰物为主最适合。

2. 最经济实惠的“旧房翻新术”

在居家的装修上，除了新房的装修外，还有一种叫旧房翻新。旧房都存在装修风格老化的问题，比如十多年前流行的吊顶，裸露木纹装饰等老式传统的装修风格，如今已经显得非常过时了。想要装修得

更简洁时尚就必须对原先的装修进行翻工，这就犹如修改一幅已经成形的作品，要花费的工夫可能比新房更多，那在整个的设计装饰过程中，怎样才能做到既经济又实惠呢？这里为大家提供了几个要点，以供参考。

（1）旧材料的结合使用

想重新装修的旧房子分很多种情况，有些房子是自己或家人住过的，还有些是二手房，旧的装修已被使用过一段时间。不论是自己的旧房还是别人的旧房，重新装修时最好不要“推倒重来”，因为有些材料虽然使用过，但是距产品寿命还有很多年，这样的旧材料完全可以继续使用。还可以将以前的板材取下来，做成搁物架、板凳、椅子等，这些简单的活计请一般水平的木工来做都不成问题，关键在于自己的创意。

（2）改造砖混老房要谨慎

户型不合理、面积太小、功能分布不合理、采光不合理等等，这些是老房子存在的“常见病”。因此，许多人认为旧房新装等同于砸墙、敲地等一系列重建性工程。事实上，老房子多是砖混结构，墙体首先起到承重抗震作用，其次才是围护分隔作用。如果只是为了实现理想化的空间格局而打掉承重墙，将使墙体的承重和抗震能力减弱，造成安全隐患。在这里要提醒装修旧房的人们，重新改造自己的家，一定要考虑到房屋的结构和安全问题，可在此基础上大胆创意，否则一旦“动起手来”，将会造成难以弥补的损害。

（3）“改造工程”最好专业化

在家装业界，“改造工程”是指三面（墙面、地面、顶面）改造、门窗改造和水电改造这三项改造工作。

三面改造要对房屋进行实地勘察，看有无明显裂纹、是否平整、有无脱落和起砂等现象。如果存在这些情况，就要进行修补处理，包

括铲除墙面油污、粉化的墙漆等，用水泥砂浆修补基层、裂缝、孔洞。另外，修补后要刷一道底漆予以覆盖，一来使基层牢固，二来可以防止今后基层因泛碱和受潮而出现变化，然后用按比例稀释的乳胶漆进行饰面。地面有暖气管、中水管的最好不要在地面开槽，因为非常容易碰到管道而导致破裂。

门窗改造要留意门窗是否老化，老房的门窗中松木质和铁门窗比较多，白松木的门窗容易起皮、变形，经过热胀冷缩后保温性会非常差。而铁门窗容易生锈，同时导致密封不严，必须换掉。

水电改造前最好做一下闭水试验，另外许多旧房子存在电线老化、违章布线的现象，也需要重新改造。对于水路的改造要进行彻底检查，看其是否锈蚀、老化。如果原有的管线使用的是已被淘汰的镀锌管，在施工中必须全部更换为铜管、铝塑复合管或PPR管。还要检查是明管还是暗管，明管既不美观也不卫生，最好改成暗管。同时要辨别是PPR热熔管还是PB管或者铝塑管，不同水管的施工工艺不同，如果工人在焊接时没有按照不同管子的工艺进行焊接，时间一长水管很容易爆裂。而对于旧电路改造，需要将原先的线路拆除，这些工作既费人力也消耗资金，同时还要请专业人士来施工，否则给日后生活会造成安全隐患。

福运天天来

很多人在装修二手房特别是老房子时，想让房间面积加大，因此就喜欢把老房卧室和阳台相连的墙体打掉。但老房子的墙体有顶住楼板的作用，打掉后阳台可能有下倾现象，非常危险。因此在改造老房子时，一定不能随便打掉墙体。

3. 规避小户型装修的七大误区

前面我们讲过，对于小户型的住宅，通过一些装修设计手法就能让小户型在空间上有一个变革，在视觉上给人一种大的改变。但同时也要注意，装修上还有一些小忌讳，如不能使用复杂的吊顶、室内布光单调、镜子的盲目运用等，只有在装修时回避这些问题，才能让小空间更简洁温馨。

（1）复杂的吊顶

小户型的居室大多较矮，所以吊顶应点到为止，较薄的、造型较小的吊顶装饰应该成为其首选，或者干脆不做吊顶。如果吊顶形状太规则，会使天花板的空间区域感太强烈，不如考虑做异形吊顶或木质、铝制的格栅吊顶。当然，也可以在材料上做文章，选用些新型材料或

▲客厅空间的吊顶关系着整个空间给人的感受，所以忌复杂的多层吊顶，也可使用半圆形的吊顶，让空间更有新意。

者一些打破常规的材料，既富有新意又无局促感。

（2）室内的单调布光

由于天花板的造型简单，区域界线感不强，这无形中给灯具的选择与使用造成了较大的难度。人们往往只放一个或几个主灯了事，显得过分单调。小空间的布光应该有主有次，主灯应大气明亮，以造型简洁的吸顶灯为主，辅之以台灯、壁灯、射灯等加以补充。另外，要强调灯具的功能性、层次感，不同的光源效果交叉使用，主体突出，功能明确。

（3）镜子的盲目运用

镜子因对参照物的反射作用在狭小的空间中被广泛运用，使空间在视觉上有扩大的感觉。镜子的合理利用又是一个不小的难题，过多会让人产生眩晕，没有安全感。要选择合适的位置进行点缀运用，比如在视觉的死角或光线暗角，以块状或条状的布置为宜。

（4）不够周全的强弱电布置

因为小户型住宅的居住者中以年轻人居多，对电脑网络依赖度高，生活又随意，所以小户型对电路布置要求很高。要充分考虑各种使用需求，在前期设计时做到宁富勿缺，避免后期家具和格局变动后造成接口不足的尴尬。

（5）划分区域的地面装饰

小户型的空间狭小曲折，很多人为了装饰效果，突出区域感，会在不同的区域用不同的材质与高度来加以划分，天花也往往与之呼应。这就造成了更加曲折的空间结构，衍生出许多的“走廊”，造成视觉的阻碍与空间的浪费。

（6）过多占用空间的电器

冰箱不能贪大图宽，应尽量选用横向适中、高度可延的款式，这样可节省地面有限的使用面积，也不会影响食物的储藏量。

▲小户型面积有限，布置家居时应多以小巧、规则的家具为主，尽量不要选用一些宽大的、弧形的家具，从而让住宅空间看上去更简洁和谐。

至于影音设备，电视可选择体薄质轻、能够壁挂的产品，尽量减少电视柜的占用空间。有条件的话，可考虑选择投影设备，让墙面的设计更加简洁。音响设备尽量安装在墙面与顶面，既可以获得好的音效，又不会让面积紧张的地面更加繁杂琐碎。

（7）过于宽大的家具

小户型家具的选择应以实用小巧为主，不宜选择特别宽大的家具和饰品。购买遵循“宁小勿大”的原则，同时还要考虑储物功能。在床的周边应该选择有抽屉的，衣柜应选窄小一些且层次多的，如领带格、腰带格、衬衫格、大衣格等等。最好先在图纸上规划好家具的尺寸，再选择购买。

福运天天来

出于对居家生活品质的要求，人们对于住宅都有一股想要装修的冲动，而很多人不管结构如何，盲目地把承重墙、风道、烟道拆掉，或者做下水、电与气的更改。这样做，轻则会造成节点，产生裂痕，重则会影响整栋楼的承重结构，缩短使用寿命，所以要特别注意。

4. 小户型装修地板使用诀窍

小户型住宅在装修时为了营造出宽敞而实用的效果，除了在房型改造上多下功夫外，大面积铺设的地板也可以起到了画龙点睛的作用。

（1）地板的选择

在地板的选择上，除了要选择适合自己住宅户型的，最重要的一点还是要看地板是否环保。毕竟健康消费第一，审美感受第二。因为地板在家中所占面积很大，环保系数不好那就是一个长期的有害气体排放的毒源，所以挑选起来更要耐心、谨慎。

（2）地板的安装

在选择复合地板时，除了把注意力集中在地板的性能、价格、质量保证等方面，也不能忽略了辅料、配件、安装等被认为细枝末节的方面，尤其是防潮膜、胶水、踢脚线三大方面。防潮膜紧贴地面铺设，可隔绝潮气、保护地板。考虑到国内大部分家庭都是在水泥地面上进行铺装，所以建议使用厚度为0.2毫米以上并具抗碱性能的防潮膜，因为水泥地面的碱性会腐蚀普通塑料薄膜，使其腐烂丧失防潮功能。胶水的质量直接决定了地板铺装的质量和使用的耐久性，专业的地板厂家都有配合自己产品使用的专用胶水。在铺装的过程中，业主最好监督铺装人员在地板的槽口内打满胶水，再用专用敲板敲实，使板缝处形成一条均匀的胶线。市场上的踢脚线一般高度为8～12厘米，选购时尽量选与地板颜色协调统一的，这样可提升地板的档次，营造整个居室高档的氛围。

（3）地板的防潮

木地板防潮、防翘确实是个大问题，不少业主家地板都有出现霉点、白蚁等症状，从而大大影响了木地板的使用寿命。放置竹炭的方法比以前放花椒的方法确实更科学有效，因竹炭有吸潮与保湿的双重作用，可使地板中冬天不会干裂，受潮气时不会过于潮湿发生霉变。而且竹炭可以用来抑制有害微生物、霉菌、螨虫、蟑螂、白蚁的生长，铺设竹炭后的地板可长期免于白蚁等蛀虫侵蚀。在何时何地放置竹炭也是有讲究的，在墙壁边、窗台下、门口处、地板与地砖接壤处需要重点铺设。因为这些地方，有的湿度大或是湿度变化大，对地垄的寿命、地板的使用影响都非常大。一般是在地板铺设前均匀洒在水泥地表，1平方米面积使用1千克的竹炭颗粒。

（5）地板尺寸不宜过大

很多人喜欢大气而厚实的长宽板，但这类地板并不适合小户型家装。无论是哪种类型的地板，即便是强化地板，每块地板上的颜色和花纹也不完全一样，那些拼接后展现出的色彩跳跃与花纹搭配正是为了产生自然的装饰效果。如果在较小的房间里铺设的地板尺寸过大，那色彩与纹理的跳跃度过于平缓就会显得呆板，使房间缺乏层次感而显得不够协调。按照目前小户型单个房间面积约20平方米的情况，地板的尺寸最好不要超过标板的大小，更不宜过大。

（4）不宜采用深色地板

人们在选择地板颜色的时候大多数都是根据自己的喜好或者主题风格，其实地板颜色对人们视觉效果以及对户型感知的影响很大。深色如果运用不好就会产生压抑感，而在中小户型中这种压抑会被进一步放大。所以相对来讲，浅色系的地板会产生开放的跳跃感，使人在

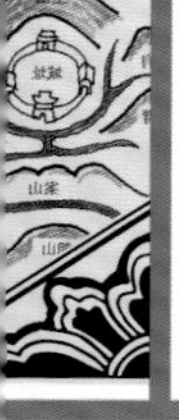

▲居室内地板的颜色以浅色为宜，能起到放大空间的效果，且浅色系的地板与家具也比较好搭配。

视觉感知中觉得户型变大了。而像橡木、枫木色等中浅色系，在很大程度上就迎合了当前户型结构的变化趋势。这些浅色地板的内张力，使得中小户型在获得更大视觉效果的同时也不失简约与温馨。而且现在比较流行多颜色拼花，双色或多色地板拼块设计，也可以左右人们对于户型大小的感知。如果房间铺设面积在20平方米以内，富有跳跃感的三拼地板会是不错的选择。

福运天天来

若是在二次装修时，想在地砖上直接铺地板。那么就要注意了，首先要确定地砖是否平整，一定要在十分平整的情况下，才可考虑铺设强化地板或多层实木地板。因为这几种地板采用的是悬浮式铺装方式，直接将地板通过卡扣的形式连接在地表上，并没有固定在砖表面。但如果是想铺实木地板，那么就必须将原来的砖敲掉。因为实木地板必须打龙骨，而砖的表面是无法固定住龙骨的。

5. 轻松在家办公——七个角落化身自由工作区

时代的进步使办公区域早已不拘泥于只在书房之中，越来越轻薄的笔记本电脑和无处不在的网络，让在家办公的区域更随心所欲。无论是在客厅、卧室、餐厅、楼梯边等等，家中各个角落都会成为工作区，此时只需要一个适合的工作台就可以了。

（1）长形书桌

书房的书桌可以是长方形的，这样更能节省空间，它可以随意沿墙边来放置，依据光线而选择座椅的角度。材质可以质朴的原木为主，呼应着书架的设计风格，使整个书房不仅书香点点，也充满着自然的气息。

（2）橱柜

一个漂亮的橱柜也可以具有工作台的功能，这样就能毫无痕迹地混进起居室或餐厅。推拉式的隔板，完全可以容纳一台手提电脑，而精心设计的柜门则隐藏了塞满杂物的橱柜和抽屉。

（3）餐桌

餐桌一般都设置在光线比较好的区域，有这么一个现成的空间，当然不能放着不用了。在这里办公是非常好的选择，同时，在餐桌一侧的柜格里，还能放下很多资料或书籍，以便随手翻阅。

（4）移动电脑桌

方便的可移动电脑桌是家里第二办公区的最好选择。它不占地方，能随时收起，高度和桌板的角度都能调整。桌板像书一样可以打开，用来放工作时的文件和水杯。它最突出的贡献是对健康有利，因为时常抱着笔记本电脑会有辐射，对人体健康有害。

（5）边桌

日常工作繁忙，即使回到家陪伴家人时往往也不得闲。电脑、手机总不能离手，手发邮件是家常便饭，更需要时不时查阅文件。此时

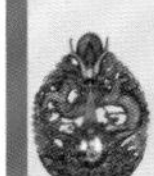

不妨在家中客厅沙发的旁边放置上一个小巧实用的边桌，可以摆放上临时的办公所需物品。边桌的高度和沙发高度相当，桌面虽不大，但足够放下15寸以内的笔记本电脑、手机或者文件。下部的设计可以允许它和沙发靠得很近，只需轻轻弯腰就能触摸到键盘，也可偶尔趴在上面写点东西，适宜的高度也不会让人觉得劳累。

▲可在沙发旁边摆设一个小方桌，平时可以放置装饰花瓶等，在需要运用这块区域时可将花瓶移走，瞬间就将该区域变身为一个工作区域。

（6）角落

相信家里总会有些零散的角落空间，只要充分运用我们的创意，就可将其变成一个可以办公的有用之地。如楼梯边角处，作为拐角区域，面积不小，可格局有限。不妨将它设置成一个家中的办公区域，做出一面内嵌式的书架放置书籍杂物，再摆放上一个长型书桌，灵活利用了墙角部位，再放上电脑、书本等办公用品和壁灯台灯等光源，一个舒适的办公角就打造完成了。在卧室角落的墙与墙之间容易成为空间利用的鸡肋死角。如果在夹角放一张紧贴墙的书桌，配上提升好心情的壁纸，即使没有窗户，工作也可以很舒适。

▲在空间允许的情况下，可在卧室中放置一个梳妆台，该区域也可成为一个自由的工作区，挑选带有抽屉的还能存放一些办公用品。

（7）梳妆台

都说睡前不适宜过度思考或是处理工作，但有时急事一来或是灵感乍现，都急需一个地方可以解决。不妨将卧室中的梳妆台兼做办公之用。此时只需要这个桌子多些抽屉、使用的面积更充足就可以了。可以考虑选择一些可以变身折叠型的桌台，这样可以让梳妆、办公两种功能转换起来更快、更方便。

6. 不必大动干戈让家焕发“青春”

在一个室内空间居住久了，对于家居环境也就没有新奇感了，这就是我们常说的“审美疲劳”。而如果要让自己的家重新焕发新的活力，其实是不必大动干戈的，适当的布置，可以选择一款新被单、一套新

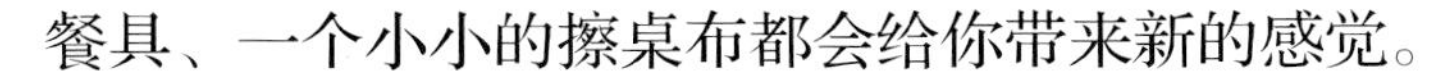

餐具、一个小小的擦桌布都会给你带来新的感觉。

（1）颜色是个先行军

在假期来临的时候最适合更换家的颜色了，特别是在夏天。何不将那些颜色厚重的窗帘、台布、床单、沙发垫统统收纳起来，换上象征夏天的白色、天蓝色，给自己一个度假的心情呢。窗帘、桌布等色彩的改变可以导致整个房间风格转向，采用接近海洋色的蓝色调，可制造视觉的舒适感，让人仿佛置身于清爽的自然环境里。起居室或者沙发上的靠垫可以换成柠檬黄、橙黄、天蓝等明快的色彩。如果喜欢活泼些的风格，则可以考虑清爽的水果或花草图案。还有浴帘，不妨换一个颜色更清爽的，让夏日的沐浴也有好心情。

（2）绿色植物来加分

要想亲近自然，感受清凉，又怎么少得了绿色植物呢。在阳台上放

▲一成不变的空间、老旧的家具让你出现了审美疲劳，那就试着在房屋内摆放两盆盆栽吧，让绿色植物为家装点青春。

些花卉盆景，到花开季节时会非常娇艳美丽，种些爬藤类植物，到了夏天藤攀阳台，会让阳台生机盎然，让人心旷神怡。或在客厅、厨房等室内摆放一两盆盆栽，即使不出家门也能享受自然带给我们的舒畅心情。

（3）墙面巧变身

墙面应是最容易做出变化效果的地方了。一般人会觉得墙面一旦上了颜色，自己如果不喜欢改动起来会很麻烦，所以一般都不对墙壁进行装饰。如果不想改变颜色，挂上一幅画也不错。卧室里挂上幅刺绣作品百合花，客厅里挂上一幅水墨画，书房里也可挂上一些励志的语句。房间里只要挂上一幅风格合适的画，立刻会让你的家蓬荜生辉。如果你喜欢现代简约风格，不妨来个手绘，还可从网上淘一些墙贴，墙贴造型很多，从花鸟人物到卡通风景，选好样子后根据自家面积量身定购，若是不喜欢了揭下来就可以了。

▲可根据居家的整体风格，在客厅的墙上悬挂一些装饰画，从而丰富墙面，赋予家居空间不同的感受。

（4）新用品带来新感觉

全方位的改造会需要大量的资金，但部分换装却不失为一个省钱的不错选择。以厨房为例，如对传统的锅碗瓢盆早已经没了兴趣，为何不把餐具更新换代。市场上普通的白瓷、强化瓷，好一点的如骨瓷，镶着金边刻着印花，光洁高雅的餐具，光是捧到手里就令人爱不释手。不如趁着周末或假期的时间，去买一套好餐具，让盛饭、吃饭这些司空见惯的瞬间也变得生动曼妙起来。还有洗碗布和抹布，赶紧把已经用了很久的抹布淘汰掉，如今生态竹纺的抹布不仅更柔软，而且吸附杂尘能力也更强，在勤俭持家的同时也要掌握家居用品的最新技术，让全家人的饮食更安全、更卫生。

（5）家具位置换、换、换

家居布置最重要的就是看上去要整洁、清透，家具一定要排列有

▲要让房间具有新的感受，可适当地更换餐桌、餐具等物品，为居室注入新鲜的视觉能量。

序不可过于复杂。要是觉得家具的位置摆放太没有新意，还可给家具来个“乾坤大挪移”。重新组合家具的时候，对称平衡感很重要。有大型家具时，排列的顺序应该由高到低陈列，以避免视觉上出现不协调感。摆放时还应按照前小后大排列，这样才能层次分明。

值得注意的是，在布置完家中的家具，确定了大的框架之后，对于家居饰品的筛选和摆放也要注意。家饰要和居家风格相互搭配，简约的居家设计就应该搭配具有设计感的家居饰品。如果是自然的乡村风格，就应该搭配自然风为主的家居饰品。

福运天天来

对于阳台的美化，除了绿色植物还可以购买稍大一点的家具来进行装饰。如果你家阳台够大，购买一套藤式桌椅就很不错，藤式桌椅舒服、贴近自然，闲时品茗、会友，真是不亦乐乎。如果家中有人喜欢下棋，不妨添置一个棋盘放在飘窗上，闲来和家人朋友来上几盘，自在惬意。

7. 营造浪漫居家氛围，升温爱情

终于有了一个自己的家，在过惯柴米油盐酱醋茶的居家小日子后，你是不是会担心爱情慢慢降温，婚前浪漫激情的日子一去不复返呢？想让爱情持久保温，提升浪漫指数其实很简单，这里教你六招“催情术”秘诀，营造出浪漫居家氛围，必能让你的爱人爱你爱不够。

（1）辅助工具——灯光

有人说：“爱情其实就是投进平静的湖中那一颗小石子”。这话不假，爱情是需要有点变化的。在平淡的空间中加上灯光的点缀，就能让空间顷刻充满梦幻色彩。在侧光映照下，空间会充满生命美感，如果房中有花及小饰物，还可以借着光影增加空间的深度，让整个环境

充满“浪漫”的感觉，释放空间的爱情魔力，想不升温都难。

（2）辅助工具——音乐

因为音乐是爱情空间里必要的背景，可以提升浪漫磁场，开发内在的能量，让人有恋爱的冲动感觉。而要注意的是，音乐最好选择轻音乐、古典音乐或大自然的音乐，可长时间播放的音乐，使人沉浸在“浪漫舒柔”的气氛中，加强恋爱的讯息，进而启动“爱的程式”。

（3）辅助工具——鲜花

鲜花在室内环境中摆置的位置需遵照“男右女左”的原则。男生请放在客厅的右手边(以坐在沙发的方向为依据)，放一束鲜花，不能

▲要营造居室内的浪漫氛围，可在客厅区域摆放鲜花，同时还可将布艺沙发的换成带有花朵图案的沙发套，赋予空间一种浪漫质感。

用塑料花代替。花瓣最好是大花瓣，而花瓶最好是瓷瓶或陶瓶，同时还要注意，不能让花枯萎，否则会影响心情。

（4）辅助工具——香薰

据心理学家的研究，我们的嗅觉会影响记忆的最底层，直接影响潜意识，并最容易开发出惊人的潜在能量。现代社会，芳香疗法逐渐被大家认可，其实芳香剂也具有改变空间能量磁场的能量。可在房间内点上一盏熏香炉，当人们在陷入浪漫或快乐的情境时，同时还能闻到芳香，放松心情。而当下次再闻到此香味，自然回忆起快乐讯息、爱的讯息，让自己保持浪漫的情绪。

（5）辅助工具——桌巾、坐垫、地垫、窗帘

环境随着摆饰不同会让人拥有不同的心情，从而给爱情更多的新意。可从桌巾、坐垫、地垫着手改变，接着就是窗帘，最好每季换个不同花色，使人能实际去感受这些小地方所散发出的爱情能量。

福运天天来

有些女生比较浪漫，有电影或小说中的情结，对其中描绘的浪漫情景情有独钟，此时如果能将这些讯息放置在最舒适的角落，自然唤醒爱的讯息，时间久了自然能开发出爱情的能量。

复式小户型 个性空间，双层体验 40～90平方米

除了一室一厅、两室一厅等经济户型外，针对小户型住宅还有一种复式的设计，最初的复式住宅是受跃层式住宅的设计构思启发而逐渐成形的，多以小户型为主，是一种带有创意感的个性经济住宅。这类住宅在建造上每户占有上下两层，房屋空间内由楼梯联系上下层。它类似于跃层式住宅，但层高要低、空间也更小。这种复式小户型住宅的出现打破了原有普通小户型单调的平面形式，把室内居住环境空间化、层次化，动静分离，功能分区更为合理。

复式小户型延续了小户型的特色，空间虽小，但只要找对设计路线，就能将小小的复式小户型打造成拥有宽广使用空间的大住宅，既节省了房屋的购置成本，同时也让居住者充分体验到楼中楼之感的双层空间。

1.复式小户型购买须知

分区完整的住宅，相对较低的价格，更多可变的空间，基于这种种的原因，让越来越多的人在房价高升的年代里更加钟爱复式小户型。它通过楼层的高差进行功能分区，给人一种“买平方得立方”的感受，但也正是由于可变性较大，在购买复式小户型住宅时就更需要擦亮你的慧眼了。

首先，要留意住宅的层高，这是最为关键的。据专业人士分析，层高在4.8～5.2米的户型才适合做复式小户型。这种复式的结构，尤其是二层赠送的空间的层高才能满足中国人平均身高的要求，不然就会使人感到压抑或出现弯腰、碰头的现象。

▲复式住宅由于层高的关系，在空间上往往给人更大的视觉感受，而在面积的整合利用上，则更多的给了我们进行创意的空间。

其次，要看它的使用空间和功能区域的划分是否完整，一般来说，复式住宅往往下层安排公共区域，供起居用，包括炊事、进餐、洗浴等，而上层则安排卧室，供休息睡眠用，也可隔出书房等区域，形成独立的空间，让户型的功能更完善合理。

再次，要注意这种房型的通风和采光问题，大部分这样的户型都是南北通透的，有整面的落地玻璃，这样才能保证上一层的阳光和通风；如果不是南北通透设计，购买时就应多多注意。

最后，需要关注所选户型的卫生间的安置或调整是否方便，因为不管是在装修设计上还是风水上，都不能将卫生间放置在房屋的中间区域，早做设想便能避免出现不能调整的一些硬件问题。

2.夹层空间规划的两大原则

复式小户型很受现代都市年轻人的推崇，除了价格上的优势外，它的独特之处还在于可通过错落有致的设计形成相对独立

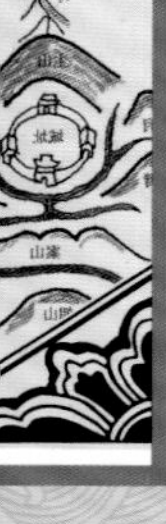

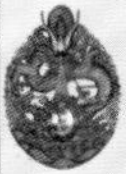

的空间，从而让生活更便捷。对复式小户型的装修，最要紧的是对室内空间合理规划，即通过夹层空间让整体空间呈现出拉长、拉高、拓宽的视觉效果。而要进行挑高的设计，则需要掌握以下两个夹层空间规划的原则。

（1）强调上下层之间的开放性

▲复式的住宅要让空间具有开放性，就要注意居室内功能区的安排，客厅一般都是在楼下区域，合理布置能让空间显得更宽敞。

复式小户型在平面规划上多用底层安排厨房、餐厅、卫生间，在二层安排卧室、书房等。装修时要注意上层和下层之间的关系，夹层的上部最好做成全开放或开放式的单间，这样能与下层的格局相互呼应。此时居住者站在上层视线也能轻松穿透整个住宅，拥有了开阔的视觉效果，心情自然更顺畅。

福运天天来

对复式小户型进行合理布局，强调上下层空间的开放，一方面可以避免两层住宅的彼此冲突，增加整个住宅的整体设计感，另一方面还能让居住者感到房屋瞬间开阔，活化室内环境，让整个住宅的空气流通更顺畅。

（2）空间需兼具开阔感和私密性

空间设计中的开阔感是指在有限空间中的视觉穿透度，而私密性则是指在相对独立的空间中能保有住户绝对的隐私权，不受他人的干扰和窥视。基于这个夹层空间的规划原则，在上层的设计时就必须将卧室和外面的起居室有所连接，同时还需要融合一些设计技巧，使空间形成半遮挡的效果，起到隔断的作用，从而达到兼具开阔感和私密性的个性设计。

3.复式空间减压五大口诀

从建筑设计上来看，复式小户型住宅在有限的层高空间中扣除掉地板以及夹层的高度，所余下的空间还要划分为两层，空间是非常有限的。要解决空间压迫感的问题就需要记住以下的五大口诀，有了它们的帮助，一定能帮你打造出集适用、舒适、美观于一体的双层复式空间。

▲对于复式住宅的挑高区域，可以安排为具有一定私密性的卧室或是书房，以求得一个宁静而自由的空间环境。

（1）切忌空间五五分

对于复式小户型住宅，要在原有的空间中增加出夹层空间，在夹层空间的设计上可采用

高低交错设计的方法。根据住户的需求，通过合理的布置，让隔出的夹层空间一个楼层高一些，另一个楼层低一些，且通常都是楼下要比楼上夹层高一些。通过这样的方法来安排空间的夹层高度，以减少空间的压迫感。切忌不能将高度空间进行五五平分，否则不论是使用时，还是视觉上的空间感，都会令人感到压迫。

（2）开放的夹层隔间设计

在隔间设计上最好采用开放式的设计方法，由于夹层屋高度不足，本来就让人觉得空间较狭窄，若是再采用封闭式隔间会让空间变得更加压迫。除非房子单层的面积本来就够大，否则一定得采用开放式设计。

（3）部分挑高放大空间

复式中的夹层挑高部分不能全部做满，整体挑高既不符合复式建筑的相关规格，会对整个住宅楼的结构造成威胁，也不利于室内空间的规划安排。应将挑高的部分局限在于一个相对单一的功能区域，可在卧室或书房应用，也可以是一个小小的起居空间，但面积一般只能为整体面积的1/3，让挑高的部分形成对比，烘托空间。

（4）用好颜色放大空间

在小户型住宅色彩的运用上有一个可通用的方法，即采用浅色系为主的颜色。因为颜色也会影响空间感，若是屋内装修的颜色太深，会让空间更具无形的压迫感。同时，还要注意夹层屋空间天花板的设计，不能太过繁复，尽量简洁的同时也可做放空处理，有助于减少空间压迫感。

（5）运用大面窗开阔空间

复式小户型在夹层空间上若是挑高不够会让人的视野受限，从而感觉到压迫感。可运用大面积的透明玻璃窗设计，让屋外的景观延伸至屋内，此时站在室内的任意一个角度，视野也会因为窗面的效果变得更为开阔，从而起到放大空间的效果。

▲复式住宅里很多都运用了大面窗的设计，这种方法能增大室内空间，同时也让居住在其中的人感觉到视野开阔。

福运天天来

在快节奏的现代生活中，室内空间需要具备放松身体和缓解压力的双重功能，适宜的居家布置不仅能让室内空间有效减压，还有助于藏风纳气，聚集正面能量，可以让人减少烦恼、远离忧虑，保持积极乐观的情绪。

4.复式小户型底层空间整合术

复式小户型住宅在整体的装潢设计上，最关键的是如何对下层空间进行合理的分隔利用，通过合理的规划让室内空间得以延伸，视野不被束缚，创造更开阔的空间效果，真正做到为居住者提供便利，既节省空间，又能将住宅彰显出居住者的个性。

（1）隔出玄关

在住宅的功能分区上，刚一进门的区域叫做玄关。它是住宅的咽

喉地带，是从大门进入客厅的缓冲区域，让进入者静气敛神，同时引气入屋，在复式住宅中隔出玄关的空间对居家布局是非常重要的。

▲要不管是复式的还是平层的住宅，玄关区域都是非常重要的，要整合空间，就要想办法隔出玄关区域，同时也可加以植物进行绿化。

从实用性来说，可在正对大门处摆放一个屏风，或在大门侧边制作一个吧台式橱柜，形成遮挡的空间，即隔出了玄关区域。同时，半遮挡的空间具有遮掩作用，令外人不能随便在大门外观察到屋内的活动。有玄关在旁护持，人在住宅里会觉得安全性大增，不怕隐私外露。

从健康的角度来看，从大门入宅的空气应尽可能在屋内回旋，为住宅充分利用后，才慢慢流出屋外。倘若大门与阳台或窗户形成一直线，空气直入直出，易形成疾风，对健康不利。而补救之法，是在其间设一玄关，设法令大门之气转向流入屋内，而不直接从阳台或窗户流走。

（2）明朗客厅区域

客厅是家中迎宾待客之地，是一家大小聚集、聊天、放松和休息的多功能合一之地，同时也是连接餐厅、厨房、厕所等空间区域的一个纽带，通过材质的运用，区分出明显的客厅区域，使其明朗化，能

让居住者的视觉更加开阔。需要注意的是，在复式的夹层设计时，客厅区域避免使用吊灯照明，以免造成空间的压抑感。

（3）隔出餐厅

在复式住宅的下层空间里，隔出玄关后还可在内明堂中设置一个小小餐厅，可以安排在厨房与客厅之间，以尽可能节省食品从厨房到餐桌，以及人们从客厅到餐厅所耗费的时间和空间。如果是客厅兼餐厅的格局，在空间上应该有所分隔，可以用矮柜、组合柜或软装饰作半开放式或封闭式分隔。也可以利用玄关、屏风将区域划分得更明显一些，并借助顶面、地面、灯光的变化达到理想的划分效果。

从居家布局来讲，设置餐厅有以下几个好的位置，即住宅的东、东南、南与北方。餐厅的方位必须根据具体的情况进行选择，才能营造出良好的用餐环境。最好的餐厅位置是设在东南方，因为此方位空气足，光线好，比较容易营造出温馨的就餐氛围，有益健康。餐厅也适合设在住宅的东方，这个方向是太阳升起后最早照射的地方，能给

▲复式住宅的餐厅区域可安排在底层，可利用复式小户型楼层高的特点，对餐区的墙面进行装饰，带来不一样的用餐感受。

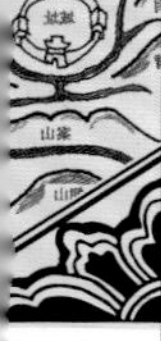

人勃勃生机和活力。如果在此方位吃早餐，更能激发家人积极向上的进取心。

5.厨房和厕所巧规划

复式小户型中厨房和厕所的面积一般都不会太大，也正因为其小，空间的规划就显得尤为重要，合理安排与利用空间，能让你的厨房和厕所变大许多。

同时也可根据厨房条件，通过对造型、材料、色调等元素的组合来塑造视觉效果，让厨房产生开阔的空间感。还可利用厨房的用具或地面瓷砖上的横线营造宽度感，竖线则可增强高度感。

如果厨房兼有餐厅功能，就应该创造一个整洁、优雅、能诱导食欲的环境。可选用简洁、明快、造型舒适的厨具，在墙上挂一至三幅食品、花卉静物摄影，于适当的墙面处装设一盏造型雅致、灯光柔和的灯具等等，为厨房空间增添美感。

▲复式住宅的厨房也可规划在底层空间中，而由于底层部分区域的空间限制，可结合灯光、植物等对厨房区域进行装饰。

要保证住宅的整体布局，还应对

福运天天来

将厨房设置在住宅底部，通过合理的厨房布置，为主人烹调创造了操作方便、提高效率、节约时间的有利条件。结合新鲜的材料、精细的做工、整洁明亮的环境即可制作出美味健康的食品，在保证了屋主的身体健康的同时也让屋主拥有了良好的心情。

厕所的位置进行规划，为了住户的方便，应将厕所设置在复式住宅的底层，可将其布置到厨房的斜侧，避免厕所门正对厨房门，影响屋主的健康，同时还要注意对厕所的清洁，及时打扫清洁，方能消除秽气。

6.楼梯设计的三大技巧

既然是复式住宅，当然离不开连接上下空间的楼梯，而楼梯在室内空间中的摆放位置、造型样式等的设计都是非常关键的。运用得好不仅能起到连接空间的功能作用，同时也能辅助营造出空间的层次感。下面针对复式小户型住宅中楼梯设计的三大技巧进行归纳，从而激活你的灵感，让“楼梯”的设计更加灵活多变。

（1）一字形钢结构楼梯节省空间

复式小户型住宅中一定会有楼梯的空间。楼梯在功能上要起到连接上下楼层空间的作用，同时需要在设计风格上进行把握，需要服从于整个住宅空间环境的总体设计风格，使之和总体设计融为一体。出于对室内空间和层高的尺寸的考虑，楼梯样式的选择显得更为重要，需要针对不同的户型进行具体的设计。

楼梯的设计形状主要有直形梯（即我们常说的一字形楼梯）、弧形梯、旋形梯和折形梯四种，楼梯的样式会直接影响到室内空间的使用面积。针对复式小户型住宅，选择一字形楼梯是最省空间的，同时在

装潢风格上可以加上钢结构设计，会让整个空间更具穿透感。

（2）折式楼梯让空间更具层次感

楼梯主要由受力的曲梁、踏步、扶手和栏杆四大部件组成的，聪明的设计师会将这些部件有机地结合起来，设计出集功能与美观为一体的楼梯。而针对小户型住宅，为了让居住者上楼和下楼更方便舒适，楼梯需要一个合理的坡度，若楼梯的坡度过陡，不但不方便行走，还给人一种“危险”的感受，所以楼梯坡度最好是缓坡，给人拾级而上的感觉。此时就可以采用两折式的楼梯，即常说的折形梯，这种楼梯会让空间看起来更具有层次感，此外在上层空间设计中，还应考虑居住者的身高，如果房主身高比较高，就可以选用折式楼梯，通过楼梯的高度拉高，让楼上的卧房空间更大，能让居住者直立的进入到空间中。

▲复式户型中楼梯是必不可少的，它能起到连接上层和下层空间的功能效果，同时还可结合一些装饰，让楼梯区域也很有个性。可以是简单的一字形楼梯，还可以是具有特色的弧形梯。

（3）楼梯设计在屋中央区分空间

在复式住宅的布局中，楼梯的位置很重要。一般的摆设方式都比较随意，要么靠墙要么将楼梯安置在进门处，这些都不是最好的解决方法，针对较小面积的复式住宅，可通过楼梯来变换空间。通过将楼梯摆在屋内正中央，从而将底层的空间区分为两个明显的使用空间。一边可作为客厅，另外一边则作为工作室、餐厅或厨房，楼梯下面还可作电视柜，用来放电视，这种设计方式不失为一种节省空间的良方。

7.装饰画与居室的搭配诀窍

装饰画的布置于居室的搭配非常重要。如果搭配得当，将使居室大放异彩，生活品质也随之提升。下面整理了几个搭配的小窍门，合理使用能帮你打造出一个非常有品位的家。

（1）找准摆放位置

不管是自己回家还是有客人到家里来，在进入家门后，视线的第一落点就是最适合放置装饰画的地方，这样才不会显得家里墙上很空，同时还能产生新鲜感。

（2）角部装饰画改变视线方向

过去人们以为装饰画只能摆在一面墙的正中部，然而在现代设计中，很多设计师喜欢把装饰画摆放在角部。角部即室内空间角落。角部装饰画对空间的要求不是很严格，能够给人一种舒适的感觉。在拐角的两面墙上，一面墙上放上两张画，平行的另一面墙放上相同风格的一张画，形成墙上的L型组合，这种不对称美可以增加布局的情趣，室内也不会有拘束感。同时，角部装饰画还有通过视线转变提醒主人空间转变的作用，从客厅到卧室的途中摆放装饰画，还能起到一个暗示指路的功能。

（3）使用抽象装饰画提升空间感

随着人们审美情趣的提高，挑选家居饰品时也要符合室内整体装修风格。时下越来越多的人喜欢创意家居的现代装修风格。这也让抽象画这一体系进入到人们的考虑范围。虽然很多人都看不懂抽象画，不过在现代装修风格的家庭中，抽象画却能起到点睛的作用，特别是体现现代风格的家装配上简单的抽象画，能够起到提升空间感的作用。

▲在空间感较强的复式户型中，客厅的装饰画也是必不可少的，可结合室内的整体风格来挑选装饰画。

（4）装饰画形状要与空间形状相呼应

如果空间墙面是长方形，可以选择相同形状的装饰画，一般采用中等规格的尺寸即可。如果有些地方需要半圆形的装饰画，只能在画面上做文章了，如可以留出空间，因为现在市场上还没有半圆形的装饰框。

（5）色彩选择有忌讳

装饰画不但可以摆放在客厅内沙发后面，电视机后的墙面上，卧室内，还可以摆放在厨房、阳台上。不过值得注意的是，在摆放时要根据不同的空间进行颜色搭配。一般现代家装风格的室内整体以白色

▲楼梯区域是一个很好的装饰区域，可悬挂带有创意的装饰画来丰富该区域的墙面，这也给人一个近距离接触这个绘画的机会，以便细细品味。

为主，在配装饰画时多以黄红色调为主。不要选择消极、死气沉沉的装饰画，客厅内尽量选择鲜亮、活泼的色调。

（6）带有创意的楼梯装饰画

对于复式的住宅，楼梯是必不可少的。在楼梯放置装饰画能够提高整个居室的艺术气质。此时，不管是人正在上楼梯，还是从远处看，都能起到很好的装饰效果。为了让这个区域更具设计感，还可请专业人士直接在墙面上画图案，这种方法很有创意，可以按照自己的想法设计画样。另外，如果面积不大，可以在楼梯转弯处随着楼梯的形状摆放不很规则的装饰画，效果同样也不错。

福运天天来

装饰画是居室中最为常见的摆设，很多人觉得它无足轻重，不将它放在心上。然而事实上，这个小小的装饰画却是暗藏玄机，摆放得当，它们有助于整体布局；摆放不当，它们却会影响美观，带来不和谐之感。因此，一定要谨记装饰画的搭配诀窍，不求风生水起，但求安居长乐。

第五章 掌握租房必备知识

随着社会的发展，出现了越来越多的『移民』城市。在这些城市中，本地人的比例非常少，多数是外来的人口。所以，出租屋就成为应时变化而出现的『产物』，也是现代很多人选择的一种居住模式。而对于出租屋而言，也是可以结合整体设计布局来进行选择和改造的，同样能打造出祥和吉利的出租屋。

租房的七大忌讳

▲选择出租屋时一定不能贪图便宜，而应选择布局较好，适合个人情况的房屋。

租房也与买房一样，都需要小心谨慎。因为即使不是要购买它，但在接下来的很长一段时间里，你都会居住在这个屋子里的，所以房屋的布局也会影响你的情绪。下面整理出租房时的七大忌讳，赶快来看看吧。

1. 不贪便宜

正所谓“天下没有免费的午餐”，在选择出租房时，就不能贪图房租太过便宜的房屋。一般低于市场行情的房子，必会有不利市场或租房方面的各种因素，不利于人居住。

2. 不近庙神

在住宅附近有寺院、教堂等一些宗教场所都是不好的。且教堂、寺庙都是神灵寄托之所，会令附近的气场或能量受到干扰

而影响人的居住。宗教场所会有大量的人流，会影响附近居住者的休息及健康。

3. 不靠坟场

如果不是本地人，在外地人生地不熟的情况下，选择出租屋就更应该多方打听，要小心房子周围有你不知道的坟场。如果要出租的房子靠近坟场，最好不要选择这样的住宅。

4. 不住暗宅

对于一些没有窗户或是窗户很小的住宅，要是在房屋的朝向上也不对的话，就很容易出现大白天开着窗户屋内也暗淡无光的情况。由于光线不能顺利进入到室内，所以光线暗淡，这样的住宅属阴暗之宅，阴气过盛，阳气不足，最好不要常住。同时，如果房子太老，容易出现建筑的质量问题，成为危房，也是不适宜居住的。

5. 不住孤宅

所谓“孤宅”，本意上是指单独的一间房屋，在该房屋周围没有其他住宅的房子。这样的房子由于出入的人少，阴气也会比较重，也是不利于人居住的。

还有一种情况也称为“孤宅”，比如新建的楼盘，只有一家或少数几家人居住在整栋公寓里，这样的情况也可以说是孤宅，同样是人气少，比较不利居住，不过这种情况也会随着公寓入住率的提高而有所改善的。

6. 不靠深山恶水

租房的时候还应该注意，最好不要租住在靠近深山恶水边的房屋，这些地方都比较容易聚积阴气，于健康不利。同时，与高架桥同行的住宅也不适宜居住。

7. 不邻病家

如果是租单身公寓，则不存在与病家为邻的问题。而如果是与人一起合租，则有可能是和房东或是其他的房客一起住在同一个住宅空间中，此时在选择时，如果房子里住了重病或是久病不愈的人，这样的住宅也最好不要选择。

租客必看八条“潜规则”

现在很多人租房都是通过中介机构进行的，在房屋中介带你去看房的时候，你就需要擦亮慧眼了，需要对房屋进行方方面面的考察，才能避免在租房后才发现原来没发现的不良之处。下面收集整理了八条看房潜规则，希望能帮你避免一些租房中的小问题，让你租到合心合意的房屋。

1.不看建材看格局

租房时进入到房间内，首先看到的是房屋的整体装饰，如果是装修比较精致的房屋，此时也不要被漂亮的建材迷惑了你的整体感官，应该理性地分析房间的具体使用情况，查看其功能区域的安排，更要

注重房屋的整体布局是否合理，应以实用为前提。

2.不看墙面看墙角

在看房时，一般比较好的出租房在墙面上都是比较平整的，就算是有隐患也进行了适当地修整。此时就需要认真查看墙角的情况了，通过查看墙角就能看到墙面是否平整，有无龟裂或渗水的现象，这些情况都会在墙角部分暴露无遗。同时还应该查看房屋装修时的墙面接角、天花板、窗沿等处，做工是否细致，这些东西虽然是细微之处，却真真实实地影响着你住进房间后的直观感受。

3.不看晴天看雨天

有的人在找房的时候如果遇上下雨天，在不是非常急着找房子的情况下，就会因为天气的原因推迟看房的时间。殊不知看房就应该看雨天的情况，因为再好的伪装也敌不过雨水的冲刷。如果房子存在漏水、渗水的问题，在下雨天就会更明显地表现出来，特别是有些较老的房屋，若刚好是在顶层，就更应该关注房屋的渗水、漏水的问题了。

4.不看电梯看楼梯

现在很多公寓楼都有电梯，电梯只要性能安全，能保证日常的运行就行了，此时还应关注公寓楼梯的情况，如楼梯间的出入口的位置、楼梯的坡度会不会太陡、楼梯间有无照明设施等等，因为在发生意外灾难的时候，这些问题才是影响逃生的关键因素。

5.不看窗帘看窗外

有的人看房子，看到有窗帘的地方就会注意窗帘的美观程度。当然这也是需要注意的，但是这些都是住宅的“软条件”，是可以通过后期进行改变的。此时租客更应该注意窗外的情况，一定要拉开窗帘看一下室内的通风、采光是否良好，同时还需注意窗口是否邻近公路的方向，有无噪音等情况。

6. 不看家具看空屋

虽说家具是居家生活的必需品，但从根本来说房屋本身才是影响人生活的真正空间。要了解一套住宅的好坏，首先要从房屋本身来观察，看它的格局、大小、形状、建筑质量等是否正常，是否符合好住宅的标准。如此，观察清楚房屋的真面目后，再看房屋的家具配置等是否符合生活所需，最后再考虑是否租住。

7.不问屋主问门卫

任何房屋在屋主的眼里都是好的，因为他购买了这个房屋，当然是因为觉得好才购买的。而任何中介机构的人也都会说他所推荐的房源是最好的，因为你的决定与他们的销售业绩是相关联的。那难道就找不到说实话的人了吗？别急！想要了解房屋以及周边的环境、邻居的情况等这些问题，此时可以询问住宅小区的管理员或门卫，他们在这边待的时间比较长，也与住户没有直接的经济关联，所以他们的回答应该是最真实可信的。

8.不看装修看电器

看房时还得谨记，不要一味地关注房屋的装修，为了以后居家生活的安全、方便，也为了不在居室的琐事上浪费时间和金钱，应该更关注出租屋里的电器设施。可以分别查看房间内电器是否能正常使用，如电视机、冰箱、空调、热水器等，查看这些电器设置的使用年限是否超出规定年限，若有超出则请房东更换，以免出现安全隐患。

9.不看客厅看厨厕

从功能上讲，客厅可以看做是房子的门面，而厨房、厕所这些区域才是房子真正的“内部器官”。一般情况下，房子的水、煤气系统都在这两个区域中，也是最容易出现问题的地方，所以应该仔细查看以免留下隐患。

10.不看白天看晚上

繁忙的都市，白天大多工作在外，很少呆在租住房子内，晚上才会返回房屋休息调整。要了解租房的好坏，白天看完房型、外部环境等因素后，晚上最好再看一次房，了解入夜后住宅附近的噪声、照明、安全等情况，因为这些因素才是对你租房生活影响最大的因素。

出租房的装饰方法

总的来说，完全符合格局要求的房子是不多的，而且出租屋不是居住人拥有产权的房屋。同时出租屋又不是居住人自己经手装修的，所以在如大门的朝向、住宅周围的地理环境、房屋中的一些固定的设施等这些“硬件”条件是没有办法改变的。要改造出租屋的布局，就应该从细节入手，以下列举了一些出租房的装饰方法，供大家参考。

1.增亮明堂区域

不管是自己的住宅还是出租屋，居室内的房门外属于外明堂的区域；而房门内的空间属于内明堂的区域。要调整家居布局，首先就需要调整这两个区域，如果条件允许的话，可以在房门外或门内的天花板位置增加一盏投灯，使其直接照射在门上，补充足够的光源。这种方法可以增加明堂区域的照明效果，让比较小的房间有一个宽敞明亮的感觉，同时也可以用补强灯光的方式来建立能量磁场，既不占据空间，避免出现适得其反的问题，又可以改善不足之处。

2.养成良好收纳习惯

对于小户型的出租屋，在房门内的内明堂位置不要堆积杂物，不能让这些物品挤压空间，使得通道受阻，影响进出的方便。同时，内明堂区域内还不能放置垃圾桶，否则会败坏内明堂的环境，让优质的空气无法汇聚而来。

要有效的收纳，首先要善用空间，增加收纳场所，上至天花板，

下至地板，一切家具、电器用品的顶部、内部只要保证安全，均可利用起来作为收纳空间。如在客厅墙壁上设置搁板和陈列盒，把不用的东西收纳在陈列盒内，再放在搁板上，有序整齐地排列，既实用又不会破坏客厅整洁的形象。其次，要善于利用小型收纳道具，即可用于收纳，还可用于居家装饰，收纳装饰两不误。再次，要学会分门别类放置物品，并养成物归原处的好习惯。此外，还要从根源出发，学会遏制自己的购物欲望，购物前要思考物品使用的长久性，以做到物尽其用，避免购入过多没有实用性的物品形成堆积。

3.调整家具摆放

租到住宅以后，还可通过改造室内环境，对房屋内家具的摆放位置进行调整，从而让室内气流可以温和循环。这样既能让房间具有自己的“感觉”，也能对是室内装饰有所帮助。

在安排房间内的空间时，要尽量拉开床铺与房门的距离，可以拉开、拉远一点，让空气可以在房门与床之间缓和地流动，有助于个人的健康。如果床与房门之间的距离太狭窄，空气流通不够舒畅，一开门，空气就直接冲击到床铺，个人健康会受影响。

如果空间还足够的话，床铺左右两侧最好也留下少许空间，让空气环可以盘绕于床铺周围。

如还有空间的话，一定要再摆设一个梳妆台、书桌，这样有利于个人的提升。如空间不够用，则可将梳妆台与书桌合并使用。摆设梳妆台和书桌的位置点很重要：一不能影响动线，二与房门要拉开一定距离，三要在一个很安稳、无胁迫的角落，才能稳定个人情绪、稳步提升自我。

4.选用植物

在日常生活中，人们都喜欢用绿色植物来点缀家庭环境，其实植物不但能净化空气、美化环境，某些植物还能带来好心情。

▲兰花

（1）兰花

寓意：聚合人气、掌握权力，也可拓展人际关系。

注意：兰花不好养，要多花心思照顾。适合放在办公室。

（2）菊花

寓意：菊花有延年益寿，增加福分的象征，有助于气场磁场的稳定。

注意：长寿菊、大波斯菊、非洲菊都适合放在家中，但要注意阳光照射的问题，虫害也要留意。

（3）金橘

寓意：金橘黄澄澄的模样，有代表金银财宝的涵义，对增加财源颇有帮助。

注意：不要把金橘拔下来，枯枝落叶更要时常清理。

（4）水仙花

寓意：避邪除秽、带来吉祥如意，同时也可招财。

注意：水仙在没有开花前，宛如一根大葱，要保持它的新鲜，非常重要。

（5）富贵竹

寓意：又称“万年竹”，是受欢迎的“摇钱树”，象征招财。

注意：不要浇太多的水，免得根部因此而腐烂。

（6）松柏

寓意：所谓“迎客松”，是利用松柏长青的特质，促进人际间的和谐气氛。

注意：要有充足的阳光照射，不可放在阴暗的角落。适合放在办公室。

（7）仙人掌

寓意：增加自我防御能力。

注意：带刺的仙人掌不适合放在卧室，否则会带来危险。

▲非洲菊

▲金橘

▲水仙花

▲富贵竹

▲松柏

▲仙人掌

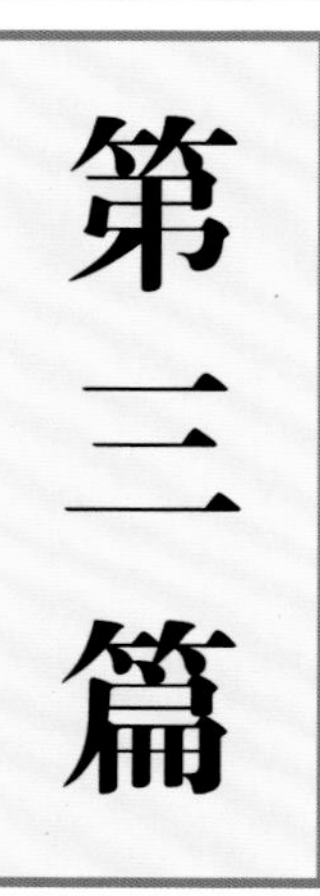

居家布置

好装饰带来好心情

我们都知道有句话叫“细节决定成败”，其实，不管是细节还是整体，在布置居室时，除了要求美观、适用外，也要与家居装饰相契合，这才能最终断定住宅整体风格。特别是小户型的住宅，在先天条件上会有所不足，所以在居家布置上，就应该更引起注意，这里分别针对不同的情况介绍了相应的家居布置、布置宜忌、布置要领、技巧等，为你完全解析不同要求情况下的居家布置，打造出更适合人生不同阶段的家居环境。

第一章 美满婚姻从现在开始

古诗有云：『桃之夭夭，灼灼其华，之子于归，宜其室家。』可见，古人认为爱情的最终归宿就是走入婚姻生活。而要从恋爱走入婚姻，让有情人终成眷属，还得注意住宅中方方面面影响婚姻的装饰设计，才能有一个美满的婚姻。

婚房的选择与布置

婚姻之于爱情就像婚房之于婚姻，都需要一个“家”来作为保障。所谓“无房不成婚”，要缔结幸福的姻缘，与心爱之人共同走上红毯，建立起一个温暖的家，除了有婚礼的仪式外，还要有一个归属地，这就是“婚房”了。在中国人的传统观念中，婚房的选择和布置很有讲解，除了符合设计布局讲究外，其装修和布置要格外细心，唯有这样才能保证这段婚姻的圆满和幸福。

1.婚房选择要慎重

置业买婚房，经济考虑应该放在首位，要量力而为。现代“待婚族”大多是80后，大多数人都需借用父母的积蓄，以及向银行申请大笔贷款，才能圆购房梦。这种情况下，就应从经济实力出发，切勿“好大”而不考虑经济承受力，为今后的生活添加负担。

此外，作为婚房，最好是新房，如果是旧房则需要进行改造。从户型看，应注意避免不规则户型，尤其是缺角的房子，即不是方正的房子。如遇到了这样的房子，要先精心设计，需调整改造好后方能入住。

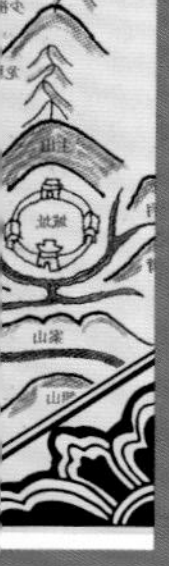

2.红色不一定适合所有婚房

一般来讲，婚房的装饰都喜欢用浓烈的大红色，以图喜庆，但从色彩学角度上来讲，大红色也并非人人都受用，选择用浅红色调也是相宜的。而如果婚房是在整个屋宅的南方位置，也不宜采用正红色调。

而且艳丽的红色容易让人产生疲惫感觉，不利于休息，所以婚房颜色也一定要全部使用大红色，可以柔和的颜色为主，再搭配红色，也能营造出婚房温馨喜庆的氛围。

▲婚房的布置与其他的卧室不同，颜色上可以采用喜庆的红色为主，还可适当搭配其他的颜色，如粉色、白色等等，让房间的色彩更具层次。

3.婚房植物有讲究

婚房要选择宽叶植物，避免那些尖利、有棱有角的植物。这类植物存在危险性。此外，适宜的植物也不宜多摆放，因为像花草、水栽植物、鱼缸这些东西，有时也会沾染灰尘，为新婚夫妇带来更多的家务。

4.礼物慎摆放

新人们都会收到诸多新婚礼物，从美观角度来看，这些收到的礼物并不适宜全部摆放在婚房中，很可能这些礼物中的某些会喧宾夺主，反而对新居装饰不好。可将其安置在其他的场所，以免去许多不必要的麻烦。

5.婚房需要先行闹“洞房”

婚房装修、布置完毕后必须先热闹一番，千万不可等到真正进“洞房”时再闹，那样的话，新婚夫妇对新房还存有陌生感，有可能大喜之日却睡得不舒坦。

6.婚房家具要规矩

时下的年轻人多喜欢追求潮流，在婚房家具的选择上，可能会标新立异一些，这也无可厚非。但值得注意的是，一些形状不规则的家具尽量不要选用，否则容易使用不方便，严重的还会导致夫妻生活不和谐，所以在家具的选择上可得更加用心了。

7.传统风俗要细辨

传统风俗是在婚房的门上要贴喜字，在房间内要放水果篮、气球、子孙桶、花生、枣等物件。值得提醒的是，若是“奉子成婚”的小夫

▲在婚房的布置上也有很多细节的讲究，可更换红色的墙面、家具、床品等，都可以将房间展示出婚房的效果。

妻，则要小心使用子孙桶、花生、枣之类，以免引起不必要的麻烦。

8.婚房物件禁忌

婚房不能挂脸谱类物品，如面具、牛头、羊头等，否则会引起惊吓。同时，如从皇帝陵旅游时淘来的东西、前任男友或女友所赠之物、玩偶等、在不恰当时机所拍的照片等，都不宜保留，这些对装饰都是不利的。还有，由于镜子也不可放置在婚房中。

9.婚房床头不冲西

从科学的角度来看，婚房床头不冲西，若是床头向西摆，则会对新郎、新娘的健康不利，若是实在不能调整，那只能就寝时头朝东而眠。

10.旅行结婚图片慎上墙

若是没有大办婚礼，是旅行结婚的话，那在旅行途中拍摄的图片也不能悬挂在婚房中，这是因为有可能由于拍摄不慎，沾上寓意不好的“景色”，若是悬挂在婚房中，有可能会导致新婚夫妇心情不佳。

11.床头柜不要摆放音响和手机

床头不能对着卫生间，床头柜不要摆放音响和手机，于卫生习惯也不符。

12.婚房的床前不可向卫浴之门

婚房的床不可正对卫浴门，否则对新人的身体不利，与卫生习惯也不符。

幸福婚姻的居家布置

有人说婚姻是一件华丽的外衣，看着好看，舒不舒服需要穿在身上的人才知道。其实，当恋爱的美好被柴米油盐磨成了细碎的温暖、琐碎的平常时，那才是生活真正的味道。在经历了浪漫的恋爱、开心的婚礼和蜜月之后，相对来说，婚姻生活是比较平淡的，而要在这样的平淡中活出滋味，让婚姻生活更加幸福美满，那不妨让居家布置来为你们的婚姻生活加分。

1.植物来加分

通常结婚后的第一年被称为“纸婚”，这是一种客观的形容。毕竟两个各自生活了多年的人，从不同的家庭、环境中走来，拥有不同的生活习惯、不同的朋友圈，走到一起后不管是双方的脾气还是性格其实都是需要磨合的。在这个磨合的阶段，争吵是难免的。夫妻双方都需要时间和耐心来适应对方，而在这种有点带“硝烟味”的地方，要凝聚夫妻感情，减少摩擦，摆放植物是最好的选择。

此时可以选择寓意吉祥的绿植，由夫妻二人一起种植，最好是在植物还很小的时候就开始培养，制造生活共同点，植物在夫妻二人的共同呵护下长大，这些都对增强感情有所帮助。而在植物的选择上，可以是百合、玫瑰、兰花等，因为百合寓意百年好合，同时也是新婚夫妻爱的誓言。而玫瑰花美但有刺，正比喻如果不小心，感情也许会

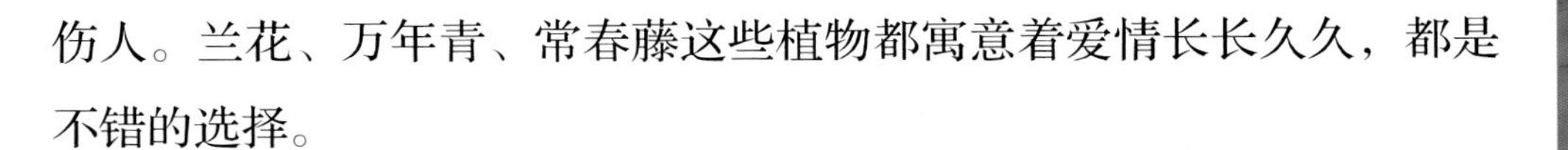

伤人。兰花、万年青、常春藤这些植物都寓意着爱情长长久久，都是不错的选择。

2.合理摆放新婚照

对于刚结婚的两个人来说，只有结合了地利、天时，夫妻之间互相尊重、宽容爱护，两人才能幸福长久，所以，结婚照的摆放也尤为重要。一般情况下，摆放新婚照，客厅为上选。因为客厅是居家生活中的主要活动场所，一般主人的个性都体现在客厅的装修和布置上，而结婚照是象征着二人感情，新婚的情况下两个人的感情都处于喷涌期的状态，所以会喜欢把结婚照摆放在客厅。

同时，也有很多人喜欢将结婚照片放在床头，代表夫妻间有良好的感情生活。

▲有的人也喜欢将结婚照摆放在床头或悬挂在墙上。

▲客厅悬挂的艺术画可以配合家具的风格进行搭配，可以是写实的、抽象的、田园的，都能为家居环境加分。

3.艺术品来加分

对于刚刚新婚的人而言，在这个凝聚幸福与甜蜜的新家中，当然少不了艺术品的踪迹，这些小小的饰品能为新房的风水大大加分。下面我们就来看一下适合新婚夫妇在室内摆放的饰品到底有哪些。

一般对于新房饰品的选择会挑选一些图画，营造和谐的居家环境。这些图画的颜色一般以温润的中调色彩为主，在风格上建议选择一些含义明快的画品，若是喜欢色泽鲜艳、追求视觉冲击的新人们，可以选择花朵图案的挂画，为家庭注入蓬勃活力。但要注意尽量避免尖角过多、线条过硬的设计品，以免与新婚的温柔缠绵不协调。

4.灯光来加分

新婚第一年，好比家庭大厦的基石，坚固与否直接关系到今后的

幸福，所以需要好好维系。在灯光的布置上，特别是卧室的灯光，应尽量使用间接光源。睡房是休息的地方，需要宁静的环境，可是两人的睡眠时间难免会不统一，这虽然是一件小事，但如果一个人的休息总受到打扰，难免会心生不满，产生感情裂痕。所以，睡房内尽量使用间接光源，会比直接的照明光源更体贴对方。

和睦婆媳关系的好装饰

婆媳之间的矛盾似乎是婚姻生活中一个不可避免的问题，不管是生活习惯的不同还是来自双方不同的心理因素，都注定了这个纠结点持续、广泛地存在。而要让婚姻生活更加幸福美满，当然就得勇敢地面对了，就像婚姻一样，除了要相互忍让，适应磨合以外，装饰上也有很多方法可以化解婆媳之间的矛盾。

1.调整房间方位

婆婆住的房间方位一定要选对，这个位置有助于婆媳关系和谐。如果婆婆的睡房是在房屋的西边，媳妇的睡房就应该在房屋的东北方。另外，如果婆媳是分住在两栋房子里面的，这样就要以媳妇的方位来看了。假如媳妇的房屋是在西边的话，那么婆婆的房屋就应该在东北，这样婆媳关系会很和谐。

2.乐器来助阵

在装饰学的秘诀中，乐器是最有效的用品。只要在大厅中放置一些乐器作为装饰，一方面可以美化居家，另一方又可以有效地化解婆

媳矛盾。一个喜好音乐的家庭很少有婆媳纠纷，音乐使大家心情愉悦，所以也很少会有争吵。

3.厨房能量源

在厨房放一小盆黄金葛，然后在盆子里放一些五色石或水晶，利用五行相生的作用和水晶的正面能量，让婆媳关系更融洽，同时也会让家庭越来越快乐。

4.餐厅区域的装饰

家庭的能量部分来自于进餐的食物。由于餐厅是进食的区域，所以跟家庭的和谐大有关系。餐厅应采用亮色的装潢和明亮的照明，以增加火行的能量，蓄积阳气。同时，不妨在餐厅的墙上挂上一幅有水果、花或是全家人吃饭团聚的图画，或是把餐厅收拾整洁，摆上一盘水果，都能在一定程度上改善婆媳关系。

▲可在餐厅区域的墙上当悬挂一些画幅，同时在餐桌上摆设一些水果，有利于家人的和谐相处。

5.细节巧布置，避免麻烦生

一些居家布置的细节也能起到化解婆媳矛盾的作用。如果厕所门正冲餐桌，且厕所内马桶直冲门外，此种情况则须改门，若没办法改，则可在这两者之间设置一处屏风作为阻挡。又如厨房和厕所只有一壁之隔，而两扇门又比邻而立，也需要改门，或在两扇门上都挂上缎带花。

第一章

激活身体性爱密码

对于幸福美满的婚姻生活而言，和谐的性生活是夫妻恩爱的一个标志，这不仅仅对夫妻双方有要求，对性爱的环境也有讲究。只要做到用心去经营、布置，缔造出和谐『性』福生活的居家氛围，就能激活身体的性爱密码，让双方都获得更完美的感受。

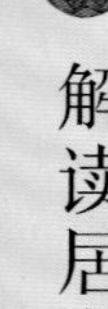

“性”福居家完美方案

夫妻之间的性生活有着固有的隐秘性，选择好的环境是非常重要的。这就如同饮食一样，良好的就餐环境不仅赏心悦目，且能增进食欲。同理，好的性爱环境有助于调动性欲，能创造有利于性生活的氛围，促进性和谐。这也就对居家布置、家具的选择和周围环境的安排提出了要求。对于多数男性而言，可能不太注意性爱的环境，而对于女性来讲，则比较容易受外界的干扰，因此需要一个良好的环境。

1.卧室的私密性

▲米黄色的卧室空间，拉上香槟色的窗帘，特别搭配浪漫温馨的床头灯，即可享受夫妻两人的暧昧空间。

一般情况下，卧室是性爱的主要场地，对卧室的首要要求是私密性好，能起到保护隐私、防止窥视的作用，为良好的性爱创造一个安全的环境。因为只有在这样的环境里才可能尽情地愉悦自己。同时，还要注意卧室的隔音效果，所以，在居家布置时，尽量

选择较安静的卧室。

2.卧室的舒适性

卧室是住宅中私密性最强的空间，装修卧室时要注意私密性，隔音、隔光性能都要做好，以保证其舒适度。从舒适角度出发，卧室用色宜选用暖色或中间色，如淡绿或米黄，营造出温馨宁静的氛围。在灯光选用上则偏重暖光灯。床具、衣柜等的选择更是要以舒适为第一标准。私密性高、舒适度佳的卧室能让人彻底放松，释放内心深处压抑的情感，让夫妻同享完美性爱。

3.室内灯光的选择

大多数人喜欢在较暗的光线下做爱，以避免干扰，有助于集中精神，寻找体验。但是男性常因视觉刺激而加快性兴奋，故多喜欢在充足光照下进行，而女性则有着固有的羞涩心理，她们沉迷于爱抚，喜欢闭着双眼，更偏爱于黑暗环境中进行。性爱时可在房内开一只暖色调的小灯，让淡淡的光线营造出一种柔和、朦胧的气氛，有助于唤起性欲。

4.室内气氛的营造

不要把卧室仅仅当作睡觉的地方，更不应把它当成办公地点，所以最好不要在卧室内准备书桌、书架等让人分心的家具。而一些看似无用的家电或摆设，在性爱中却可以发挥作用，如在床头柜上摆一个小烛台，或是将音响放进卧室。入睡前，可以播放一些轻音乐、舞曲等，再点上蜡烛，顿时就充满了浪漫的气氛。同时，还可在墙壁上挂情爱照片和裸体绘画，用来激发性趣；床上用品与家具上的摆设要取暖色，以增强温馨甜蜜的气氛。此外，家具的颜色要与墙壁的色调形成不太明显的对比，尤其要避免家具带有过多的暗色成分。

5.床的选择

由于性爱通常在床上进行,因此床的舒适与否决定性生活是否舒适。一般来说，床要坚实牢固，可铺得稍软一些，但不可太软。若是用席梦思弹簧床，但弹簧质量差，过于柔软，则性生活时不便于身体用力，还会发出难听的噪音。因此，床要有一定硬度，还要防止摇晃响动。

6.卧室卫浴一体化

卧室如果和浴室连在一起，洗澡后用宽松的睡袍随意一裹，能调动对方的激情，激情之后，人们也需要去浴室冲洗。因此，卧室与浴室连在一起，能方便地处理激情前后的琐事，也可以成为夫妻们的"第二战场"，提升性爱指数。

7.保持室内空气新鲜

因为性爱以后人容易疲乏，新鲜空气有助于良好的睡眠，体力和精神迅速恢复。空气湿度以裸体感到舒适为宜。假如男女双方都习惯于使用香水，就应当考虑使用方法问题。如果香味过浓，很可能减低对方的性欲，最好使用对方喜欢的香水，但用量不要太大。被褥、床单和枕巾要保持整洁，内衣要干净卫生。

小妙招帮你提升TA的“性”趣

要想夫妻生活幸福美满，当然得重视卧室的布置了，除了摆放美观实用的家具，还应搭配漂亮的床单和窗帘。除了这些必备的硬件因素外，还可动用一点小妙招，打造出一个能唤起他或她“性”趣的完美空间。

妙招一：卧室的灯可选用红色系的，还可换上一张圆形的大床，并在床的四周放满可随时欣赏到彼此英姿的镜子，这些方法都能提升彼此的“性”趣，唤起性欲。同时需要注意的是，卧室内的圆形床和镜子只可用于这种特殊时期，平时对家居装饰设计不利，最好不要使用。

▲设计新颖的圆形床，极富有亲和力的色彩，床头的圆镜，厚重的窗帘，营造出一个静谧、野性的空间，符合夫妻狂野亲密的需要。

妙招二：还可在客厅里动动手脚。在客厅的角落里养几条红色或粉红色系的鱼，这些鱼儿每天在你们面前游来游去，也能触动彼此的欲望，成为情感的催化剂。

妙招三：还可按照个人喜好，摆放些鲜花，如放上一个淡紫色的花器，并在其中插入一株粉红色的玫瑰，或一束桃花、银柳等，来提高彼此的性欲。

妙招四：把床用布帘或屏风隔起来，或者在床的四周围上布幔或蚊帐，形成一个更小的空间，也能让双方的情欲如排山倒海，一发不可收拾。

重返美妙的洞房花烛夜

婚姻生活相对于恋爱的过程来讲，更多的是平淡。很多夫妻在结婚初期的激情消磨之后，婚后生活如一潭死水，性爱成了例行公事。性学家认为，“回家无性趣”跟夫妻感情无关，冲淡“性”致的往往是家务的繁杂琐碎。因为已婚夫妻93%的性爱是在卧室中进行的，此时就需要对卧室环境进行重新打造了，创造出美好的环境氛围，让它成为一个浪漫的场所，才能带你重返身心美妙的“洞房花烛夜”。

1.好好利用卧室的功能

从性心理学的角度讲，夫妻对卧室环境的期望，更多的是对一种心理感受的要求，一般不外乎三项具体内容：足够的安全感、适度的性刺激、发挥联想的余地。所以可以在卧室里准备一两个带锁的抽屉或箱子，存放避孕工具、性爱书籍等。这些秘密的抽

屉和箱子就能完全满足这三项功能要求。同时，床头柜上还可以摆瓶香水，但不要打开瓶盖，让香味若有若无地飘出，能制造出一种暧昧的气氛。

2.床单、被罩常换常新

最能创造卧室新鲜感的莫过于床单、被罩这类用品了。若隐若现的薄纱、色彩鲜艳的纯棉、细腻柔滑的真丝，虽然每个人喜欢的材质不同，但身体接触被褥时的放松心情是相同的。只有常换常新，保持清洁，色彩图案和材质都符合双方的审美，才能唤起人们想要畅快享用的本能。

▲真丝的床品材质糅合经典奢华气韵与田园朴实风格，点亮卧室空间，也让人的身心更加愉悦和放松。

3.光线符合女性的要求

有研究表明，夫妻双方在柔和的光线中观察对方性唤起时的状态，以及个人的性生理反应，可以强化彼此的性兴奋。特别是针对女性，朦胧的颜色能激发女性的情感，所以，我们建议卧室的床头灯具尽量选用亮度可调的台灯。做爱之前，可将其调成暗而柔和的光线，创造一种朦胧的意境，能起到辅助的作用，带你体会不同的性爱感受。

4.大床并不利于亲热

很多人都以为床越大睡得越舒服，其实不然，稍挤一点的床更利于夫妻间互相亲热。因为身体接触是最直接的关爱，当两人手脚不时地触碰时，不仅能让人感受到温暖和安全，有时候甚至能让没有性计划的日子也激情迸发。而谁也够不着谁的大床，则会让人产生疏离感，不利于夫妻感情。

5.偶尔分开睡一次

日常琐碎的生活是夫妻感情的“小杀手”。当夫妻在一段时间内需要承受上夜班、晚归、在家中加班到深夜的生活时，不妨尝试分开睡几天。这样不仅能避免给早睡的一方带来不必要的困倦，还可以增加神秘感。还有就是，有些夫妻本来感情是非常好的，而在一起生活久了，难免出现审美疲劳，彼此间的“性”趣逐渐变淡，此时也可以选择分床睡，以酝酿“性”趣。分开睡不一定要睡在两个房间，时下流行的“分床不分房”“分被不分床”等都不失为很好的解决办法。

破解对性爱不利的布置

通过一些古典性学典籍可以看出，在传统的中国性文化中，不仅对进行性爱的双方的身体有要求，而且对性爱的时间和空间也有一定的要求。因为古人认为，自然的能量和人体的作息有其内在规律，只有顺时顺势，方能“采天地之灵气，聚日月之精华”。从这也不难看出，居家的格局布置与性爱是有联系的。

1.打开大门就可以看到卧室里的床

很多小户型的居室，特别是一居室和复式的小套房，都有可能出现打开大门就可以看到卧室里的床的情况。从环境心理学的角度来说，大门是进出必经之处，大门正对房门的格局侵犯了卧室的私密感觉，使双方不能全心投入性爱。所以，此时可在大门与卧室之间设置屏风，形成玄关以转移视线。如果担心影响采光，可以设置玻璃屏风并辅之以绿色植物。更好的方法是利用珠帘隔断卧室，还能激发双方相恋的能量。

2.洗手间的门正对卧室

有的居室存在洗手间的门正对卧室的情况，从现代医学来说，洗手间的湿气较大，洗手间正对卧室，容易使卧室空气质量降低。尤其在使用吸湿性较强的棉质衣被时，更会使湿冷之气直透入肾脏。此时如果已经无法改变，那么只能紧闭洗手间的门，经常开排气扇以去湿。还可以在洗手间的门上设置珠帘，或者在两扇门之间安装屏风，以阻挡邪气入侵。

3.为了迁就房型而让床头朝西

不管是新婚洞房还是婚后居住的房间，万万不可为了迁就房型而让床头朝西。因为地球是由东向西转的，头若向西，会让血液经常向头顶冲，不利于休息，容易造成体力透支。此时可将床头调转为南北向。因为人体的血液循环中，主动脉和大静脉最为重要，其走向和人体的头脚方向一样。人体处于南北睡向的时候，主动脉、大静脉和地球磁力线方向一致，此时人的精力最为旺盛，血脉流动壮健平稳，性爱后体力不容易衰竭。

4.卧室用粉红色、红色系调节气氛

除了新婚当天需要将房间装饰为喜庆的红色外，在婚后的生活中，卧室的颜色则不宜使用粉红色、红色等颜色，这些颜色在色彩学中容易使人产生莫名其妙的烦躁，为小事吵架争是非。此时可根据五行原理，卧室的颜色应由方位来决定。如东与东南朝向的卧室宜绿色、蓝色，南向卧室宜淡紫色、黄色，西宜米色、白色、灰色，北宜灰白色、米色，西北宜灰白色、黄色、棕色，东北宜淡黄色、铁锈色，西南宜黄色、棕色。而如果非常喜欢粉红色、红色系，可在局部饰品的选择上采用这些颜色。如在床边摆上一对粉红色的蜡烛，可以促进伴侣间的沟通交流。

5.卧室带阳台或落地窗

对于户型稍微大一些的住宅，如两室一厅或是三室一厅这样的户型，就有可能出现卧室带阳台或落地窗的情况。而这一点除了影

▲将卧室内的阳台改造成飘窗，搭配银色、白色窗帘和深咖啡色绒布抱枕，既增加了卧室的收纳和休闲空间，更营造出一个静谧、温暖的暧昧空间。

响私密感以外，玻璃结构会让人体能量容易散失，这和露天睡觉容易生病是一个道理。同时早上光照强烈，也会影响睡眠，使人心情烦躁不安，容易引起争端。此时可以用厚重的落地窗帘做阻隔，保存人体能量。

装饰布置助你走出性困境

夫妻之间的性爱也是有装饰布置讲究的，有的人始终觉得夫妻的性生活不和谐，其实，除了两个人的配合外，也要看看是不是装饰布置出了问题，通过布置的调整，制造出适合性爱的好环境，就可帮助你走出性爱的困境。

▲宫廷布艺、床头灯、几幅布幔，轻松地营造出卧室温馨与私密的气氛，让你在床上阅读或与伴侣谈情说爱时感觉更舒适。

1.调整房间气息

不管是对于恋爱还是性爱而言，气息都是很重要的，甜味是天然的催情剂。可在卧室里燃烧香草，让空气中弥漫甜味，可以让性爱双方迅速燃烧起来。摆放带甜味的花草，如茉莉花、风信子或者夜来香之类，也可以收到类似的效果。值得注意的是，虽然玫瑰代表爱情，且玫瑰花的气味也很香甜，但玫瑰有刺，所以不宜选择此花。

2.装饰物件来帮忙

隐喻爱情的装饰品会使人产生积极联想。例如玫瑰花朵形的高脚杯、心形或者水果形花烛、红色丝绸抱枕、百合花等，均让人心情愉快、“性”趣大开。成双成对的饰品则让双方产生不可分离的

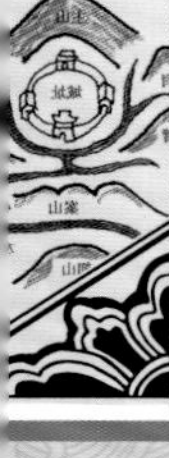

▲唯美洁白的床品、成双成对的蛇形灯、淡薄的红墙，你的心是否在呼喊爱情的甜蜜。

印象，如在床头放置两个人的生肖水晶，在卧室摆放成双成对的图画、柜灯，在帐内悬挂葫芦、连心结等。

3.加强餐厅区域的布置

所谓“食色性也”，要调动起性欲，饭食的诱惑不可少，所以要让装饰布置起到帮助性爱的作用，在餐厅的布置上也不可马虎。餐厅墙面的颜色，最好采取明朗轻快的橙色系，可以给人以温馨感，刺激食欲并促进情感交流。当然，如果想搞个烛光晚餐之类，橙色系也是最佳配合色。

4.合理掌握性爱时间

性爱时间的掌握很重要，现代医学也已经证明，人体在生物钟的指导下，荷尔蒙的分泌的确有其固定周期。英国的科学家通过研究，得出了一个公式，通过这个公式可让人测算自己“一天中何时最性感”，让每个人都能知道自己在一天里哪个时间最性感、最适合进行性爱。这个公式是“早上6时-〔（AL/T+10）×AG/SF×G=TOTAL/60=ST〕”，公式中的AL代表每周的喝酒量，AG代表年龄，G代表性别，T代表做爱时段，SF则代表每周做爱次数。

若是要进行计算，还有一定的计算步骤。

第一步：先算出你每周的饮酒量（AL），如不饮酒则以0计算；

第二步：将饮酒量（AL）除以你偏好的做爱时段（T）（偏好早上者除以1.5，偏好晚上者除以2）；

第三步：将第二步的结果加上10；

第四步：将第三步的结果乘以你现在的年龄（AG）；

第五步：将第四步的结果除以每周做爱次数（SF），如果你每星期连一次轰轰烈烈的性爱都没有，这一步就可略去；

第六步：将第四步或第五步的结果乘以你性别代表的数字（G），男性乘以2，女性乘以1.5；

第七步：将第六步的结果除以60，得出的数字以ST代表。

最后，再用早上6时减去ST，就得出你一天内最性感的时间。如果ST是11.75，一天内最性感时间就是下午5:45；若ST为4，最性感时间则是凌晨2时。

第三章

钟爱宝宝，收获爱的结晶

都说孩子是父母爱情的结晶，在前面我们讲了如何通过好环境的居室布局来收获甜蜜的爱情、婚姻，这里我们不妨来讲讲关于宝宝与居家环境的关联，让好环境的住宅为我们收获『爱之结晶』提供帮助。

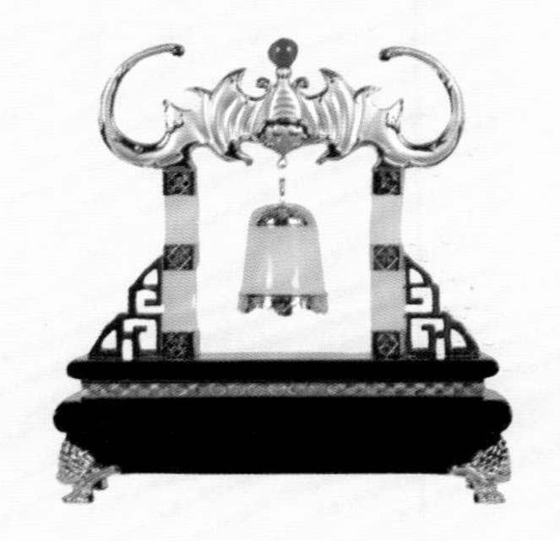

破解“不孕不育”

所谓“不孝有三，无后为大”，孩子是我们生命的延续，特别是在中国这个注重传承文化的国度里，对于孩子有一种与生俱来的迫切渴望。如果婚后多年一直没怀孕，那就得去医院检查检查身体了，若是身体状态良好没有问题，那恐怕就与屋宅环境有关了，此时就得注意居家的布置了。

以下列举了很多布置上的禁忌，如果你家里与以下这些情况的符合率很高的话，那就得动手调整调整了，因为这些布局都很容易造成不孕不育。

卧室是卫生间或厨房改造的房间；

卧室不在西南位置或西北位置；

卧室有三种以上色彩的装饰；

卧室阴暗不见阳光；

卧室灯具太多；

卧室门与其他的门对冲；

卧室门往外推开；

卧床冲房门；

卧室多门、多窗；

卧室有镜子；

卧床离窗太近；

镜子对卧床；

卧室里面摆放鱼缸；

卧室的床为活动床、水床、沙发床等不安稳的床；

福运天天来

除了这些情况可能导致不孕以外，还有其他风水需要注意，如一套房子内有几对夫妻居住，夫妻同房时在属相冲忌时进行，同房前后一个月见了不适当的东西，等等。除了这些禁忌外，屋宅风水还要讲究相应的吉祥物摆放，如麒麟送子、送子观音、和合二仙等。

卧床上方有吊灯、横梁；

床头冲西；

床头随便摆放花草；

床头不靠墙壁。

让你如意受孕的装饰布局因素

现代人不论是在工作和生活上，压力都比较大，很容易造成不孕不育的现象。对于已婚未育的夫妻，性爱不仅仅是夫妻俩的事，还关系到小宝宝的孕育问题。要成功受孕，孕育出自己的小宝宝，就得留意一些能让你如意受孕的装饰布局因素。

1.影响受孕的季节因素

中国古代名著《洞玄子》对性爱时的方向做了相应的要求，认为“交接所向，时日吉利，益损顺时”。具体来说，“春首向东、夏首向南、秋首向西、冬首向北”，就可以采纳自然之气，收壮阳之效，增加受孕的可能性。

春季“造人”时头朝东最好，容易怀孕。

夏季“造人”时头朝南最好，容易怀孕。

秋季“造人”时头朝西最好，

▲怀孕的最好的季节是夏末秋初，这是人类生活与自然最适应的季节。此时气候温和适宜，风疹病毒感染和呼吸道传染病较少流行，让胎儿在最初阶段有一个安定的发育环境，对于保证优生最有利。

容易怀孕。

冬季“造人”时头朝北最好，容易怀孕。

2.影响受孕的时间因素

自周代以来中华古典医学就有“大周天”和“小周天”息息相通的观念。其中，“大周天”指自然，“小周天”指人体。既然一天24小时的温度湿度各有不同，那么人体自然也有高潮低谷。投射到两性关系上则表现在不同时间下性爱的质量问题，即我们常说的“时辰性爱学”，这也和是否受孕有着重要的联系。

（1）子时

子时（鼠）：23：00~1：00

子水，其性主动，其形气态，其势隐藏，来势快捷。

深睡眠期，机体在休眠中得到调整。

快速性爱，提高睡眠质量，对受孕有利。

（2）丑时

丑时（牛）：1：00~3：00

丑土，外寒，而内中蕴藏着暖阳之气。

肾脏和肝脏的代谢旺盛期。

适合睡觉休息，对受孕不利。

（3）寅时

寅时（虎）：3：00~5：00

寅木，气实体固，气象庞大，发展迅速。

肝脏完成代谢任务，经脉流动性最好。

以生育为目的的性爱时间，对受孕有利。

（4）卯时

卯时（兔）：5：00~7：00

卯木，气动体虚，气息细腻，发展隐柔。

为当日下午的活动储备能量。

此期间性爱，下午可能会偏头痛，对受孕不利。

（5）辰时

辰时（龙）：7：00~9：00

辰土，气与质的转化关系玄妙，气息生死之机玄藏。

晨勃期，膀胱充实导致欲望强烈。

突然袭击，速战速决，对受孕不利。

（6）巳时

巳时（蛇）：9：00~11：00

巳火，质在其外表，又有虚拟的气藏于内中。

工作最佳时段，性能量积累期。

此期间性爱，会使生物钟紊乱，对受孕不利。

（7）午时

午时（马）：11：00~13：00

午火，阳性，为极旺盛之火，其性好动。

激素高位，血糖供给增加使敏感度增强。

甜蜜半小时，而后小憩，对受孕有利。

（8）未时

未时（羊）：13：00~15：00

未土，善变其形，遇火则炎，遇金则脆，遇木则固，遇水则战。

分析力和创造力发挥淋漓尽致的时间。

搞一点创意性爱吧，对受孕不利。

（9）申时

申时（猴）：15：00~17：00

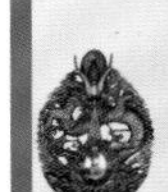

申金，阳性，赋有较强的肃杀能力与破坏性。

男性性欲躁动期，也许和下班时间有关。

强烈而灵感迭出的性幻想，对受孕不利。

（10）酉时

酉时（鸡）：17：00~19：00

酉金，顺行入炉炼体，逆行伐木旋威。

血糖增加，肠胃压力较大，表达欲望强烈。

甜言蜜语的最佳时机，对受孕有利。

（11）戌时

戌时（狗）：19：00~21：00

戌土，处乾、巽相卦之位，乃掌天门与地户，天地相交之后，方能化生万物。

夜间活动的巅峰时段，思路清晰，体力充沛。

来一次轰轰烈烈、耗时持久的性爱，对受孕不利。

（12）亥时

亥时（猪）：21：00~23：00

亥水，分野北方，是寒气的引入之口。

人体器官进入休眠期，能量供给偏低。

以舒适催眠为目的性爱，对受孕有利。

顺利生个好宝宝

当一个女人“升级”为一个准妈妈，想着在自己肚子里已经有了一个可爱的小生命，相信每个作为母亲的女性，在心理上都是高兴、兴奋、新奇的。同时也会发现，为了要让小宝宝健健康康、顺顺利利地出生，还有很多事情需要自己注意和学习。不仅吃的、穿

的、用的都有讲究，而且还要学习营养学、医学常识以及心理学等。而实际上，除了衣食行之外，住也是不能忽略的重要因素，注意这些居家环境常识对生育绝对会有好处的。

1.房屋的位置和光线

有一个方位对生宝宝有很重要的影响，即房屋的南面，在该方位上要保持充足的光线，除了自然光源外，还可多装几盏灯，而灯光颜色就以米黄色最佳，能带给孕妇温暖平和的心情。如果不方便安装灯饰，可以用红色的海报和地毯代替，能达同样的效果，不过值得注意的是，这个位置切勿摆放盆栽。植物易生虫，而且如果选择不当，还易对孕妇的健康产生不利的影响。

2.避免厨厕的干扰

如果没有必要，孕妇尽量不要到厨房拿菜刀和其他尖锐的东西，避免一不小心受到惊吓，否则容易动到胎气甚至导致流产。至于厕所是不是有秽气，则要视个人卫生习惯而定。经常清理换洗的衣服，保持通风，肥皂、杂物不要堆在地上，以防孕妇滑倒。

3.忌搬迁

如果家里有孕妇的，在怀孕初期最好就不要搬家，如果随便搬家容易影响胎儿。而如果真的是有搬家的必要，要将新住宅晾晒彻底，防止装修时产生有毒物质对孕妇及胎儿产生不良影响。

4.客厅要避免悬挂猛兽的图画

对于客厅悬挂的画幅，如果带有比较凶猛的野兽的图像，则要视情况而定。若是在孕妇怀孕前就已经挂在客厅里了，此时则以不去移动画幅为宜。而若是在怀孕后，则最好不要随便装设新的图画，因为这样就可能惊吓到孕妇。如果一定要架图画，建议还是尽量以文字和风水画为主，有助于孕妇放松心情，形成较好的胎教品质。

5.心理健康保平安

居家环境对心理的作用主要通过调整大环境（小区及小区周边环境）与小环境（居家环境）对人的心理产生作用。孕妇在关键的孕育期间，其本身的体质就比较虚弱，如果环境恶劣，肯定会对准妈妈的心理造成不良影响，进而影响胎儿，轻则发生出血的状况，重则可能导致流产，因此居家布置一定要确保舒适，顺畅，让准妈妈的心理保持健康状态，以保平安。

6.坚持体育锻炼

每个人都具有各自不同的生命信息、能量及其不同的组合机构，这些不同的生命信息能量状态与所处不同环境发生相互作用，就会产生不同的正负效应。在营造一个良好的居家环境之余，还得确保个体处于一个良好的状态。要维持个体健康，最健康有效的措施就是坚持体育锻炼。随着科学与医学的进步，越来越多的研究结果表明，夫妻双方在计划怀孕前的一段时间内，如果能进行适宜而有规律的体育锻炼，不仅可以促进女性体内激素的合理调配，确保受孕时女性体内激

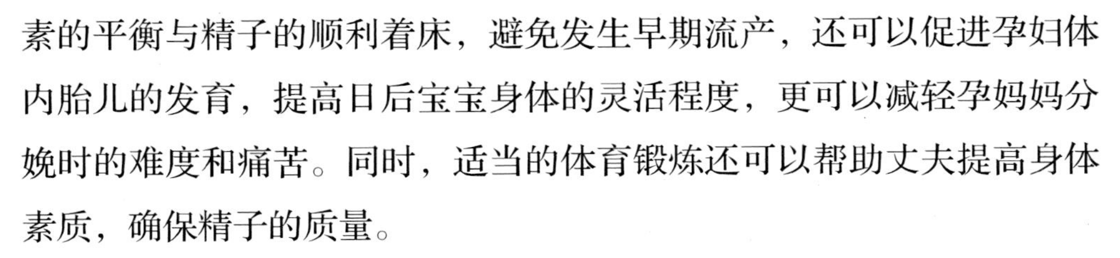

素的平衡与精子的顺利着床，避免发生早期流产，还可以促进孕妇体内胎儿的发育，提高日后宝宝身体的灵活程度，更可以减轻孕妈妈分娩时的难度和痛苦。同时，适当的体育锻炼还可以帮助丈夫提高身体素质，确保精子的质量。

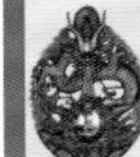

准妈妈的办公室环境

现代社会的生活节奏很快，即使是怀孕的准妈妈们，也是非常努力工作的工作，一般在怀孕的初期还是会坚持上班。而对于上班族中的孕妈妈们，除了要注意居家环境外，还需要知道一些办公室内的环境注意事项。

上班族的孕妇装不要太花哨，以素净、大方、典雅、稳重为宜，最好内着浅色、外着深色（包裹性好）的孕妇装。

自驾车或自己经常坐在车内要注意安全，如果是乘公交车，则要请周围的人多礼让。

孕妇不要坐在正对公司门的位置，若不能避免，则可在桌旁挡上屏风，以避开大门正对而来的疾风。

孕妇的位置后方要有屏障，例如屏风，若无屏障则可放置一矮柜，矮柜上要保持整洁，也可放置盆栽，可以非孕妇带来安全感。

办公桌旁边有一扇窗户为佳，可加装窗帘或百叶窗。若无法坐到这种位置，则可在工作休息之余去窗边站一站，吸收自然光之能量，值得注意的是，若是中午的阳光太强烈，此时则应避免在窗边。

换座位时要注意，万一需要换座位，可在前一天先把东西拿过去，故意把新桌子弄歪，第二天上班时再摆正，表示有一个新的开始。

办公桌或屏风放可爱婴儿照片，主要是看了令人赏心悦目的，不必揣想孩子的长相，摆设好之后就不要再动了。

可以用色彩改变心情，在办公桌上放一本有幸运色封面的杂志。

桌上茶杯选用瓷杯，要有杯盖的，最好有印花，而不要用玻璃杯。

桌面保持整齐，看着顺眼，用起来也比较顺手。

座位附近不要放枝丫状的摆设，如挂衣架等，伞也不要放在位置上。

摆放盆栽最好是水种宽叶植物，不能摆放爬藤植物和带刺的植物，不能用假花、干花。

尽量避免使用复印机、传真机等设备，少到影院看电影。

准妈妈的房间布置

从受孕到生产是个令人激动又紧张的过程，在这个过程中，居住环境对准妈妈和胎儿的影响都是比较大的。那么对于有孕妇的家庭而言，应该怎样布置准妈妈的房间才能符合要求呢？下面就一起来看看居家布置中的注意事项。

1.卧室的整体布局

房间的气场对准妈妈及胎儿有很大的影响力，因此，孕妇居家布局的重点在于纳气，并以纳阳气和旺气为佳。房间须保持空气流通，多开窗换气，不要因为夏天天气炎热而长时间呆在封闭的冷气房中。另外，房间也不宜阴暗，要有足够的阳光或保持适度的光线，让阳气得以聚集，驱除阴气。还可在房间的西南方放置水生植物或水动的装置摆设，加强气场。同时，还可在东方多使用绿色的物品进行布置，如绿色的地毯、摆设等，都能起到给准妈妈带来平静且喜庆心情的作用、让胎儿更加健康和聪明的效应。

2.不宜搬迁、动土

排除不利的因素以及维持气场的稳定是最重要的，特别是在怀孕期间，不管是整个家中还是准妈妈居住的房间，最好不要进行装修、动土。同时，也不要轻易更换房间或移动卧床。若是准妈妈开始住的房间不利孕育小宝宝，则须尽早更换，而一旦住定了哪间房间，就不能再更换了，以免招来不必要的麻烦。这是因为胎儿习惯了在某个环境内孕育和成长，若搬入新的环境，新房的磁场、声场与原来的都不一样，一旦胎儿无法习惯，很可能就会妨碍发育，甚至带来危险。

如果没有办法，一定要动土则须要注意，在大门、夫妻卧室、阳台、厨房等关键地方切忌不要大动土，只做小方面的修修补补。而装修方面，如衣柜、桌椅等大体积的家具则不要刷漆涂新。

3.居室环境宜整洁干净

提供给准妈妈休息和睡觉的卧床也是要注意的一个重点，一般来说，要保持床底的干净和整洁。假如床底有一定的空间，注意只能放置干净的衣服和被褥，不能放置破旧的衣服、杂物或是其他稀奇的物品，尤其是金属利器、工具箱和玩具。而原来床下有杂物需要清理的，要择日进行，并且在准妈妈外出时再移动卧床和搬走杂物，以免对胎儿造成不利影响。

4.装饰、摆件的选择

对于孕妇来说，适合的装饰品主要以简单明亮、令人愉悦的图画、照片为主，如美丽的山水画、风光图等，墙面以及软装饰的图案最好也要以一些开心快乐的内容为主。而如狮子、老虎、貔貅等凶猛的动物摆设物件其实对胎儿是不利的，所以也不适合放在家中。

5.布置细节

对于准妈妈的房间，在细节上还有一些讲究。首先，不能在卧室里放置鱼缸，因为鱼缸会导致潮湿，若是准妈妈的房间太阴太潮湿，则不利于阴阳的调和，会赶走胎气，严重的会导致流产，所以要加倍小心。其次，房间内也不能有太多镜子，镜子对胎气也有一定的影响。在床头也不能摆设金属品或电器，如收音机、电话等，都是不宜的。因为这些物品容易干扰正常的磁场，对准妈妈的健康会产生不利影响。

6.选择具有好风水能量场的居所

对于准妈妈来说，身体的健康是非常重要的。想要身体健康，居住环境的选择就很重要了。住在环境好的地方能更大可能地提升身体的健康，那么对于怀孕的准妈妈们，为了自己和将要出生的小孩的健康，也可重新选择环境好的居所作为住处。也正是由于现代人对于怀孕的关注远远超过很多年前，所以，在经济条件允许的情况下，有些人还会为准妈妈们特意挑选一个养胎的住处，一般人都喜欢选择郊区的房屋作为养胎的居所，这也是由于这些地方空气清新、环境开阔，能充分供应给人体氧气和增加心胸的开阔度，对准妈妈的健康非常有利。

第四章

健康风水，聚集身心正能量

古时候有句话，叫『福地福人居』。住宅作为个人最主要的活动场所，包括环境、装修、布置，设置家里小小的饰品都与个人的健康密切相关。住宅的环境好，人过得舒畅自在，自然有益健康；住宅的环境不好，处处觉得受制，健康自然也会受到影响。

增加正面能量，让好磁场造就好环境

磁场是看不见又摸不着的，它具有波粒的辐射特性。从宏观上来看，地球就是一个大磁场，一个良好的居家环境，不但要讲究能量元素，当然也要讲究磁场了。良好的磁场不但能带来好心情，而且也会对健康有益。可通过增加居室内的正面能力，从而营造出好的磁场，为我们带来健康的身体。

▲好的布置会营造出好的环境，好的环境又会产生正面的磁场，为居住者带来健康。

警惕危害身体的“负”能量

什么是“负”能量？这里的“负”是指对人体有危害的、有负面影响的能量。当然，这些负能量也不是指有很强大的能量源或能

量场，而是在居家生活中一些不痛不痒的小问题，但却着实影响着居住者的健康。如让人心烦气躁的噪音、户外的高压电缆、变电所、家中的电器设备、电磁波等。对于这些负能量，或许在大的环境内我们无力改变，但至少在居家环境方面，我们可以做到彻底隔绝负能量的入侵，这样才能让自己住得更健康。

1.拒绝低频辐射

低频辐射是指频率低于300赫兹（Hz）的辐射。一般在居室内，低频辐射的来源是家电设备及配电系统（如墙壁内的配电线等），而户外来源则为住宅附近的电力设施，如变电所、高压输电线、配电线等。在选择住宅时我们说过不能选择接近变电所的住宅，这对人体的健康是有影响的，因为从医学的角度看，医学界早就证实了低频辐射和儿童癌症的关系，世界卫生组织更将它列为B级致癌物。所以，购房时就要勘查好住宅附近的环境，不要让住宅靠近变电所、高压电塔太近，以免受到伤害。

此外，除了来自户外的低频辐射，也有可能是自家的配电设计出了问题，以及家中许多可能产生低频电磁辐射的电器用品，如电脑、冰箱等。特别注意的是，发生在床位附近的低频辐射，对人体的伤害最大，因为我们躺在床上睡觉的时间越长，受低频辐射干扰的时间当然也就越久，长期下来，就等于让自己暴露在致癌的风险里，所以要特别小心。

2.拒绝噪音污染

一般人买房子时比较容易忽略“噪音”问题，如住宅附近是否有大型工厂、庙宇，是否临近大马路，交通流量大的时候会不会产

▲合适的窗帘不仅能很好的装饰整个居家环境，还能有效隔音和遮光，保护居住者的健康。

生太多噪音等。千万别以为噪音只是让耳朵听到不舒服而已，事实上，噪音对人体的伤害相当直接。如果长期处在噪音的环境下，很快就会出现身心方面的问题。尤其是有糖尿病、心血管疾病的患者，对噪音的耐受力较差，在物理性的刺激下，也较可能诱发神经性的伤害。

噪音还会影响人的睡眠质量，容易造成失眠、注意力不集中、烦

不同噪音的分贝对应表

声音种类	分贝	生理上的影响
道路交通	80	血管收缩、血流量较少、注意力降低等
电视、收音机	70	血管收缩、血流量减少、注意力降低等
喷射引擎	140	鼓膜会破
喷射机起飞	130	耳朵会痛
修马路	120	心电图变化
警笛	110	心电图变化
地铁、公车内	90	内分泌及心电图变化
普通回话	60	计算能力降低
郊外晚上	30	无影响

躁不安、心律不整等情形。噪音对人体的伤害，是广泛系统性的整体伤害，并不是单单只会影响到听力而已，已知噪音会降低人的记忆力、阅读能力及学习动力等。下面以表格的方式，对产生噪音的种类、分贝以及对人体产生的影响进行内容展示。

3.小心游离辐射

游离辐射指的是一种高能量的辐射，如α和β射线都属于游离辐射。游离辐射依形态分为微粒和电磁波两种。微粒型游离辐射包含α粒子、β粒子、中子、质子等，可能有带电荷，也可能没有。电磁波型的游离辐射则没有电荷，也没有质量，就像光一样传送，但是波长更短，能量更高，包括R射线和X射线。

游离射线对身体的伤害是累积的，目前已知的，若在不知情的情况下住进辐射屋，那相当于每天被拍上好几十张X光照，如此一来，致癌、免疫力低下、流产、早产等的风险也就相对提高了。因此，不妨请人用专业仪器（盖格计数器）进行房屋健康检查，看看屋内是否有辐射线。

4.光线危害

过亮的光线或是闪烁的光线会影响视觉，在睡觉时更会影响睡眠质量。据研究指出，视觉环境中的光害大致可分为三种。一是室外视环境污染，如大都市的灯光、广告霓虹灯、建筑物的高反射玻璃外墙等；二是室内视环境污染，如室内装修、室内不良的光线环境等；三是局部视环境污染，如书本纸张、某些工业产品等。

在此，以室内装潢的粉刷墙面、镜子等的反射系数来做进一步解说。常见的白色粉刷墙面反射系数为69%～80%，镜面玻璃为82%～88%，至于特别光滑的粉墙和洁白的书本纸张的光反射

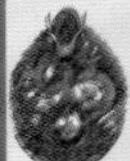

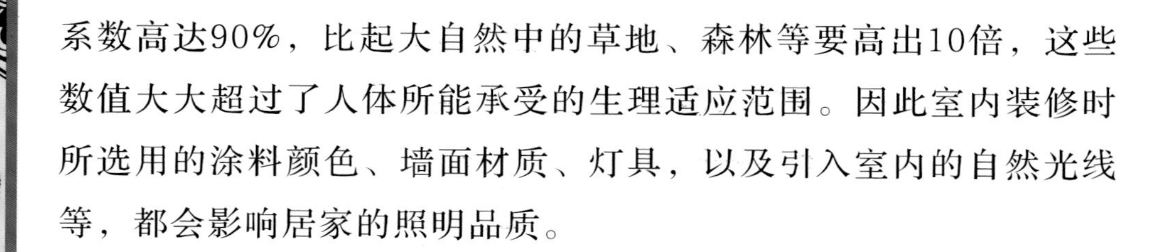
系数高达90%，比起大自然中的草地、森林等要高出10倍，这些数值大大超过了人体所能承受的生理适应范围。因此室内装修时所选用的涂料颜色、墙面材质、灯具，以及引入室内的自然光线等，都会影响居家的照明品质。

释放“正”能量保护健康

有对人体有危害的的负能量，那么自然也有对人体有益处的“正”能量了。而这些所谓的“正”能量也隐藏在居家布置中，通过合理的设计，释放出“正”能量，就能在一定程度上与负能量相抗衡，起到保护居住者健康的作用。

1.内外结合，防御辐射危害

对于这种看不见、摸不着的辐射污染，我们要怎样才能将其危害降到最低，此时可通过内部防御和外部防御结合来进行。

（1）内部防御

内部防御，即通过食用具有抗辐射、保护视力、抗疲劳、补充营养素、提高免疫力的食品，是第一种抗辐射方法。国际上普遍认为饮茶有抗辐射的作用，能减少电脑荧光屏X射线的辐射危害。茶中富含的茶多酚（50%）和脂多糖等成分，可以吸附和捕捉放射性物质并与其结合后排出体外。同时，经常操作电脑的人还应多吃些明目食品，如枸杞、菊花、决明子等。枸杞清肝明目，对保护视力有很大好处。常喝菊花茶也能起到清心明目的效果。研究表明，脂肪酸、维生素A、维生素K、维生素E及B族维生素的缺乏均可降低机体对辐射的耐受性，因此在膳食中要适当供给，此时就需要摄取肝、花菜、卷心菜、茄子、

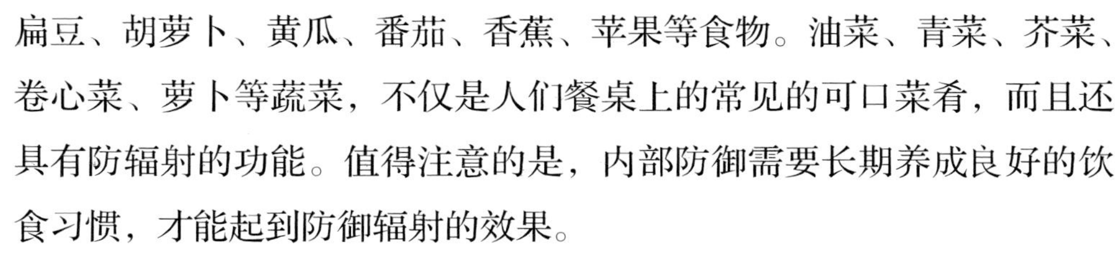

扁豆、胡萝卜、黄瓜、番茄、香蕉、苹果等食物。油菜、青菜、芥菜、卷心菜、萝卜等蔬菜，不仅是人们餐桌上的常见的可口菜肴，而且还具有防辐射的功能。值得注意的是，内部防御需要长期养成良好的饮食习惯，才能起到防御辐射的效果。

（2）外部防御

仅有内部防御是不够的，在特定的时候还必须采用外部防御的方法。这个就比较直接了，要借助一些外部的工具来进行，可穿上防电磁波服饰、使用电磁辐射防护屏以及防手机辐射的防磁贴等，采用体外防护的方法来防御辐射。

2.改善窗户，隔绝噪音危害

噪音又称为“声干扰”，这是一种不易化解的干扰。

虽然钢筋混凝土的建筑物本身就有一定的隔音效果，但究其根源，窗是屋内的重要漏音来源，所以，消除噪音还要尽量关闭窗户，或选用较厚的隔声效能较佳的玻璃，情况严重时，可用双层玻璃。同时，窗户的设计是

▲以间接照明的方式改善室内光线不均匀的问题，同时也可使用窗帘遮挡光线，从而杜绝不良光线的危害。

一门学问。左右推拉的传统窗户其隔音效果有限，前后推拉的推射窗隔音效果比较好。另外，双层气密窗也会比单层气密窗来得更有用。

3.巧置照明杜绝光害

许多人在客厅、卧室等只装一盏大灯，而没有在需要看书读报处添加灯具或台灯，或是以间接照明的方式改善室内光线不均匀的问题。出于对健康的要求，我们还是建议可依照居家空间的不同，来选择配置光源，兼顾照明及人体舒适度。不过在装潢或买灯具的时候，要特别注意室内要避免大面积的白墙，以及要降低台灯的散射等。

（1）主卧室

建议运用多种灯光，一般性的普照式光源是必要的，因为可以满

▲卧室可运用多种采光样式来进行照明，除了一般性的顶灯、灯管等普通照明，还可结合床头射灯、发光带、床头台灯等进行局部照明，释放卧室的正面能量。

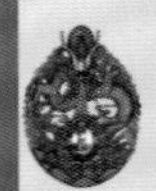

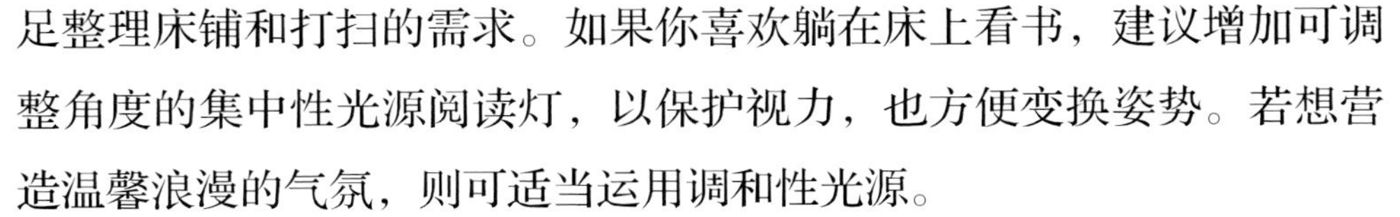

足整理床铺和打扫的需求。如果你喜欢躺在床上看书，建议增加可调整角度的集中性光源阅读灯，以保护视力，也方便变换姿势。若想营造温馨浪漫的气氛，则可适当运用调和性光源。

（2）客厅

这是光源需求最复杂的地方，约需5～10盏的光源。最容易被忽略的是电视后面的光源，如果没有设置照亮墙面的光源的话，电视与周遭光线强烈对比，将对视力造成伤害。另外，如果常看报纸杂志，建议也在附近增设可调式阅读灯。要注意的是，光线要尽量柔和，不要和周围光源相差太大。室内有栽种植物的话，可考虑采用日光灯，以便植物进行光合作用，既经济又耐用。

（3）书房

书房一般都有电脑，此时在电脑旁最好设可调式夹灯，并且使用荧光灯管，让灯具可依需要调整角度及亮度，除保护视力外，也方便移动。要注意，最亮的不见得是最好的，要避免炫光和反射光产生。另外，对于长期对着电脑的人，若要预防眼睛疲劳，除上述提到的集中性

▲书房的灯光一般要柔和一些，特别是在人经常坐的区域，光线不能过亮，以免影响人的视线。

光源外，可同时搭配调和性光源或一般性普照式的灯，以这三种层次的光来降低对比，不过别忽略了桌灯的摆设位置，如果惯用右手的话，桌灯就应该放在左边。

（4）老人房

研究发现，60岁左右的人比10岁上下的儿童需要更多的光才能看清楚东西，所以关于老人房的照明，我们建议选用可调式灯具，避免炫光及明暗过度对比。

（5）儿童房

为了保护孩子还在发展中的视力，建议在书桌上用集中性光源，再加设调和性光源来降低对比。另外，请选择防漏、防触电的灯具，以确保孩子的安全。

（6）餐厅

餐桌上可以考虑设置能调整高低的吊灯，灯罩底部距桌面最好有55～60厘米，这样才能避免灯光过于刺眼。

（7）厨房

很多家庭往往只在厨房装一盏大灯。事实上，清理台及橱柜上若能再增加光源，在切菜及找东西时就会更方便，也可降低刀伤、水烫伤等风险。

“风”生“水”起，激活健康两大元素

对健康影响最大的莫过于“风”“水”两大因素。居家生活中如果能好好利用这两大健康要素，可极大地改善生活环境，有益健康。

首先，水要平衡。人体内本来具有水火二元能量在不停互动，寻求平衡。在现代都市中，大多数房子尤其是小户型，周遭被多种动态

能量所围绕，使人频发虚火上升、内脏等问题。如果你的住宅也属于这种情况，不妨在家多培养一些活水植物来化解，如水栽植物，或在鱼缸中放入水草等。

其次，风宜流动。气场的流动对于人居住的地方是十分重要的。要保持住宅气场的通畅，除了通过门窗的设置、开门开窗等方式来引导自然风之外，还可利用电风扇、排气扇来加强空气的对流，从而保持室内空气清新，令人精神振奋，杜绝或减少主人呼吸器官方面的问题。

卫浴间与健康

按照风水理论，卫浴间被称为污秽、潮湿之地，有很多禁忌，如不可正对房门、不可处于风口的位置等，这些理论其实并不仅仅是单纯的禁忌，很多是依据现代环境卫生而要求的。随着人们生活水平的提高，多套卫生设施的住宅慢慢成为一种趋势，这样的设计在为居住者带来方便的同时，也埋下了健康隐患。因此，在布置卫浴间时，更需要对卫浴间环境予以特别的关注，这样才能使家人居住得更加健康舒适。

1.卫浴间门忌冲大门

卫浴间的门忌对住宅的任何一个门，尤其不宜与住宅入户大门对冲。入户门是气口，是生气吸入的地方，生气应该和缓地在住宅内流动。从环保和心理方面来说，人一进屋即看到卫浴间的门亦不雅，而且有声音和异味传出，既不雅观，也不礼貌，并且对家人的健康有影响，不利家人的精神面貌。

2.卫浴间不宜设在住宅中央

卫浴间、厨房等易积聚污秽的房间都不宜设在住宅的中央。当卫浴间在住宅的中央时，其内的湿气、秽气就易扩散到其他房间，容易导致家人生病，对健康极为不利。如果卫浴间已经设在房子的中央，最好重新装修调整。

3.卫浴间忌无窗

很多小户型为了节省空间，往往将卫浴间设置成全封闭的空间，没有窗户，只有排气扇，而且排气扇也不经常开启。按照“家相学”的看法，卫浴间一定要有窗，以保证阳光充足、空气畅通。这是因为，水与浊气是卫浴间中的主要元素，如果房屋中没有窗户，就极易导致过多的水分和浊气凝聚室内并且停滞，长此以往，必然影响住户的健康。有窗户的卫浴间，则可摆放一些绿色植物或盆景，也可挂几幅艺术画，营造浪漫氛围。

玄关与健康

玄关是住宅内最重要的组成部分之一，可以说是住宅的咽喉地带，它给予进入者的感觉相当于人与人之间的第一印象。据心理学分析，第一印象通常产生于前7秒，而这与进入住宅内部审视玄关、调整气息的时间基本相同。玄关是从大门进入客厅的缓冲区域，让运动的进入者静气敛神，同时是引气入屋的必经之道，因此它的布置在居家环境中十分重要。

玄关虽然是一个小空间，但也不能太过狭窄，应满足通透、适中、明亮、整洁的要求，这样才会让人产生一种舒适的感觉。玄关的设置应与住

宅的实际情况相配合，通常应根据玄关的面积和生活需要来选择布置玄关的合适家具。如果住宅面积较小，通常放一个鞋柜、镜子等家具就可同时满足生活所需和玄关的分割作用。如果居室非常小，最好就不要设玄关，以免影响正常空间的利用。

利用玄关保护隐私

客厅是一家大小日常安坐聚首的地方，是家庭的活动中心，如果客厅无遮掩，缺乏私密性，家中各人的一举一动均被外人在大门外一览无余，那便缺乏安全感。而玄关就是大门与客厅的缓冲地带，可以起到遮掩的作用，令外人不能随便在大门外观察到屋内的活动。有玄关在旁护持，在客厅里会感受到安全性大增，同时也不怕隐私外露。

设置一个布置简洁大方的玄关，还能让人一进门便感觉眼前一亮，精神为之一振，提升健康指数。而且一些贴近地面的房屋，往往易被外边的强风和沙尘渗透，设玄关后既可防风，亦可防尘，也可保持室内的温暖和洁净。

卧室与健康

卧房是提供人休息和睡眠的地方，是一个让我们疲惫的身心可以得到短暂休憩的港湾。一天中三分之一以上的时间我们都要在卧室度过，人在这期间大约要呼吸7000次，通过的空气量约有2400升。如果卧室空气质量差，含有各种化学污染物或细菌、病毒等致病微生物，对人体健康的损害是不言而喻的。随着生活条件的提高，越来越多的家具、电器进入卧室，如电视、电脑、鱼缸等，这些都与我们健康密切相关。

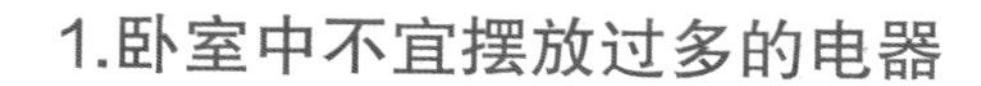

1.卧室中不宜摆放过多的电器

电视、电脑、手机等工作时，都会产生一定量的电磁辐射，当辐射量超过一定强度后，就会使人出现头疼、失眠、记忆衰退、视力下降、血压升高或下降等问题。因此，电视、电脑、电冰箱最好不要集中摆放在卧室里，也不要过于集中或经常一起使用，以免将自己和家人暴露在超剂量辐射的危险中。

调查显示，卧室中放电视还会影响夫妻生活，使夫妻性生活减半。因为卧室里摆放电视机，就会直接减少夫妻语言交流的机会，即使有交流每次也只有2至3分钟时间。而那些不看电视的夫妻相比之下交流要多一些，他们每次的语言交流基本都能达到15分钟。此外，研究人员还发现：充满暴力场景的影视剧会让47%的男人失去性欲，而恐怖镜头会让56%的女人丧失性冲动。

2.卧室不宜精装修

从绿色环保的角度来说，卧室装修越简单越好。装修精美豪华的卧室，污染源通常会更多，产生的污染就更多，对身体健康危害就越大。有这样一户家庭，主人住的主卧，墙壁上全都贴满了漂亮的壁纸，天花板装饰得非常精美，卧室中摆满床、衣柜、电脑、电视等家具，经过检测发现这间卧室的空气污染严重超标。而保姆住的小房间，除了一张床和地板砖，没有其他任何装饰，墙壁也只是用涂料简单粉刷了一下，但这间卧室的各项指标都合格。由此可见，装修越豪华、看上去越漂亮，产生的污染反而可能更多。

要预防居家装潢产生的污染，应坚持早预防、早检测、早治理的原则，尽量从源头上减少污染源。进行居家装潢时，选择的装饰材料

▲从健康角度来看，卧室更宜简单大方，在具备相应的功能情况下尽量简单，对居住在其中的人的健康有利。

要尽量环保，采用符合国家标准和污染少的装修材料、油漆、胶和涂料。如果条件允许，在入住前对室内空气质量进行检测则更好。

老人房与老人健康

若想老年人健康长寿，就一定不能忽视老年人卧室的风水。相对于青壮年和儿童，老人的生理与心理具有其独特的特点。进行居家布置时，必须以符合老人的身体条件、生活习惯和心理需求为依据，以保障老人的身体健康为原则，进行合适的居家布置，创造一个有益老年人身心健康、舒适、优雅的居家环境。通常来说，需要注意以下几点。

1.老人房的方位设置

从住宅方位上来说，东南方和南方的房间日光充足，最有益健康，适合作为老人房。此外，老人房的设置还应适合老人的生理和心理需求。如随着身体的老化，老人会出现尿频、行动不便等症状，老人房就应尽量靠近卫生间，方便老人起夜。另外，老人一般体质较弱，对声音很敏感，对神经日渐衰弱的老人来说，即使很小的音量，他们也会觉得难受。因此老人房就应尽量安排在远离客厅和餐厅的空间，装修时要重视门窗、墙壁的隔音效果，使老人房不受外界喧哗的影响。还需注意的是，老人通常骨骼脆弱、行动不便，因此老人房的地面不能作高低处理，如果是楼房，则应安置于楼下，以免出现摔倒、扭伤的情况。

2.老人房床的布置

老年人的床以偏硬床垫或硬板床加厚褥子为好。老年人骨骼的柔软度远远不如年轻人，因此弹簧床等软床对老年人不合适，对于患有腰肌劳损、骨质增生的老年人尤其不利，这常常会使他们的症状加剧。而床上用品则宜选择轻软、保暖性强、吸湿性强的天然材料制作而成的，如全棉、全麻的。此外，老人床的床铺高度设置要适宜，便于上下床，不至于稍有不慎就扭伤、摔伤。同样，供老年人使用的沙发也不宜选择过于柔软的，它会令老人“深陷其中”，不便挪身。

3.老人房装潢风格的选择

经历过沧桑岁月的老人，多有一种很浓的怀旧情绪，喜欢凝重沉稳之

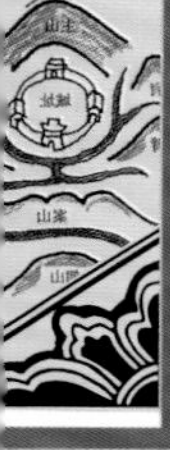

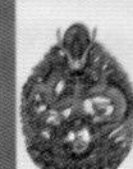

▲老人房多以沉稳的色调为主，在风格上也可以多变，可以是中式复古，增加怀旧感，也可以是欧式田园，让空间多一份质感的闲逸。

美。对老人房进行装修设计时，应以稳重淡雅的风格作为首选。老人在晚年都希望过上平静的生活，房间的淡雅色调刚好符合他们此时的心情，过于鲜艳或苍白的颜色会刺激老人的神经，使他们在自己的房间中享受不到安静，这样会损害老人的健康。过于阴冷的颜色也不适合老人房，因为在阴冷色调的房间中生活，会加深老人心中的孤独感，长时间在这样孤独抑郁的心理状态中生活，也会严重影响老人的健康。

在对老人房进行设计装修时，要适当利用各种软装饰以强化环境的典雅风格。比如，窗帘可选用提花布、织锦布等，厚重的质地和素雅的图案，可体现老人成熟、稳重的智者风范、成熟气质。此外，在软装饰的选择上，还必须处理好老家具与新环境的关系以及老家具与新家具的关系。老年人常常舍不得扔掉旧家具，因为这些老家具往往“藏”着许多的故事，浸染着过去岁月的种种气味。老人怀旧，怀的不是仿古家具，而是从前的家，从前的生活。因此，对老人房进行装修设计时，应适当运用一部分老家具，在新的居住环境中，给老人一点温暖的念想。

4.老人房装饰材料的选择

人从60岁开始，就会明显地出现一些衰老迹象，如弯腰曲背、行动较过去缓慢、反应变得迟钝等。因此，在装饰材料上，应多用一些天然环保少污染的材料，如木材、墙纸、哑光防滑地砖以及木地板等，忌用太多金属和现代复合工程塑料，以免老人房的气场与老人身体气场相冲突，引起衰老的进一步加剧。同时，地面装饰必须选择防滑性好的材料，如软木地板、拼木地板、地毯、石英地板砖、凹凸条纹状的地砖及防滑马赛克等材料，以防止老人摔倒。卧室铺木地板，浴室贴小块的马赛克，是最为理想的组合。

家里有老人的，在容易溅水的卫生间或厨房门口，最好还能给老人铺上防滑地垫。如果地砖或木地板不小心洒上了水，就会变得很滑，在地上铺上一块小小的地垫，就可有效降低意外发生的概率。

5.老人房的灯光设置

人年老时，对色彩的辨别力和对空间的感知能力都会下降，因此，老人房间的光源一定不能太复杂，不要装彩灯，这样会让老人眼花，还容易导致突发心脑血管疾病。明暗对比强烈或颜色过于明艳的灯也不适合老人，因为这很容易引起老人情绪的波动。

对老人来说，灯光的设置以方便生活所需、明亮且易操控最佳。最好在一进门的地方要有灯源开关，否则摸黑进屋容易绊倒；床头也要有开关，以便老人起夜时随时可以控制光源。为了保证老年人起夜时的安全，老人房还应装个小夜灯。有些老年人喜欢躺在床上看书，

所以床头灯应该稍微亮点，最好是那种装有调节开关的，可以根据需要调亮或调暗。此外，为了方便老人夜间活动，住宅的走廊、卫生间、厨房、楼梯、床头等处最好也设计有小夜灯。

6.老人房宜摆放一些寓意吉祥的物品

对老人来说，很多情况下心灵关爱比金钱关爱更为重要。在老人房摆放一些寓意吉祥的物品，既能表达出对老人的关爱，还能从风水上对老人的身心产生积极作用。常用来摆放在老人房的物品有象征长寿、健康、福气的山水花鸟画和书法工艺品，以及吉祥物等。

▲在老人房中可以摆设一些吉祥的饰品，可以是一些象征长寿的摆件，聚集吉祥的正面能量。

儿童房与儿童健康

儿童的世界更需要精心呵护，尤其是他们的生活空间，这就是居家环境中的儿童房了。我们要在这个空间中营造出属于孩子们的一个真正的欢乐世界，那么，孩子的健康就必须得注意了。若要让孩子们健康成长，在布置儿童房的时候就有以下几个方面需要多加注意。

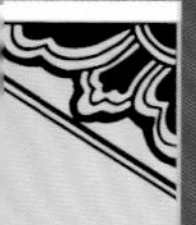

1.活动功能

孩子们喜欢群居，这是因为他们喜欢热闹，在心理上惧怕孤独，所以在儿童房的设计上就应针对这一活动特征，除了必要的家具摆设外，还要保证有较宽的活动空间使他们能跟别的小朋友进行群体活动，如过家家、做游戏等。

在现代的住宅户型中，特别是小户型的住宅，儿童房间面积大多数偏小，这就要求儿童家具应注重多功能性以适应这种变化，可将房间内的儿童床、儿童桌、书柜、衣柜、玩具柜等有选择地组合在一起，使其具有多功能以减小占地面积。具体在设计上可将儿童床置于高处，其下部空间设置衣柜、玩具柜、写字台或书柜；写字台也可与书柜等组合在一起等。这种将房间内家具集中放置的设计方法，可以节省出

▲儿童房还兼具了小孩玩耍区域的功能，还可使用一些铺地进行装饰，同时也增加了玩耍区域。

更多的空间供儿童进行群体活动，以提高他们与人相处的能力，从小锻炼其社交方面的才能，保证其心理健康成长。

2.空间色彩与健康

由于儿童的神经系统不完善，对外界刺激反应强，注意力不易集中且不具有持久性，容易受到外界因素影响，设计时就可运用色彩产生的不同效应来尽量解决这些问题，给孩子一个更加完善的环境。

不同的色彩会给空间带来不同的感受，如粉红色、奶油色会令人觉得可爱、天真；原色、黄色、橙色会令人觉得轻松、快活；嫩草色、粉蓝色会令人觉得淡雅、清爽。儿童房色彩的搭配讲究大方

▲孩子的空间就应该是明亮而鲜活的，所以在色彩上，可以需安装一些如蓝色、黄色等对比感强烈的颜色来进行布置。

自然，若用白色、蓝色、绿色等给人感觉安静的色彩调和，效果更好。年龄较小的孩子对于鲜艳的色彩更加敏感，能够吸引他们的注意力，但是家具上面的装饰图案却不宜太多、太大。而且图案一般不应放在书桌面等视线经常接触的位置，以免孩子经常被图案吸引，从而分散注意力。另外，在进行儿童房设计时要避开那些晦涩、模糊、复杂的颜色，这些色彩不利于儿童的心理健康。对于性格较内向且软弱的孩子，宜用对比强烈、明快的色彩；而对于性格外向脾气较暴躁的孩子，则宜用对比较弱、淡雅的色彩。这样有利于他们的神经系统更完善地发育。

3.学习与成长

孩子总是对外界充满好奇，并具有较强的模仿心理，这就要求在设计儿童房间时要特别注重其教育特征，以恰当的道具和方式作为教育手段，往往能收到意想不到的效果。

针对儿童的教育，特别是学龄前的儿童，都应用一种寓教于乐的方式来使儿童能更好的接受新知识，认识新事物。这种教育从本质上来说其实是一种影响深远的教育。针对这一点，我们可在儿童床上安装书架并随时放上一些引人注目的小人书，让儿童在随便翻翻中增长知识，这就在无形中扩展了他们的知识面，也增强了他们的上进心。同时还可摆放一只可爱的企鹅椅子或放置其他一些仿生家具等，也可以引发儿童对动物、对大自然的热爱，促使他们更快地了解世界，对大自然有着更积极向上的认识。

居室装饰与健康

现在无论谁买了新房都要进行装修和装饰，但不是每家都会装修得恰当并且符合装修设计上的讲究。房屋装修与装饰，不仅要考虑美观漂亮，更重要的是要保证居住者的舒适和健康，这样的住宅才是好宅居。

1.不要将家变成金字塔

在居家布置中，无论是格局、摆设，还是盆景，都要尽量避免尖锐物的产生，因为这些尖角会产生类似金字塔之中的“尖端效应”，从而伤害身体的神经系统和内分泌系统；而且尖角和棱角等尖锐的形状还会放射出不稳定的能量，阻扰气场的活动，让你的家变成一个身体机能不会自然运转的活金字塔，影响身体的健康。因此，在进行房屋布局、挑选家具家饰时，最好选择“圆转角”，既有益健康，还能和谐家庭。

2.装饰品不宜过多

现在的都市白领都很喜欢购物，不时给家里添个玩偶，或者一大堆杂七杂八的装饰品。其实，装饰品不宜过多，一是会让房屋变得杂乱，滋生蟑螂等害虫；二是杂物太多会对身体产生不良影响，比如损害视力等；三是杂物太多就可能堵塞住宅的气场，影响家庭和谐。要预防家中杂物过多，除了控制购买的欲望外，还应定时整理归纳，时刻保持家中整洁，尤其是有小孩的家庭要勤于整理。

3.室内不宜的居家布置

室内特别是卧房内不宜安放大面镜子，因为强光的折射刺激容易影响人的交感神经，使思维无法长时间集中。而四周玻璃窗过多、透明感太强，则会让人的心境难以安宁，缺少安全感，因此窗帘质地、厚薄的选择，看似小事一件，其实它直接关系着人的身心健康。

床的上方若安有灯具、装饰物，会造成人的情绪紧张，给人以压迫感、妨碍人的正常睡眠，所以必须尽可能地加以去除。老人与儿童的床不宜贴墙而放，因为墙体，尤其是靠近室外的一面墙体，具有散热体的作用，如果老人在晚间休息时，不注意贴墙睡眠就容易造成人的体温下降，从而诱发疾病。

装修布置与睡眠健康

现代都市生活节奏快，工作压力大，很多人都出现睡眠不足、失眠等睡眠问题。不过，近日也有专家指出，造成睡眠障碍的原因固然与竞争和压力有关，但还有一些常常被人们疏忽的原因，如住宅的噪音污染、床位的设置、卧室电器与床上用品的质量等等小细节，很可能就是造成睡眠问题的最大诱因。

为了有效地消除居家生活中“睡眠障碍”，以下提供了住宅装潢与布置和常用的减少噪音污染的方法，以供户主们选择。

1.通过房子装潢有效隔音

现代很多住宅小区身处闹市，要让房子有效隔音，对隔音效果差的墙壁，一定要进行改造。如先用实木不等距的几何图形分隔墙

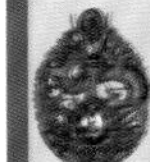
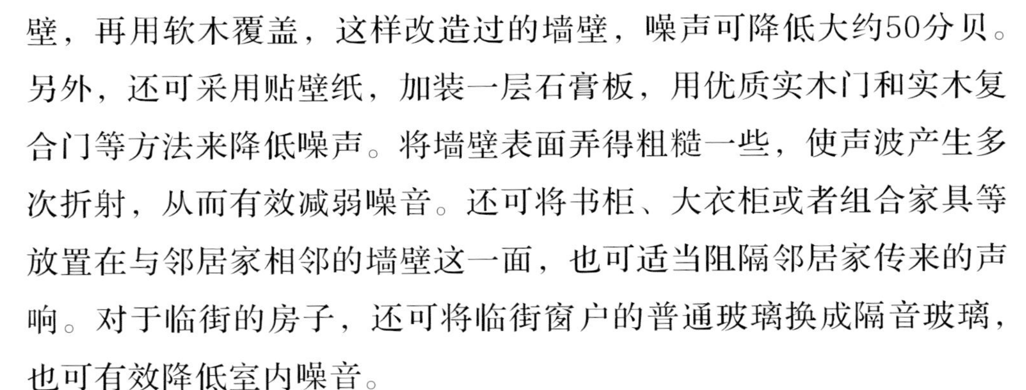
壁，再用软木覆盖，这样改造过的墙壁，噪声可降低大约50分贝。另外，还可采用贴壁纸，加装一层石膏板，用优质实木门和实木复合门等方法来降低噪声。将墙壁表面弄得粗糙一些，使声波产生多次折射，从而有效减弱噪音。还可将书柜、大衣柜或者组合家具等放置在与邻居家相邻的墙壁这一面，也可适当阻隔邻居家传来的声响。对于临街的房子，还可将临街窗户的普通玻璃换成隔音玻璃，也可有效降低室内噪音。

2.电器的选购与摆放

为了有效降低家用电器对睡眠的干扰，首先，购买家用电器时，要有意识地把工作噪音低作为选择标准之一。选用那些静音效果相对较好的家电用品，不仅可有效降低房子的噪音，还能让你保持良好的情绪。在摆放电器时也要注意，冰箱、洗衣机、微波炉、电视机等电器最好摆放在客厅、餐厅和厨房等活动区，而不要摆放在卧室、书房等休息区。休息区内如果摆放太多电器，一是会干扰家庭的空间职能，而且电器产生的噪音还会严重干扰睡眠，影响身体健康。

3.慎选床上用品，给睡眠加分

钻进被窝，包裹肌肤的床品是哪种布料，对每个人都十分重要，因为它直接影响着身心的彻底放松和能否有一个高质量的深度睡眠。因此选床品一定要看材质是否合适，还要根据季节的变化更换不同材质的床品。

在选择床上用品时，首先要选择舒适的面料，这是最为关键的一点。目前市场上各种质地、纹样的纺织品很多，挑选时应注意产品的性能，量材使用。由于床上用品直接接触人的身体，最好挑选纯棉、真丝等质地柔软的面料，这些床上用品柔软舒适，吸湿性强，

保温性能强，也便于清洗。

床上用品如果与周围环境的色彩搭配、质地性能、图案纹样巧妙组合，可形成千变万化的装饰效果。床单和枕头套应避免使用三角形或箭头图案。因为三角形和箭头的图案阳气过盛，会给人视觉上带来不舒适的感觉，破坏祥和的气氛，令居住者缺乏安全感。只有在协调适度、搭配得当的环境中，方能营造出舒适、温馨的家庭氛围。

植物与健康

据科学研究证明，植物也和人一样，都是有一定“血型”分类的，植物之间也有着一定的亲缘关系，它们有语言、有情绪、有喜怒哀乐、有预见性和预知力。它比人类这个“万物之灵”更灵，它可以预知地震、干旱、风雨，甚至能预报自然灾害。

植物与花卉不仅具有观赏价值，而且象征着生命与心灵的成长与繁荣。它们可以降低人的压力，提供自然屏障，让人免受空气与噪音的污染，无论在任何地区，植物所产生的气场都会产生非常大的影响，它能影响气的能量与方向，亦可帮助气回复平衡状态。

1.有益健康的居家植物

长期生活在空气被污染的居室中的人都会处于亚健康状态，主要表现是情绪低落、心情烦躁、紧张不安、忧郁、焦虑、疲劳困乏、注意力分散、心闷气短、失眠多梦、腰酸背痛等。要消除污染，最实用有效的方法是放置适当的植物。

具有吸收甲醛作用的植物，如吊兰、芦荟、龙舌兰、嘉德丽亚兰等。

▲吊兰

▲嘉德丽亚兰

▲常春藤

▲铁树

▲万年青

▲雏菊

▲玫瑰

▲桂花

▲薄荷

具有吸收苯作用的植物，如常春藤、铁树等。

具有吸收三氯乙烯作用的植物，如万年青、雏菊、龙舌兰等。

具有吸收二氧化硫作用的植物，如月季、玫瑰等。

具有吸尘作用的植物，如桂花。

具有杀菌作用的植物，如薄荷。

2.室内不宜摆放的植物

很多花都有净化空气、促进健康的作用，但有些花若养在家中，反而会成为致病源，或是导致老病复发、旧病加重的“杀手”。因此专家建议，养花前必须了解花性，以防一花养，身体就出毛病。

病人室内不宜养盆栽花——由于花盆中的泥土会产生真菌孢子，当它们扩散到空气中后，容易侵入人的皮肤、呼吸道、外耳道、脑膜及大脑等部位，会引起感染，这对原本就患有疾病的患者来说危害很大。

卧室夜晚不宜放花——由于大多数的花都是白天通过光合作用吸收二氧化碳、释放氧气的，但到了晚上，则刚好相反。因此，在卧室内最好不要放花，白天放的花，到了夜间就移出室外，至少不要放在卧室里，以免影响家人健康。除此以外，下列植物也必须注意。

（1）紫荆花

紫荆花散发出来的花粉如与人接触过久，会诱发哮喘症或使咳嗽症状加重。

（2）含羞草

含羞草体内的含羞碱是一种毒性很强的有机物，人体过多接触后会使毛发脱落。

（3）百合

百合花的香味也会使人的中枢神经过度兴奋而引起失眠。

（4）夜来香

夜来香（包括丁香类）在晚上会散发出大量刺激嗅觉的微粒，闻之过久，会使高血压和心脑病患者感到头晕目眩，郁闷不适，甚至病情加重。

（5）夹竹桃

夹竹桃可以分泌出一种乳白色液体，长时间接触会使人中毒，引起昏昏欲睡、智力下降等症状。

（6）松柏

松柏类花木的芳香气味对人体的肠胃有刺激作用，不仅影响食欲，

而且会使孕妇感到心慌意乱、恶心呕吐、头晕目眩。

（7）洋绣球花

洋绣球花（包括五色梅、天竺葵）所散发的微粒如与人接触，会使人的皮肤过敏而引发瘙痒症。

（8）郁金香

郁金香的花朵含有一种毒碱，接触过久，会加快毛发脱落。

（9）杜鹃

杜鹃花含有一种毒素，一旦误食，轻者会引起中毒，重者会引起休克。

▲紫荆花

▲含羞草

▲百合

▲夜来香

▲夹竹桃

▲松柏

▲洋绣球花

▲郁金香

▲杜鹃

3.家庭养花不宜贪大求全

家庭养花应根据居室大小来选择株形大小、数量适中、外形美观、对家人无害的种类。有些花卉含有毒素，如杜娟花、紫荆花等，一旦误食可使人中毒。水仙花、滴水观音等叶汁和花汁染于皮肤时，可致皮肤出现红、肿、痛等过敏症状。因此在管理上应特别注意，应置于孩子不能接触的地方，以免孩子玩弄或误食。外观生有锐刺的植物对人体安全存在着一定的威胁，应放置于远离家人活动的位置。

一般15平方米左右的居室，只宜放2盆中型、大型植物，小型植物可以放3～4盆。此外，要想营造居室绿色氧吧，除了要考虑绿色植物的株型、花色外，还要考虑它们吸收二氧化碳的方式。有些植物属于夜间耗氧释放二氧化碳类，夜间最好将其移到屋外，以避免其同人争氧气，影响人的健康。

楼高、房高与健康

现代的人居住的住宅多是以小区为主，而一般的小户型住宅都是电梯公寓，楼层都比较高。选择住宅时就要注意了，不同的人需要的高度是不同的，这不仅关乎环境，也关乎健康。

1.楼层不宜过高

住宅对人体健康的影响较为明显。为了节省地皮，现代都市中很流行高层小区，有很多人觉得住得越高越好。事实上，住得太高时人

体就可能会吸收过多太阳能量而吸收不到足够的地球磁能，使人出现神经系统失调或失眠等健康问题。改善的方法就是在房子内多种植绿色植物或盆栽，同时加窗帘，以调节这些不利影响。

2.房高不宜太低

为了节省建筑成本，获取更大利润，很多黑心的建筑商会从房高上下功夫，将房高压到很低。居住在这样的房子里，无形中就会给居住者的心理形成一种压迫感，使其感觉压抑、沉重，影响其心理的健康。此外，房高低的房子通常空间不够，造成“气”场无法顺利流通凝聚，影响居住者的生理健康。因此，在购买房屋前，一定要询问建筑的房高，看是否适合人体的物理学原理。通常来说，普通住宅应该是建筑层高2.8米，净层高一般在2.3～2.65米，如果低于这个标准，就应另择其它好房了。

颜色与健康

不同的色彩给人不同的心理感受，看上去舒服和谐的色彩能让人感到心情舒畅。反之，其他具有刺激性视觉效果的色彩则会让人感到浑身不舒服，自然也就降低了心情的愉悦程度，没有好的心情，对健康也是不利的。不论是出于设计的要求还是心理学的要求，对室内的颜色还是要进行合理地搭配使用。

温和的颜色能让人感觉舒缓、放松。而强烈的色彩给人以跳动的活力，不同的颜色给人的感受不同，自然也会对人体的生理机能有一个引导性的作用。

1.红色

这是一种较具刺激性的颜色，它给人以燃烧和热情感，但不宜接触过多，过多凝视大红颜色，不仅会影响视力，而且易产生头晕目眩之感。心脑病患者一般是禁忌红色的。

2.粉色

这是一种可爱而温柔的颜色，但是据实验表明，这种颜色看多了能降低人的情绪，这是因为粉红色能使人的肾上腺激素分泌减少，所以，出于对健康的考虑，患有孤独症、精神压抑者不能经常接触粉红色。

3.橙色

这是一种能产生活力，诱发食欲的色彩，也是暖色系中的代表色彩，同样也是代表健康的色彩，它也含有成熟与幸福之意。

▲橙色与黄色结合的厨房设置，不仅在色彩上给人以明亮的感受，同时也能增加食欲。

4.黄色

这是一种象征

健康的颜色，给人的感觉是明亮而温和的，它的双重功能表现为对健康者的稳定情绪、增进食欲的作用；对情绪压抑、悲观失望者会加重这种不良情绪。

5.绿色

这是一种能令人感到稳重和舒适的色彩，具有镇静神经、降低眼压、解除眼疲劳、改善肌肉运动能力等作用，自然的绿色还对晕厥、疲劳、恶心与消极情绪有一定的舒缓作用。但若是长时间呆在绿色的环境中，易使人感到冷清，影响胃液的分泌，从而影响食欲。

6.蓝色

这是一种令人产生遐想的色彩，虽然具有沉静的一面，但另一方面也是相当严肃的色彩。具有调节神经、镇静安神的作用。蓝色的灯光在治疗失眠、降低血压和预防感冒中有明显作用。有人戴蓝色眼镜旅行，可以减轻晕车、晕船的症状。但患有精神衰弱、忧郁病的人不宜接触蓝色，否则会加重病情。

7.白色

这是一种具有干净整洁感的颜色，它能反射全部的光线，在室内空间较小时可以起到膨胀空间的效果。同时，白色对易动怒的人可起调节作用，这样有助于保持血压正常。但对于患孤独症、精神忧郁症的患者则不宜在白色环境中久住，以免产生压抑情绪。

8.黑色

这是一种吸收光谱的颜色，具有清热、镇静、安定的作用，对激动、烦躁、失眠、惊恐的患者能起恢复安定的作用。

9.灰色

这是一种极为随和的色彩，具有与任何颜色搭配的多样性。所以在色彩搭配不合适时，属于中性色，可以用灰色来调和，所以对健康没有太大的影响。

油漆与健康

装修其实是一个比较让人烦恼的问题，除了很多细节的考量外，还得时刻注意装修材料的成分，比如油漆等使用量比较大的材料，它与我们的健康是密切相关的。这也是为什么现代人越来越重视绿色环保油漆的选择的原因。这是因为在传统的装修中，一般会大量地使用复合板材、黏合剂和油漆，这些都是甲醛、苯、氨、甲苯、二甲苯等毒气的主要污染源。这些毒气对健康的危害是非常大的，每年有逾十万人就死于家装污染。所以，家装中使用什么油漆是与我们的健康息息相关的，要加倍注意了。

1.如何挑选健康的油漆

其实，不管选择什么样的油漆，大家对它的要求就是要健康环保，

那怎样才能买到健康环保的油漆呢？下面就来告诉你答案。

首先是看形，环保型油漆打开后表面飘浮着一层树脂，经过搅拌以后，质感浓厚，亮光漆色泽水白、晶莹透明；亚光漆呈半透明轻微浑浊状，无发红、泛黑和沉淀现象。滴落时成直线状，连续不断。如果是劣质漆，漆滴落时断断续续，且有结块现象。

其次是闻味，一般情况下环保型油漆气味温和、淡雅，芳香味纯正；劣质漆一打开漆罐，就散发出一股强烈的刺鼻气味或其他不明异味。目前部分劣质漆也有香味，可能是某些不法商家加了香料以劣质漆冒充环保漆，这种漆气味冲鼻，没有真正的环保油漆的气味淡雅。

最后是向商家索要国家出具的检测报告，对比其中参数来比较到底谁最环保。其中包含了VOC含量、甲醛含量、重金属含量、耐擦洗次数等几项指标。

（1）VOC含量

VOC对人体的影响有三种类型，即气味和感官效应；粘膜刺激和其它系统毒性导致的病态；某些挥发性有机发合物被证明是致癌物或可疑致癌物。水性墙面漆的国家标准是VOC 120g/L，水性家具漆是VOC　300g/L，油性家具漆是VOC　700g/L。从国家标准来看，相对来说水性油漆比较环保一点。但是具体到某一个品牌的某一个产品VOC实际参数都会不同，比如说某品牌的一款全效抗碱底漆的VOC国家标准是 120g/L，但是它实际只含有74g/L。要挑选最环保的油漆，这就要靠大家去商家进行比较了。

（2）甲醛含量

现在国家实行的是强制性执行标准值 100mg/kg。甲醛本身毒性较高，对蛋白质有很强的凝固作用，能和核酸的氨基及羟基结合使其变性，能阻碍胃酶和胰酶的作用，因而会影响代谢机能，其蒸气对啮齿动物有致癌作用。

（3）重金属含量

重金属主要是指可溶性铅、镉、铬、汞等物质，某些重金属在一定浓度内是人体必需的微量元素，但进入人体的量超过人体所能耐受的限度后，即可造成严重的生理损害，引发多种疾病。铅中毒对儿童更为严重，儿童对铅有特殊的易感性。一般儿童漆的重金属含量要比一般油漆的重金属含量要低，比如某品牌的专用乳胶漆的铅含量只有1mg/kg，大大低于了国家标准 90mg/Kg。

（4）耐擦洗次数

耐擦洗次数主要取决于乳液含量和质量，而这个主要原材料也决定乳胶漆的主体性能，如耐擦洗次数、耐候性及保色性等功能。

2.如何去除家装油漆味

对于刚装修完毕的居室，先别急着入住，要尽量通风散味，但又不能打开所有门窗通风，因为这样可能会给刚施工完毕的墙顶漆带来不利，使墙顶急速风干，容易出现裂纹，破坏美观。最重要的要把家里的各种气味散尽，其中感觉最明显的油漆味，那如何快速去除家装油漆味呢？下面教你几招。

找个盆打满凉水，然后在其中加入适量的食醋，放在通风房间内，并打开家具门，这样既可适量蒸发水份保护墙顶涂料面，又可吸收消除残留异味。

在室内放两盆冷水，在其中加上盐，一至两天漆味便除，也可将洋葱浸泡盆中，同样有效。如果是木器家具散发出的油漆味，可以用茶水擦洗几遍，油漆味也会消除得快一些。

在房间里摆放桔皮、柠檬皮等物品，也是一种很有效的去味方法，不过它们的见效不会很迅速。

还可买些菠萝，然后在每个房间都放上几个，大的房间可多放一些。因为菠萝是粗纤维类水果，既可起到吸收油漆味又可达到散发菠萝的清香味道、加快清除异味的速度，起到了两全其美的效果。

要快速清除残留油漆味，可用柠檬酸浸湿棉球，挂在室内以及木器家具内。

再买些绿色植物放置室内，一般可以选择吸收甲醛的植物如仙人掌、吊兰、非洲菊、芦苇、常春藤、铁树、菊花等，而能消除二甲苯的花草则有常春藤、铁树、菊花等。

可以去市场挑选一些高科技的去味清洁剂，它能去除新装修房、新家具等散发出的有害气体。据有关人士介绍，这些去味清洁剂一般都是进口产品，利用氨化合物与有害物质发生化学反应，从而起到了去味清洁的作用。在新装修的房间中，可把这种去味清洁剂倒入盘中，将盘分别放在每个房间中，再结合擦洗去味法，连续几天后就可有效去除难闻气味。

在家里放一些竹炭除味包，可以快速有效地去除空气中的异味，能吸附了甲醛等有害气体。

还可在家里点杀菌消毒灯，以解决居家生活中的杀菌消毒问题，从而消除油漆异味。特别适合婴儿房、老人房、厨房、卫生间、居室内的空气、物品的消毒处理，由于其具有定时开关机或遥控开关机功能，使人们在消毒时，免受紫外线伤害。由于紫外线的杀菌力强，对空调房或紧闭窗的居室特别适用。

使用纳米材料的环保工艺画也能起到一定的消毒除味作用，这是因为它在制作过程中，添加了纳米复合材料，其降解机理是在光照条件下，将这些有害物质转化为二氧化碳、水和对人体无害的有机酸。将喜欢的画挂在房间里，即优雅别致，又可净化居室环境，倒是两全其美之策。一般居室、客厅挂一幅画即可，新装修房希望马上入住或污染源严重（多人经常吸烟），希望多一点空气负离子，也可同时多挂几幅画。

生活习惯与健康

我们看似干净的家中，其实藏着许多看不见的健康隐患这都是由一些不良的生活习惯引起的。如果长时间对其不闻不问，会严重的影响我们的身体健康。

1.门前堆放垃圾——影响健康

很多人对于家里的卫生情况都特别在意，但是对于门口的垃圾却比较少留意。其实门口的垃圾对于家中的环境影响也是举足轻重的。首先病从口入，开门见垃圾，各种肮脏的气味扑面而来，影响工作的心情。如果对于家中的老人或者小孩，影响会更大，直接关系到他们的身体健康。其次，门口垃圾使得家门口环境脏、乱、差，垃圾还代表着霉气，出入碰见霉气，人的心情也会大受影响。

2.空气不流通——影响家人的健康和情绪

现在楼价昂贵，所以很多家庭都是以小户型为主，住所都略为拥挤。而且现代城市灰尘很多，很多家庭都会选择紧闭门窗，阻挡尘土。但是这就形成了一个封闭的布局，犹如一只小鸟居住在囚笼，更造成空气不流通，影响家人健康和情绪。这个也是住宅布局的一大忌讳。

3.内明堂乱堆乱放——易引起呼吸道感染

有不少家庭为了贪图方便，一进入房屋门就把鞋子到处随意摆放，

这其实也是环境之大忌。由于鞋子是出门必备的，当人们穿着鞋子每天在外行走，鞋子与地面又是最近距离的接触，鞋底也肯定会多多少少沾染了很多各种各样的细菌，如果此时一进门就把鞋子到处摆放，也就等于把病菌带进了屋内，也就在无意识之中就提高了家庭成员受细菌侵蚀的可能性，最容易患的是与空气质量直接相关的呼吸系统的疾病。

4.灶位不整洁——易导致消化不良

俗话说“民以食为天”，要想每天都能享受到丰盛的饭菜，厨房自然是每天必要的进出场所。若是厨房中的灶位不整洁，布满各种灰尘、油烟、脏物，影响可就非同小可了。小则会消化不良，重则食物中毒。因此，清洁灶位切不可掉以轻心。

5.床下堆放杂物——影响睡眠

很多时候，家中的老人家都喜欢将一些平时比较少用的破旧东西打包起来，然后统一摆在床底下，名曰节省空间。其实这也是一个影响身体健康的布局。因为一般来说，床底下是不可能经常打扫的，因此堆积的东西将会滋生各种各样的害虫病菌。想象一下，每天睡在一堆垃圾上面，睡眠势必会受到很大的影响。

6.阳台花草枯黄——影响情绪

植物可以美化环境，有些植物放置在家中更是可以使人心情愉悦，生机勃勃。但是枯黄的花草却不属于此范围。因为枯黄的植物表明该生物已经是处于奄奄一息的状态，或者是遭遇病毒感染，又或者是害虫侵扰。放置家中，造成了一个破败落魄的氛围，严重的话还会影响家人的情绪，使人产生忧郁的感觉。因此，枯黄的花草应及时清理。

根据季节调整心态

都说健康才是人最大的财富，但是由于现代人的生活总是充满着各式各样的压力，所以心情也往往处于一种紧绷的状态中。不过，无论平日如何繁忙，也都应该抽时间照料自己的健康，努力让自己的心得到舒缓。在春、夏、秋、冬不同的季节，放松的方式也会有所不同，所以要依据季节的不同，选择最有益自己身心的放松方法。

1.春

春天在五行之中属木，所以春天最适合做的事情就是爬山、赏花，尽情享受自然。人轻松地走在充满芬芳的森林中，对呼吸系统相当有好处。久居都市的人到森林中做做深呼吸，享受一下清新的空气和泥土的芬芳，必然会使自己精神振奋、心情舒畅。

2.夏

夏天在五行中属火，容易使人变得心烦气躁。因此夏天就可以多到水边游玩，水边的空气新鲜洁净，阴离子的含量也较多，对人体最为有益。此外，夏天也是个很适合多运动的季节，运动会让人排出大量的汗水，能加速新陈代谢、振奋自己的精神。

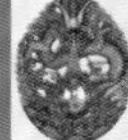

3.秋

秋天在五行之中属金。秋天的早晚温差都很大，很容易感冒并引起各种呼吸道疾病，因此在秋天要以保暖与养肺为主。此外，秋天比较不适合远行或从事户外活动，还是应尽量坚持以室内活动为主，可以多参加亲友聚会，增进亲朋好友之间的感情交流。

4.冬

冬天在五行之中属水，是寒气逼人之态，也很容易损伤人体的阳气。此时就可多吃一些药膳的补品，比如姜、鸭、桂圆、红枣和羊肉等 ，来增强自身抵抗力，提高抗寒能力以及人体免疫力。同时，应该以休养生息为主，利用这段时间多看一些书，养精蓄锐。

第四篇

小户型精品

个案图鉴

房价越来越贵，工资却不见涨，家还是要有，房子还是要买。怎么办呢？对于经济实力薄弱的人群来说，选择一套精致的小户型就成了大势所趋。小户型住宅在设计上既要保证宽敞，又要做到空间利用充分，这就需要在设计时下一番功夫。本篇特别整理了优秀小户型的精彩案例，以及时尚个性小户型，为你提供史上最实用的设计案例，让简约小户型助你过上精致大生活。

源自几何线的绽放

The burst from geomete

户　　型 | 二房一厅

建筑面积 | 96m²

设计单位 | 德坚设计

装修材料 | 天然木材、胶料、马赛克等

一个绝对迷人的设计项目，其设计焦点在于在室内设计中运用几何线来营造一种方向感，让其成为一件雕塑的艺术品而不是一所公寓房间。这些单位特别为中产阶级设计，为这个城市提供一个完全独特的风格。

客厅的墙用白色木材和灰色胶料相融而成的几何线覆盖，并运用细腻的灯光照明来凸显整间客厅内特别订做的坐位。客厅内的另一特色是拥有一个开放式厨房，这样的楼房设计能让晚上的社交派对更添情趣。

运用线条营造空间方向感 不管是天花、墙面还是地面，在设计上都运用了方向统一、色彩适宜的直线元素进行装饰，让整个空间充满了迷人的线条，用最简单的方式为空间营造出一种方向感、设计感。

平面布置图

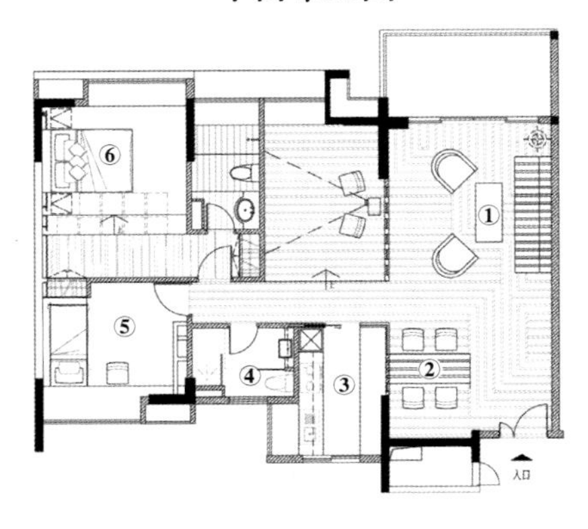

1.客厅
3.厨房
2.餐厅
4.卫浴间
5.儿童房
6.主卧室

○**运用粗细线条搭配出艺术感** 白色的粗线条和浅咖啡色的细线条，组成了一个大小合适的餐桌，同色的座椅以及墙面、地面、天花区域的几何线条的沿用，让整个空间就像是一个艺术品，处处充满了让人惊喜的亮点。

离开客厅，走进卧室，便会发现那些几何线条变成了光影镶嵌在墙壁上。床铺本身隐藏在一个升高的平台中，与此相配的还有长方形的灯孔。房间的设计，大部分以长毛地毯覆盖房内的墙壁，使居住者

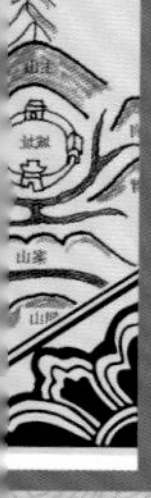

有一种舒服、安全、安逸的感觉。

另外要提及的是第二间卧室，其焦点在于有创意地运用管道为整间房来提供照明，并以缝方式装嵌于房间之内的壁柜上。

视线越过卧室，便是很有风格的浴室设施。其墙壁是以玻璃制造的马赛克配以木装饰，这样的浴室真是另人大开眼界。

墙砖与地板拼贴出个性空间 运用深色墙砖、方形马桶、方形洗漱台搭配出一种“硬”的空间质感，在地面的铺陈上结合运用横条纹的木质地板和浅色的地砖，加强了卫浴空间的线条感，也对功能进行了细致的区分。

光线也能成为线条 在床侧边的隔板间隙运用明亮的光源，让光线形成另一种质感的线条，增加空间的魅力指数。

衣柜也可以这样拼接 运用白色的管道拼接出悬挂衣服的功能区，让衣柜非常富有设计感，既时尚又前卫，与几何的线条空间相契合。

○ **变化的线条演绎个性精彩** 客厅空间运用粗细不一的几何线条进行“包裹”，结合深色沙发、白色茶几，搭配上个性的凹凸墙面，让这些平凡的几何线条演绎出了不一样的精彩。

○ **合理运用线条划分区域空间** 无处不在的线条也同样让人感觉到震撼。在地面的铺陈上，通过巧妙的线条划分出了不同的区域。天花区域结合方形的小射灯调和光线，让一切感觉都是那么的恰到好处。

简约主义继续流行

Going on with contracted ism

户　　型 | 二房一厅

建筑面积 | 98m²

设 计 师 | 张纪中

装修材料 | 木地板、磁砖等

一个偶然的机会得识业主曹先生。曹先生在刊物上见过我们的设计风格，所以在其方案的讨论过程中很容易达成了共识。好的设计，不仅仅是设计师的功劳，也是设计师与业主共同努力的成果。曹先生本人是广告策划人，对设计的理解比较深，通过沟通，真正达到了我们设计的整体效果，有幸没有被改得七零八碎。设计之初，我们从人体工程学角度出发，大刀阔斧地改变平面结构，在色彩上采用黑白灰色调贯穿，电视背景墙则用不锈钢拉丝与聚晶玻璃结合，餐厅旁的墙壁用线条处理，形成不规则且独具动感的墙面造型，继续延续着现代简约主义的中式符号。

○简约空间的排列组合 黑色的电视背景墙、白色的天花、灰色的窗帘，组成了空间的主色调，再辅以暖色的地板，而为一个简约的空间。

○ 光线赋予空间格调 选用略带黄色调的木质材料，与微黄的灯光相互映衬，让整个区域散发出质朴的温暖感，极富格调。

○ 黄绿灰的个性空间 以浅咖啡色、蓝绿色、黄色个性拼合出的灰色空间，搭配上冷色系的沙发与射灯点点的星光，提升了空间的魅力值。

○ 三种色彩延续空间 不规则的走道赋予空间时空的穿越感，与客厅空间同色调的三色拼贴墙面，为天花与地面找到了一个完美的结合点。

规整空间布置出协调感 方形的空间里摆放着宽大的卧床、简单的梳妆台、朴素的矮柜，转角处规则的窗体不仅拓展了房间的视野，也让空间得到了内层的延伸。

○“大手笔”的收纳空间 整面墙的收纳设计柜采用了白色的橡木进行制作，大小不同的小方格为各种物件提供了存放空间。

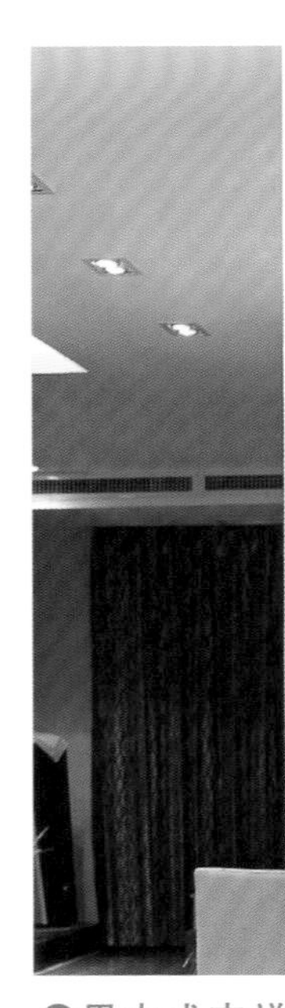

○用中式吉祥字画来加分 红色衬底上书写着不同方向的“家”，搭配上传统的梨花椅，一股浓浓的中式情调扑面而来。

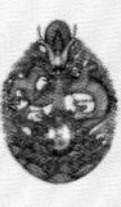

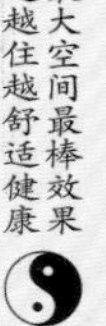

○灰色墙砖拼凑出个性的墙面 运用灰色调墙砖铺成大面积的转角墙体，带来微雕的立体感受，结合向内嵌入式置物柜、置物隔层的设计，让摆件也焕发出光彩。融合嵌入在隔层中的灯光，顿时让空间的设计灵感倾泻而出。

○ 色彩成就风格的小区域 这个角落里有双座的红色直形沙发、装裱精致的水粉装饰画、怀旧又时尚的湛蓝色墙面，躲在角落里的还有一张铺着复古桌布的小案几，此时，配上一盏散发微微光亮的小桌灯，简约而不简单。

○ 回归自然的质朴感 简单而质朴的深色餐桌搭配上带有复古味的座椅、花瓶以及挂画，为这个角落平添一份怀旧的味道。

○ 视线的另一种诠释 不管是带有微雕感的个性墙面，还是暖色调的地板，不同的视线总是能带给人不同的观感。

居住生命的启示

The revelation about living home

户　　型｜二房一厅
建筑面积｜106m²
设计单位｜德坚设计
装修材料｜木材、胶料、不锈钢等

本案的灵感来源于时装品牌店。在空间的演绎上舍弃了许多家居设计上惯常的手法与材质，而呈现出了简洁、时尚、高雅的设计主调。为了不辜负建筑物本身在层高上的先天优势，所以在天花上没有做太多处理。而在整体结构上也没有太过复杂的加工，使整体映入眼帘的主视觉是大片的灰色墙面与白色仿大理石地板，融入几许亮丽的黄绿色夹胶玻璃。如此简单地营造出没负担且又时尚高雅的气度。另外，在部分的墙面贴上灰镜与木纹石，并挑选经典优雅的家具，作为重点装饰，营造眼前一亮的视觉惊喜，在简洁与丰富间取得平衡。

○大面窗是复式空间的设计要点 运用复式空间的良好挑高条件，加入大面窗的设计，呈现出开阔的视野，配合大面积的冷绿色调珠光窗帘，打造出时尚感十足的室内空间。

进门玄关是一片灰

镜的墙面并延伸至客厅，墙面前一排白色线帘，透着柔和的灯光，有着令人驻足的效果。在动线的起点与分界的左边是餐厅、厨房、公卫，再往前沿楼梯至书房，右边是客厅、卧室。整个颜色大致以灰色的宁静为节奏而进行。客厅与餐厅没有多余的装饰，单纯以有质感（墙纸、黄绿色夹胶玻璃、石材）的块面与家具搭配。由于建筑有3.8m的层高，而厨房、餐厅的空间比较狭窄，为了让空间比例更加协调，所以做成了开放式厨房，其中一个操作台区分了餐厅与厨房的空间。现代感十足的楼梯直达夹层的书房，顾及采光及通透的效果。而书房与楼梯之间的实墙改成了玻璃隔墙，让人有眼前一亮的感觉。最能展现空间品位的就是主卧室了，它把“酷”字表现得淋漓尽致，半开放的卫生间与卧室一气呵成，通透的黄绿色玻璃衣柜在光影交错下也变成了一道特别的景致。

灯光是特意设计的另一个重点。个性的吊灯，局部的射灯，做出了不同效果的情境安排。天花的灯带拉近了与灰色墙面的距离，不同灯光相互衬托，更是空间中可品可观的趣味所在。在这百多平方米的空间中，看不到造作的装饰痕迹，有的只是一幕幕高雅的时尚演出。

平面布置图

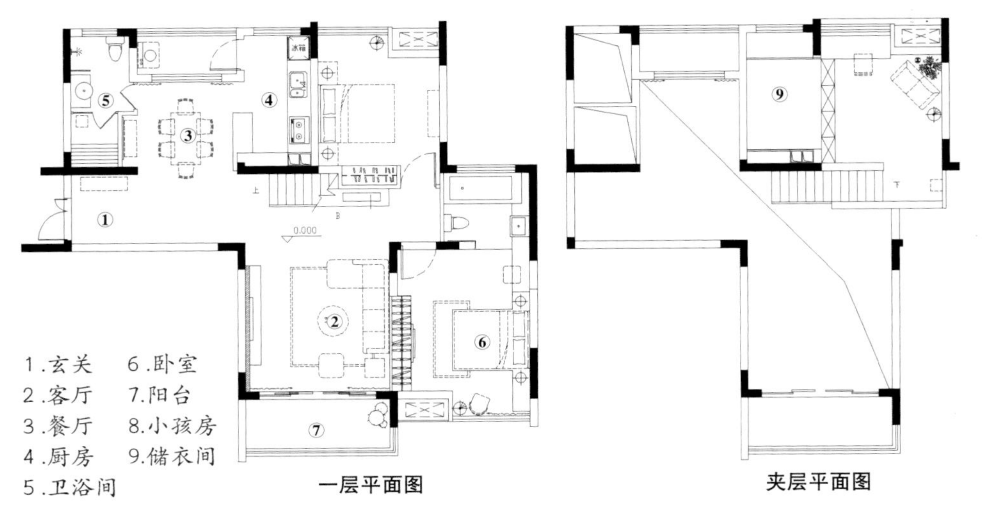

一层平面图　　夹层平面图

○ **装饰绘画升华卧室空间** 在灰绿色调的卧室墙面上配以简单肌理效果的装饰画，在弹指间就能把整体家居的品位提升一个层次，而微微泛黄的灯光，简单的床品摆设，又让这种格调得到升华。

○ **楼梯的颜色趣味搭配** 楼梯的白色台阶和绿色的玻璃扶手形成趣味的对比效果，让时尚的绿色调在这个空间蔓延。

○ **植物搭配空间色颜** 圆桌上的绿色植物活化了空间，绿色沙发背景墙与抽象装饰画，将空间装点得更富魅力。

○ 绿白搭配彰显厨房个性空间 绿白相间的橱柜辉映出整体空间的色调，配合三盏白色吊灯，演绎出理性的格调。射灯发散出的点光与吊灯光交相辉映，让这个区域的采光呈现出多层的照明效果。

○ 黑白搭配出时尚质感 黑色的餐桌与装饰画相互映衬，搭配上金属质感的餐椅、黑白相间的椅背，时尚感就这么体现出来。

低调的奢华——设计赋予空间的力量

The lowpitched expensivion just being the design endowing the space a power

户　　型｜三房一厅
建筑面积｜110m
设 计 师｜杨大明
装修材料｜银镜、灰镜、法国玉石天然大理石、鹿皮布、天然木材

真正的奢华是集合多方位的文化精髓，再创造出来的具体形态所应在的一种存在于现实空间的氛围。它不张扬，低调却无处不在，充斥于环境的各个角落中令你时时感受，以获取心灵的宁静与愉悦……

快节奏的都市生活制造太多的喧嚣和数不清的信息,越发心浮气躁而不知所终。这时，我们更应该需要心灵的宁静，让我们时常保持清醒，有更好的状态去冥想。

坐落于武汉西汉口的融侨锦城B2样板间，正是一个在奢华中体验愉悦和宁静的空间。

设计师以黑、白、灰为主要色调，将横条混拼的几何造型与包豪斯的现代建筑风格结合起来，寻求一种共鸣。横条混拼作为一个重要元素，大量

○经典色彩成就现代格调　横条纹的电视背景强增加了空间的动感，黑、白、灰三种经典颜色的相融与碰撞，赋予整体装修一种现代的风格。

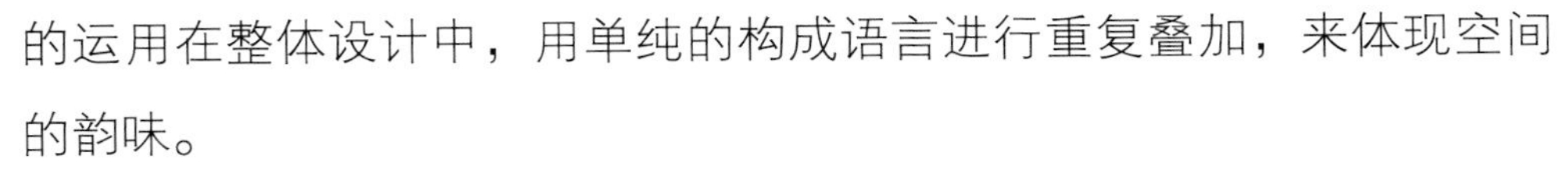

的运用在整体设计中，用单纯的构成语言进行重复叠加，来体现空间的韵味。

为了增强空间感受，餐厅、过道、洗手间都用银镜和灰镜进行无限贯通延伸……

客厅电视背景用灰色法国玉石天然大理石进行混拼，主卧用银镜和灰镜进行混拼，主卧用深紫色鹿皮布硬包和白色皮革软包进行混拼，

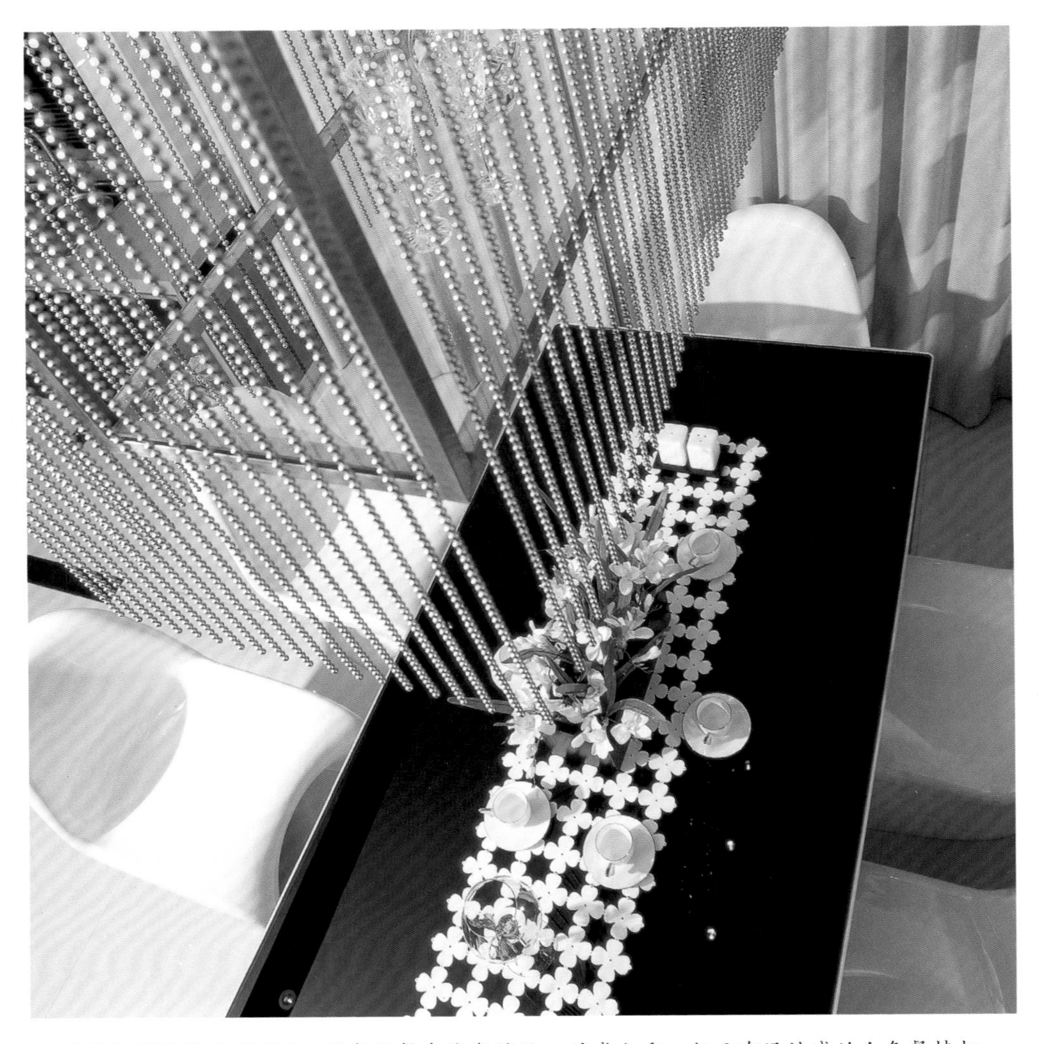

○运用色彩赋予空间质感 黑色的餐桌线条简洁，质感上乘，与具有设计感的白色餐椅相搭配，彰显低调的奢华质感，同时在餐区上方的空间配以灰色系的珠帘，加强了整个空间区域的质感与装饰性质。

宽度不变，长度无限延伸，材料形式、质感、颜色互相对比，营造出一个交相辉映的戏剧空间。

小孩房的床头背景和客厅的形式统一，虚实对比，交相辉映!

本案给人感觉精致而优雅，室内家具陈设既时尚又经典，这个就是设计赋予空间的力量。

○ **设计手法的重复运用统一空间** 卧床后的背景墙在设计上运用了与沙发后的背景墙相同的装饰手法，赋予了不同功能区域以共同点，结合床品、装饰座钟，将空间装点出了黑、白、灰的现代主义风格。

○ **运用珠帘装饰出奢华感** 在灰色调的空间中融入了现代珠帘元素，对餐区上层空间进行艺术装饰，彰显出低调的华丽。

○ **开放的厨房区域加大空间** 开放式的厨房将现代风格融入到设计中，整齐摆放将空间化零为整，有效放大空间。

○ **灯光和壁纸成就理性空间** 灰白错落的条纹壁纸赋予空间理性感，隔物层配合灯光的照射，给人以更多想象。

○ **颜色的层次区分空间** 使用带有层次感的蓝灰色丰富灰色调的整体空间，结合镜面与灯带的设计增大玄关空间。

○ 用简洁回归现代设计 黑、白、灰几种颜色的大色块运用是亮点，沙发、茶几、电视柜的色彩搭配都非常到位，沙发后的背景墙与一侧的落地窗帘都让空间在一种整体的规则中有所突破，提升了空间的质感。

祖山
龙脉
少祖山
龙脉
城址
案山
水

清新生活，梦想之家

The amativeness only for home

户　　型 | 一房一厅
建筑面积 | 40m²
设 计 师 | 林志辉
装修材料 | 手扫漆、有色玻璃、地砖及不锈钢等

因为有梦想，生命才有意义，才多姿多彩。为了心中的梦想，我们去拼搏、去努力，去体验实现梦想的快乐。

何谓梦想之家，每个人的想法也不一样，而本案例就是设计师眼中的“Dream Home”。首先入口的原有走道改为开放式的厨房，增加了空间感之余，更可以把大量的天然光带进屋内。再配上吧台造型的餐

○运用暖色调装饰墙面　在餐厅区域使用黄色调进行装饰，带出活力、积极的视觉感受，装饰绘画的悬挂也为餐区装饰加分。

○合理利用空间，创造个性餐区　本着节省空间的原则，将吧台的概念引入到餐区设计中，以条形餐桌搭配舒适餐椅，打造出个性就餐区域。

台，用餐之余，更可以变成小型酒吧台，真正是一物两用。而客厅和睡房区，设计师巧妙地运用了清新的黄色为主色调，再加上大小不一的饼形图案，活泼生动，令人有一种逃离“石屎森林”的感觉。

而在设计师眼中，每一个圆形也代表着不同的灵感和梦想。除了美观外，也要追求实用性，所以，设计师在客厅墙上做了一组大柜，此柜已包含了影音设备、衣柜及储物柜的功能，令小小的空间显得更简约整齐，再配上一张舒适的休闲椅，无论坐着看书或看电视，同样令人轻松惬意。而重点就是睡房，设计师放弃了传统的概念，把沙发和床结合为一体，再加上工作台。当工作累的时候，也可以稍作休息，真正做到“以人为本”的设计理念。

○合理设计打造出宽敞而开放的卧室 使用地板筑起一个区域，结合左侧的隔柜形成固定空间，搭配柔软的床品赋予这个区域卧室的功能，结合黄色调的背景墙以及柔和的沙曼窗帘，让小空间充满了现代感和设计感，既温馨又浪漫。

解读居家布局

激情

Passion

户　　型 | 一房一厅
建筑面积 | 26.99m²
设 计 师 | 刘蜀平
装修材料 | 橡木、泰柚木、雪橡实木地板、羊毛毯、瑞典进口复合木地板、灰色水银镜、荷兰原装艺术墙纸、多伦斯乳胶漆、马斯灯系列、城市之窗家具系列等

主要针对向往热情生活的白领。原来的卫生间位于窗边，为让空间能“引景入室”，卫生间改造到门口的右侧，红色和镜面式马赛克的交替铺贴营造了卫浴空间的“奢侈”氛围；红色墙面、黑白缀帘、玻璃椅、红色水晶玻璃凳相互呼应，配以“旷野空间”的黑白画，直接让人置身在“ 激情”回荡的空间里。

运用开放式的设计放大小空间 红色墙面、木质地板、玻璃椅、红色水晶凳，这些设计元素组合出了一个富有激情的空间。

○ 运用灯光营造氛围 在房间一侧的天花增设暖色调的灯带，起到良好照明效果的同时也为空间增加了氛围。

○ 运用珠帘间隔空间 运用黑白相间的方形块状材质串成珠帘，起到半遮挡的效果，隔出卧室与客厅的区域。

○ 使用马赛克拼贴出个性空间 卫浴间使用玻璃隔开，墙面用马赛克瓷砖进行拼贴，富有设计感。

时尚

Fashion

户　　型｜一房一厅

建筑面积｜28.84m²

装修材料｜橡木、泰柚木、雪橡实木地板、羊毛毯、瑞典进口复合木地板、灰色水银镜、荷兰原装艺术墙纸、多伦斯乳胶漆、马斯灯系列、城市之窗家具系列等

设计主要针对单身的时尚白领。运用黑、白、米三色的组合，体现新生代青年对经典时尚的追求。沙发床的“惰性”和配画的“庸性”，散落的书架和废报纸编织的衣篓，黑白间隔条纹的床上用品和“被风吹过的夏天的蒲公英”，无不体现新生代青年的特质。

运用饰物烘托时尚感　在房间的边角柜上可摆放上一株造型具有艺术感的蕨类植物，以此寻求空间的时尚感。

○合理摆放打造简洁空间 黑白相间的床单简约而不简单，配合大幅的蒲公英墙面画，时尚而不夸张，然后搭配上设计简洁的隔柜，让整个空间有一种低调的质感，让小空间也有一种开阔的奔放。

mini空间不mini

Mini space is not mini

户　　型｜一房一厅

建筑面积｜45m²

设 计 师｜郭翼

装修材料｜羊毛地毯、冠军地砖、柏顿墙纸、多乐士涂料、美标洁具等

当古典成为一个遥远的记忆，现代的概念也由吸引眼球的新鲜过渡到渗入内心的冰冷，21世纪的街道熙熙攘攘，拷贝的一切已无法再承载人们心灵的归宿。

经历了59年的国际建筑协会的活动暂停预示着一种新兴的人情冷暖，后现代空间在室内设计历史舞台上粉墨登场，与时代同步，随物赋形地逐渐被大众所接受。不论浓妆淡抹，总算合了时宜。浓浓的红与不规则的天棚镜面点染，交错出新世纪的人文和个性，墙上镜面的磨砂灯光是城市先锋最好的体现。卧室中立体墙纸的喧嚣代替传统的素雅。这个时代，空间不仅需要被叙述，而且还需要表达。适当的一点前卫，恰似当下城市的顽皮，一个夜晚所有的寂寞，可以从这里轻轻打破。

○渐变色彩打造魅力空间　使用绿色、黑色到绿色、浅绿色的渐变马赛克拼贴，让空间充满生机，同时也呈现出向上的延伸感，结合黄色的洗漱台，辅以聚光灯的衬托，让整个空间散发出独特的魅力。

红色打造出主题空间 运用经典的红色作为装饰室内空间的主色，辅以白色的地面、天花，结合黑色家具，让空间呈现出红、白、黑的经典效果，诠释出对空间艺术的表达。

45平方米的房间也真够mini，一进门便是充满个性的卫生间，带点仪式感，让人想先进卫生间看看而不是客厅。厨房与客厅之间完全敞开，没有独立的餐厅。对于新潮的年轻人来说谁又会在乎呢？原本很小的厅被墙面和天棚的镜面放大并延展开来。

睡觉用的床垫和榻榻米在一条水平线上，可能早上醒来发现自己没有睡在床上，不要怀疑这是真的。谁规定睡觉非要在床上呢？卧室墙面的镜子和客厅产生了交流，房子虽小空间不小。

只要你愿意，生活是可以被打破的。

立体墙纸打造个性空间 使用黑白相间的圆形图案墙纸对整个沙发背景墙进行铺陈，呈现出具有立体感的视觉效果红色的沙发和黑色的餐桌的搭配，延续了整体的红、白、黑设计风格，让空间装饰效果统一。

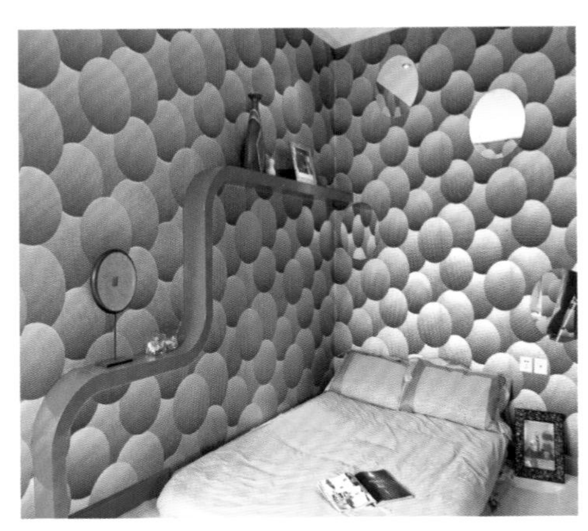

墙纸的运用是整个卧室空间的设计亮点 墙纸重叠的圆形图案强调鲜明的立体感，模拟出一个活生生的“质子空间”，结合如飘带一般的红色隔物层，在融合了功能性的同时也让空间充满了灵动感。

为房间撒一束白月光

Spread a bunch of moonlight for the room

建筑面积 | 120m²

装修材料 | 实木复合地板、彩色乳胶漆、青石板等

简约中的时尚 书房内每个物品的搭配，都恰到好处地彰显了时尚的格调。

随着人们对居室舒适度要求的提高，室内设计与家具配置也同样有了新的提高，常住家居的装饰讲究使用方便、功能齐全、互不干扰，休闲家居的装饰注重休闲、娱乐和运动。

本案卧室明朗、童房率真、书房幽静……白色向来是令人喜爱的颜色，整个空间以白色为主格调，缀以大幅彩色挂画装饰，空间格局显得简洁大方，也区隔或顺延了不同功能空间。室内的家具、摆设、织物和用品，也是围绕着近乎白色来选择。

○ 蓝白打造安静的卫浴空间 马赛克从墙面慢慢延伸至洗手台，打破了这个安静的卫浴空间，让色彩的运用显得更加灵动。

○ 家具成为空间主角 色彩丰富的客厅，设计的巧妙美观，独到之处让人大开眼界。个性茶几与舒适沙发成为客厅时尚的主角。

○ 几何造型生动有趣 明朗的卧室以红、白为主色调，引人注目的是墙壁上红色小圆圈，为整个卧室增添了几分生动。

○ 纯白主义 整个空间以白色为主格调，空间格局显得简洁大方。镂空的白色墙面区隔或顺延了不同功能空间。

原创·空间·风格

The palace texe by joanna patricia m. perdigon

建筑面积 | 85m²

设 计 师 | 萧爱彬 张振新

装修材料 | 美国栓木、白玉人造石、 亚光地砖、石木复合地板、乳胶漆等

大房子有大房子的好处，可任意舒展。小房子有小房子的难处，缩手缩脚。这套住宅就是这样，面积不大，房型又无特色，餐厅暗淡卫生间小……能否设计出彩，这是一个考验设计师的最好案例。

设计结果一公布，其他房型反倒逊色了。因为设计师把本案的缺点都变成了优点。缺此倒反而没了亮点。墙的退让是本案的点睛之笔。突出的墙头，架上平台后，成了入口的视觉焦点，从餐厅一直延伸到了客厅，阳台尽头的展台犹如雕塑，设计师平、挑、立、悬，任意摆弄。设计师的画笔就象雕塑家的雕刻刀一样该切、该留、该增、该减任意而自由。原创带来的美感不言而喻。

○放慢步调 淡雅色调的卫生间，总体感觉很和谐，在灯光的沐浴下，有一种温暖怡静的氛围。

两扇到顶的黑色玻璃门，一片餐厅的墙镜，让暗的地方亮起来，不该亮的地方暗下去。

简洁明快、灵活多变、变缺点为优点，把握整体，传达温馨是萧氏设计最独特的法宝。

○ **主色宜人自然随意添安乐** 墙面色彩与家具、配饰以白色和米黄色为主，精致的搭配彰显独特的高雅品质。

○ **创意无限被利用** 电视背景墙既保证空间环境的协调，同时又隐藏了一个不想开放的私密空间——卫生间。

○ **变化的墙体** 墙的退让是本案的点睛之笔。突出的墙头，架上平台后，成了入口的视觉焦点，从餐厅一直延伸到了客厅。

○ **黑白写实空间** 大胆鲜明的黑白对比，以及材料与灯光刚柔并济的搭配，无不让人在冷峻中寻求到一种超现实的平衡。

午夜前的张扬

Stinking individuality in mid-night

户　　型｜复式

建筑面积｜108m²

设 计 师｜陈思

装修材料｜地砖、实木复合地板、艺术墙纸、乳胶漆等

整个客厅洋溢着浓浓暖意，让人觉得温暖如春。无论在哪一个流行领域，色彩的搭配都非常重要。布置简洁的客厅只用了素雅的色彩，就营造一种跳跃感。身处其中，家的温暖、舒适就从那一片雅致中倾泻而出。

客厅和餐厅本身是一个共享空间，用简单吊顶便将其分为两个具有不同功用的空间，但在色调上又非常统一。白色，是这套居室的主基调，白的墙、白的顶、白的门，浑然一体，让空间成为几个大的块面，包括所有的吊顶都是面与面的结合，还有储藏室的金属移门几乎到顶，将这种大块面的设计贯通到底。当走近看时，便会发现几抹黄绿色和一些夹杂在其中的线条，又成为白色基调上的几个不安音符，使人觉得空间活起来了。简单的造型、统一的色调，再加上不同灯光的配合，面与面，线与线都同时成为这套居室不可缺少的一部分。

温馨小屋的明暗表现 现代简约是这个设计的主旨，宽大的落地窗、清新淡雅的家具和地毯，符合时下年轻人的时尚风格。

○素雅客厅打造灵动的家居空间 纯白色的沙发打造了客厅的简约素雅的基调，灯光稍暗的米白色餐厅，用吊顶和隔墙很好地加以区分，给空间增加了更丰富的层次感。整体的色调穿插深色靠垫、落地小灯，成为白色基调的几个变动的元素，活跃了整个居家空间。

通透空间的清新大方 以通透、宽敞作为餐厅基调，从感观出发打造视觉的延伸感，落实空间透视的构成概念。右方储物柜也是客厅与餐厅的间隔，放置艺术饰品，与天花板的简约吊灯呼应，也展现了简约且富于艺术感的清新氛围。

自然开阔显空间明亮 客厅采用挑空的方式处理，让空间看起来更加宽敞明亮。同材质的地砖与墙面，让空间更显自然开阔。

光影交叠增加静谧思考空间 书房中的光线宜明亮，角落的小窗、沙发边的落地灯都从不同角度补给光线，更有利于阅读。

低调精致的居住享受 背景以高深古朴的柚木材质拼搭而成，加上灯光效果，为房间营造出低调含蓄的现代居住空间。

保留纯真与率直 浅色的墙壁和窗帘，布艺皮毛的家居制品，配以深色的地板，以极少的装饰，营造出浓浓的温馨氛围。

色调一致更具温馨感 卫浴的地面和墙体都采用同样的材质，形成一体化的淡黄色主调，有效温暖了洗浴空间。

巧用镜子好处多 卫浴的空间较狭小，大镜子的使用让空间更开阔；木制边框的使用，和下方的柜子相得益彰，美观又实用。

精简的后现代风格

The palace texe by joanna patricia m. perdigon

建筑面积｜80m²
设 计 师｜吴云
装修材料｜墙纸、木地板、玻璃等

本案的设计为后现代主义风格。设计师采用鲜明、简约、对比的手法，用点、线、面的形式将这一风格展现得淋漓尽致。

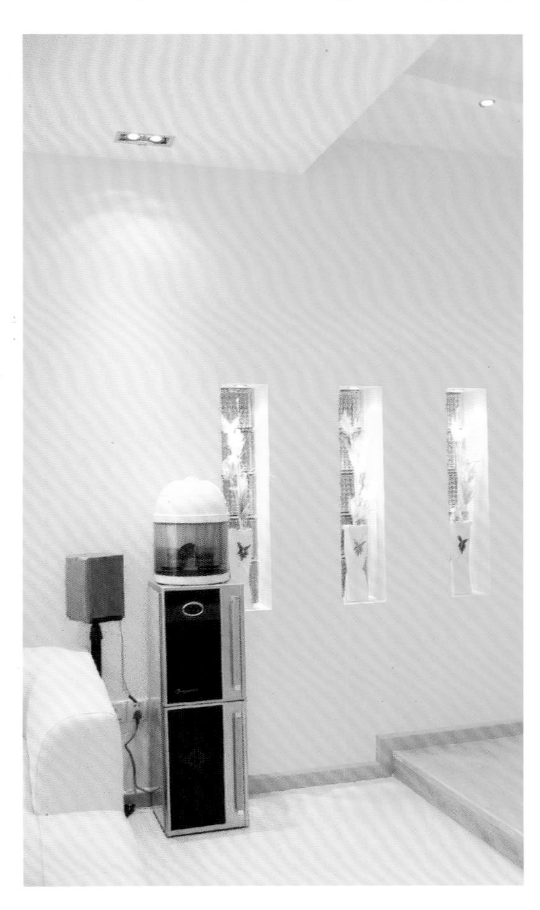

在进门的地方，设计了弧形的地台与鞋柜，吊饰形成专用的换鞋区；像太阳光芒万丈的吊顶，象征着主人从事的教育工作既高尚又伟大。

餐厅里红、黑两色相搭配的桌椅以及由几面镜子装饰的墙面，使视觉空间得以延伸。

客厅的电视背景墙采用了红、白线形的墙纸。黑色可移动的电视柜与白色的背景墙形成对比又相互呼应。

○空间线条勾勒简洁与明快 进门处空间线条简洁明快，与地板相同色调的黄色墙面打造温馨气氛。

○ **灯光增添空间层次** 墙面主要采用暖黄色调来营造温馨典雅的气氛。使用白色的地毯和沙发使空间不至于过于沉闷，加上随处点缀的灯光，立即拉开了空间的层次关系

○ **经典色彩搭配经典家居** 黑白两色总是显得家居冷静淡雅，再以绚丽张扬的红色做以调配，则显得明艳动人了。红白黑三种色彩的完美搭配，进入一个热情奔放、激情四溢的浪漫餐厅。

宁·净·雅

Serenity & sententiousness & elegance

户　　型 | 3房2厅
建筑面积 | 98m²
设 计 师 | 席力
装修材料 | 瓷砖、墙纸、木地板等

走进卧室，让人触摸到另一种细腻和柔情。洁白的床褥上那一幕轻垂的红纱，古色古香的木栅隔墙，透亮、精美的玻璃砖墙……这里是一个能真正放松自我的空间！

这套居室的客厅、餐厅采用开放式设计，用玻璃巧作隔断，形成通透的开阔视野。为了增加层次感，客厅采用跃层式，台阶以黑色大理石铺设，与厅内白色的瓷砖地面形成鲜明对比；橘色沙发从“白”的主旋律中跳出来，为空间增添了温馨感；银灰色的电视机与花白大理石相得益彰，使整个空间显得现代感十足。

温馨时尚的暖色调 暖色调给人以温暖感觉，打造极致温暖奢美的卧室空间。

○ 和谐色调，温馨客厅　客厅以纯白色为主基调，橘色沙发从“白”的主旋律中跳出来，为空间增添了温馨感。

○ **后现代的氛围——干净** 餐厅采用开放式设计，玻璃隔断形成通透的开阔视野。

把亲切嫁给时尚

Marry kindness to vogue

户　　型 | 2房2厅
建筑面积 | 102.54m²
设 计 师 | 梁志天
装修材料 | 实木地板、地毯等

本案的空间和动线分布合理，亲切元素的充分利用符合人的视觉体验。鲜明的疏密对比、连续的重复使用、全方位的视觉穿透，让人在延伸和舒缓之间，积累对空间的愉悦体验。设计中的光线结合色彩、质感和图形，把与空间功能匹配的体量美感和使用功能，像抽象艺术一般表现出来。色彩的深与浅，空间的进和退，将装饰上的冷暖和功能上的效果相结合。

设计师在这里力求塑造简洁、现代、时尚的住宅空间，并加入人性化的理念，使人容易接受。通过形态和色感把它们安排在与人们息息相关的居住空间中，抱着对空间的本质感受，使人产生更丰富的想象。

○简约时尚　书桌白色与墙面吻合，整体简洁的家居设计使书房显得通透、明亮、宽敞。

空间的视觉诱惑 极简主义的桌椅设计，几乎看不出任何多余的结构。原木色的地板、镶嵌在墙面的镜子散发着视觉诱惑，以及装饰的相当舒适的椅子和沙发，在以白色为元素基色的环境中，将温暖的概念尽情传递。

纯白主义 设计师对于客厅地面的装饰选择了原木地板加小块地毯的组合。原木地板透露出的是一种原始的色彩和质感，和简约的风格主体相吻合。

○ 白色基调拓展空间 动线从客厅开始延伸，整体以白色作为空间基调，餐椅设计以线条做比例上的分割，增加空间的丰富立面效果，墙面以及地面都没有过多的装饰，整个餐厅透出强烈的极简主义。

○ 白色，任意变化心情的模板 卧室中的窗户几乎没有任何的遮挡，便于让阳光充分的照进室内，增加整个空间的采光。一些接近自然的颜色，与白色一起营造出颇具亲和力的空间。

○ 光线传达空间层次感 白色空间需要很好的光线来传达空间的层次感，家具与墙面能表现光线游走的明暗变化。优雅的、充满怀旧味道的线条，让卧室带给居住者宁静的心境，背景装饰画给空间带来生机。

○ 自然空间 简洁、明代、时尚的住宅空间，加入人性化的理念和天然的色彩，搭配起来更加具有亲和力。

○ 洒满阳光的卫浴空间 通透的阳光，淡雅的色彩，再加上材质轻盈的用具，在方寸之间，卫浴空间融入了曼妙的天然色彩。

“意”国时尚

Italy fashion

建筑面积 | 105.72m²
设 计 师 | 黄志达
装修材料 | 法国直纹白橡木、地毯、布艺、铝合金等

此案例设计主题为意大利时尚风格，以时下流行的装饰材料及家具摆设来布置美轮美奂的居住环境。

选用颜色较浅的法国直纹白橡木作为家具及围身的基本用料，大量强调墙壁上的留白，不做繁琐的吊顶等工作，取代它的是在简洁的天地里以家具、灯光等有机组合，来构建起一个舒适的家居氛围。另外，家具造型简单而线条流畅，但设计感依然浓厚，配合磨砂皮和绒面的布艺，比前卫的钢管家具多了些许温润的风采。

意大利风情的现代家居设计，融合了理性与感性的乐趣，让人不自觉地为设计背后的人文精神、优质制作和无懈可击的造型所感动，每一件美好而精致的摆设，无论是清透的玻璃立樽、造型梦幻的华美吊灯，还是簇拥的花团，都那么地恰如其分，使整个空间准确地折射出意大利浪漫而幽默的风情。

用好亲近自然的色调 餐厅宽敞的窗户既让光线更好地进来，又增加自然的视觉效果。做工精致的木质餐桌椅成为餐厅中的主角。

○ **用线条在简单中体现地中海风格** 客厅家具以工艺考究、简洁实用的设计风格与现代化的生产完美结合，彰显出浓郁的意大利风情和简约与时尚，用自然界中最原始的色彩搭配来装扮家居，真正体现地中海风格的淳美。

○ **空间因陈设而精彩** 每一件美好而精致的摆设，都那么地恰如其分。

○ **意式卧室展现温馨氛围** 这个温馨典雅的卧室给当代意式一个新的形象，以唯美主义精神，将古典与现代结合。

舞动在多彩的空间中

The character dancing in colorfully

户　　型 | 三房二厅

建筑面积 | 96.55m²

设 计 师 | 陈思

装修材料 | 墙纸、地毯、实木地板、玻璃等

作为居室空间，个性的表现和舒适的环境是满足现代人要求的基本要素。如何在室内设计中表达出业主个性的同时，又能阐释设计的独特风格是设计师一贯的追求。本案就是在结合了业主生活态度与日常习惯的基础上，再融合了自己设计理念的作品。

由于业主比较喜欢简单、轻松的生活，钟情于浅颜色，所以，设计师在家具与饰品的造型、颜色的搭配和细微处加以勾勒，尽量表现出自己的设计特质。规则的方形、流畅的圆形与弧形贯穿整个空间，咖

○设计展示个人特质 设计师在家具与饰品的造型、颜色的搭配和细微处加以勾勒，尽量表现出自己的设计特质。

啡色、浅灰、白色与黑色充满整个空间，形成了一个丰富多彩的世界。

在客厅中，由咖啡色、浅灰、黑色的竖直线条错落而成的背景墙把客厅、餐厅与厨房串联成一个完整的空间。在背景墙掏空两个大小不一的圆形的处理方法，使整个空间不至于显得单调与乏味。天花板上不锈钢的环形吊顶彰显时尚简约。

为了在卧室表现出古朴、温暖的氛围，设计师便在墙面的处理上用横竖相间的直线造型来营造这种感觉。当然“S”形的简单书架也不乏个性。饰品的造型形态各异，有方锥形、圆形等等这些小饰品为空间送来了一丝温暖气息。

○最简就是最美 不锈钢环形吊顶带来高远的视觉感受。客厅中除了几件实用家具和色彩鲜艳的小饰品外，并无繁杂的装饰，整体色彩是清清爽爽的米黄色和白色，整个设计显得那样的简单而舒适，让人感到“最简就是最美”。

镜面起到延长视线的作用 在浴室这种本身比较小的空间里，墙面镜的巧妙运用可起到延长视线的作用。

轻松的居家气氛 客厅是家庭中最大的一个空间，是主人休息和会客的地方，在角落摆上几枝干花，带来轻松的居家气氛。

多功能书架 木质书架线条精致简单，采用等距离分割格架，摆上几件大小各异的工艺品，以创造静中有动的效果。

时尚与简约 黑白相间的地毯、咖啡色的西式沙发、玻璃的茶几把客厅与餐厅分为两个不同的空间。

○ 雅致与温馨　线条简单的家具让卧室拥有淡淡的古典气味，而黄色墙面则带来温暖柔和的氛围，给人雅致与温馨的感觉。用米色、线条感强的床头背景搭配同色系的床套，有着像阳光透进卧室般温暖舒适的感觉。

○ 洗浴也风情　靠近窗台的浴缸让主人在洗浴时也能享受到明媚的阳光，同时，由浴室窗户进来的自然光正好对卧室光线起补充作用，增强了卧室的明亮感。玻璃隔断为卫浴间营造妩媚浪漫。

简单就是美

Simple is beauty

户　　型 | 一房一厅

建筑面积 | 40m²

设 计 师 | 徐存明

装修材料 | 绿华木地板、欧雅墙纸、立邦乳胶漆等

如今，居住者在家居环境中讲究舒适自然，渴望抛开一切烦恼，享受自由自在、无拘无束的生活。

本案依据“简单就是美”的设计原则，务求精简室内的陈设，塑造更具弹性的布局，使空间显得自由流畅。

原有空间为细长形，采光有限，所以将厨房做成开放式，与餐区相连；浴室区采用浅色瓷砖，可以放松浴者心情；将卫生间用透明的玻璃隔墙与卧室相连，形成一道独特的风景，使得整个空间大气通透；客厅背景墙面采用橙色的乳胶漆及局部鲜艳的墙纸，视觉上产生强烈的冲击感。

主卧隔墙采用玻璃分隔，增加空间的层次感和透明度，并有效地利用自然光，点、线、面的合理运用，营造出温馨舒适的居住空间。

○阳光灿烂　格子型的隔断既起到很好的装饰作用，同时也兼具实用性，无论是放上一瓶花、几本书或是一个金鱼缸都很相宜。

○ 去繁就简 背景墙采用的荧光橙色在纯白色的衬托下很有视觉冲击力，一切去繁就简，除去一些必要用品，电视机、收纳用具等，房间并未布置更多的装饰，倒是豹子的图案让过于简单的房间立即生动有意蕴起来。

○ 通透明亮 长型房间没有更多的窗户，最忌采光不够，巧妙地运用玻璃、色彩等进行有效的分隔，不论是用餐区还是卧室都拥有足够的光线。

○层次分明　在大面积的橙色包围之下，最能衬托出夏日清爽感觉的就是白色。裸色的地毯像是夏天里一杯香浓的奶茶，用温柔平静来中和激情热烈。橘色的条纹设计比起一块平面的墙面来说，更有空间感。

WARWICK
REYNOLDS

祖山
龙脉
少祖山
龙脉
城址
案山
水口

开放式厨房 由于空间受限，将厨房设计成开放式与用餐区相连，和背景色相近的厨具和桌布都显示出单身贵族的品位。在浓烈的油画色彩之中点缀几个水墨画般淡雅的蓝紫色，让色彩渐渐丰富起来但却不互相排斥。

窗台边的美好时光 餐桌紧靠大窗台享尽最美好的时光，清晨就着阳光喝下牛奶，周末倚桌的一杯咖啡，看云卷云舒，车流霓虹，家的美好就在一桌一椅一窗边。

玻璃墙有效分隔干湿区 卫生间与卧室相连，使用起来相当方便。卧室与卫生间，洗手台与洗浴室都采用透明玻璃有效地将干湿区进行了分隔。透明玻璃在卫生间得到了充分的利用。

房间虽小，一一俱全 推开门左手边是卫生间，往前走一点是卧室，穿过透明玻璃门就来到了用餐区，整体设计一目了然，杂而不乱，空间是小了点，但是应该有的一应俱全。

午后秋阳加州梦

The autumn sunshine back afternoon

户　　型 | 二房一厅
建筑面积 | 73.33m²
设 计 师 | James Nie
装修材料 | 瓷砖、地毯、艺术玻璃、木材等

设计师旨在将这个73平方米的样板房做出大感觉来，故设计的重点在于营造空间的通透与流畅感，从而提升建筑本身的价值，创造出适合年轻夫妇温馨、实用的理想家园。

设计师依据房子的功能需要对空间进行了重新组织与融合，走道一面“流动”的墙贯通客厅与卧室，使空间在无意中连通，阳光和清风也从四面八方穿梭进来，将建筑原本通透的特点发挥到了极致。柔和的米黄色调非常适合这个房子的气质，点缀其中的黑白色也显得十分精神，在这样的空间里，无论是视觉还是身心都能拥有完美与舒适的享受。

○统一色调的空间　客厅用淡淡的黄色，营造一种广阔、宽敞的视觉效果。统一的色调营造的空间延伸感强烈，也不容易产生疲惫的感觉。黑色坐椅的点缀起到了画龙点睛的效果，令居室增添神韵，透出灵气。

○ 愉悦的餐厅环境 白色的门帘起到隔断的作用，又可以让整个空间看起来更通透、更明亮，让餐厅变得时尚，充满现代感。

○ 让黑白卫生间充满阳光 舒黑与白的色调搭配、灯光的层次布局，透射出的时尚前卫风格让人眼前一亮。

○ 色彩空间 柔和的米黄色调非常适合这个房子的气质，点缀其中的黑白色也显得十分精神。

○ 最是那一角的别致与温柔 朦胧的光感，微妙的明暗对比，很容易就会让我们心湖泛起一波波温馨。

在简约中找到真味

In brief finding the real

户　型 | 二房一厅
建筑面积 | 74.42m²
设 计 师 | 黄志达
装修材料 | 人造石、墙纸、不锈钢、人造斑马木等

设计主题为简约主义，拒绝令人紧张、花哨的摆设，以轻松、前卫的设计营造整体气氛。

用材方面，多采用可塑性强的素材，如明快亮泽的光面人造石地台等。家具方面，采用简洁、流行的浅色布料，中空配以不锈钢组合，来表现整体的轻巧感和空间感。木材方面，选用颜色深沉而线条狭长的人造斑马木，刻画出线条的空间特征。

精巧、清爽的线条，干净利落却不“冷酷”，恰到好处的简约特色，不会让人感到苍白单调。

○清爽简洁　室内所有的线与面、线与线、面与面地选择最简单的方式相交、相连，不用任何曲线，给人以清爽简洁的感觉。

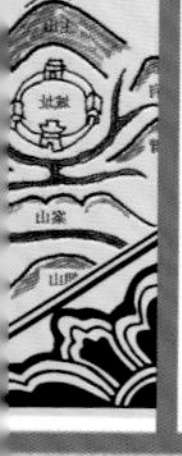

○ 别样的姿态　以浅色布料装饰家具，以此来表现整体的轻巧感和空间感，以别样的姿态静静地诠释着整个空间的格调。

○ 衣柜既是装饰又很实用　用格栅镂空样式的衣柜作为装饰的形式出现，不但丰富了居家空间，更可以方便主人储存物品。

○ 让阳光洒满温馨角落　沙发紧挨着窗户而放，当清晨的阳光透过窗帘的缝隙轻轻唤醒你时，睁开眼便可享受充满阳光的生活。

○ 狭小空间变宽敞　将小卫浴的墙壁改成通透的镜面，让光反射在卫浴空间内，增加空间通透感，也可扩大视觉效果。

午后的卡布奇诺

The cappuccnio of afternoon

户　　型 | 二房一厅

建筑面积 | 75m²

设计总监 | 吴文粒

装修材料 | 大理石、玻璃、石膏、马赛克等

现代简单、随意的生活景象在本案例中随处可见。现代简约风格是主人喜爱的风格，但是，在这里也运用了一些欧式和中式的设计元素，它们巧妙的结合，体现出设计师精湛的技艺。

黑白色调统治着整个空间。冷色调的运用在这里表现出轻松、闲意的气氛。直线与横线的良好运用展现出一种硬朗的风格。一堵玻璃幕墙把客厅的空间范围延伸并扩大，同时也消除了空间的压抑感。黑白相间的线条装饰着客厅、卧室和餐厅的墙面，使不同功能的空间连为一体。黑白花纹的玻璃吊灯、黑白树枝的抽象画、光泽度很强的黑色大理石餐桌在餐厅中是那么的素雅和宁静。午后的休闲是一杯卡布奇诺的享

○冷色闲意　黑白色调统治着整个空间，冷色调的运用在这里表现出轻松、闲适的气氛。

受，既清闲又放松。一块钢化玻璃在透露波斯情调的石膏幕墙中把书房的功能勾勒出来。黑白的马赛克、白色的木质花雕屏风把卧室、卫浴、餐厅在空间中有效地区分开来。黑夜来临，在黑白的世界中放松身心是一种无法形容的享受!

黑白气质 墙面黑白色强烈的对比和脱俗的气质，无论是极简还是花样百出，都能营造出十分引人注目的居室风格。

放松的角落 光泽度很强的黑色大理石餐桌在餐厅中是那么的素雅和宁静。午后的享受一杯卡布奇诺，既清闲又放松。

低调优雅气质 大面积地适用黑白色，表达出空间的简约主意，使整个空间富有低调优雅的气质。

在细节中升华 一堵玻璃幕墙把客厅的空间范围延伸并扩大，同时也消除了空间的压抑感。红色在黑与白中跃然而出，使整个房子不至于太沉闷，这种大胆的想法使得居室的品质在细节中得到升华。

奢享优雅 主卧衣柜柜门的条纹装饰与整体色调协调，但是又因自我特色而突出，从而让整体和细节都透出优雅的气质。

低调的华丽 在极简的黑白主题色彩下，加入了精工雕刻的台灯，让客厅显出低调的华丽。

○黑白的世界 黑白花纹的玻璃吊灯、黑白树枝的抽象画制造了视觉上的层次感。白色的木质花雕屏风把空间有效地区分开来。黑夜来临，在黑白的世界中放松身心是一种无法形容的享受。

简洁生活下的朦胧美

The cloudily beatuty about sentensionsness

户　　型｜三房二厅
建筑面积｜113.486m²
设 计 师｜晨欣
装修材料｜木地板圣象、欧神诺地砖、欧神诺墙砖、立邦涂料、恒洁洁具、美派橱柜、琪朗灯具等

整体思路：本案是大家品位的风格楷模。对自由简洁生活之向往，也许已深深烙在了人们的心坎上，面对这个纷繁复杂的社会，现代人渴望理智单纯、简洁坦率而富有浪漫激情的生活方式。"简约"，顾名思义，即精简极致，只取其精髓。然而简约并不单纯意味着事物的简单，而是体现着一种简洁而充实的高贵生活理念。

细部分析：从设计到用材都力求富有独特个性。整体以白色和红色为主，浅色调的客厅以一幅红色带花墙纸加两块欧神诺概念砖搭配的背景墙，点燃了客厅的浪漫气息，而家具及客厅的左边墙面装饰以及主人房与小孩房门中间的墙体造型又与天花一气呵成地连接，成为一种点缀。

从入门玻璃玄关到餐厅背景的大幅明镜，不但使空间得到延伸，而且镜子可以让视线从彼空间进入此空间，景观相互渗透借用，观感持续变化，使坐在餐厅用餐时亦能欣赏到本单位最值得骄傲的卖点之

浅色调的浪漫气息　浅色调的客厅以一幅碎花墙纸加两块欧神诺概念砖搭配的背景墙，点缀了客厅的浪漫气息。

○ 自然清爽空间　浅淡的色彩、洁净的清爽感，让居家空间得以彻底降温。回归自然，崇尚原木韵味，外加简约的设计风格，让生活更加舒适。

○简单舒适生活空间　现代人常常让身体处于疲惫状态，家居空间的单纯往往是最好的减压方式。简约的白色沙发、宽敞的客厅打造简单舒适生活。

○ **雅致生活** 用简单线条表现雅致生活，简约风格的过道犹如清风吹过般明快、洁净，让人倍感舒畅。

○ **淡雅色彩极富现代简约气息** 白色的卫生间，在极具后现代气息中表现出艺术的恒久魅力。造型简洁的家具、清新淡雅的色彩极富现代简约气息。

一：阳台景观。玄关背后垂落的纱帘，使入门时便渗透着一种朦胧美感。

为结合和体现本单位的奥运精神，本案在入门鞋柜的背景层板上摆设了一副网球拍以及散落一地的网球，再搭配层板上的钢索，蕴藏着无尽的活力与年轻人的阳刚。

站在风和日丽的阳台上，远望碧湖青山；内视家中，简洁浪漫，却也一气呵成，意料之外，亦是情理之中。

主卧更是彰显现代浪漫情调。进门背后一幅玫瑰墙纸、墙面流畅的直线造型和简洁时尚的灯具，搭配着红色的睡床，其别致品位已经流露得淋漓尽致。

再而细分到大厅地砖的使用，包括厨房的地砖瓷片、橱柜、卫生间洁具等，均给人一种焕然一新的视觉效果。

在感受整体设计效果时，会发现该设计在每个地方都没有刻意表露其意义，而是让人们通过视觉感官上的冲击，传达到脑海里面给予一个宽阔的冥想空间。用心去看，用心去感受一点一滴它所充满的感情和含义。

○ 镜空间 餐厅背景的大幅明镜，不但使空间感得到延伸，而且镜子可以让视线从彼空间进入此空间，景观相互渗透借用，观感持续变化，使人们在餐厅用餐时也能欣赏到不同的景观。

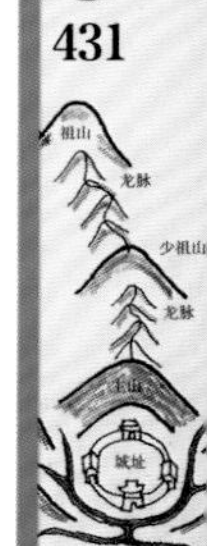

生活是主题

Life is the subject

户型 | 两房一厅

户型面积 | 120m²

不含主材造价 | 34.9万

装修材料 | 意大利卫浴、汉高橱柜、卡洛琳软木、名砖廊、史丹利移门、皇冠墙纸、天豪灯饰等。

设计的基本着眼点永远是：生活其间的人，生活其间的家庭。

家是用来疏放身心的地方，它会让你的梦在阳光下实现；

家是你疲惫后放心停泊的港湾，它会让你享受风雨后的安宁；

家更是温暖的所在，它会让你在宁静中体味生活……在这个家里，我们将体会到另外一种清新、透彻与舒爽！

除了环境硬件的改造之外，家，更是一个用来居住、充满了个人行为的场所。

设计的整体风格大气、明快，无繁复的造型。大空间的划分有条不紊，让人一进门，就能体会到豪华、通透、明朗大方。

○色彩与灯光交织的浪漫 暗红色的桌椅与墙壁上闪烁着的灯是餐厅中的亮点所在。在天花的照应下，显得朦胧又有情调。小巧的吧台作为餐厅与客厅的隔断，让圆形吊灯和脚底灯光造就了美酒与美景的展示台。

为了营造整个空间的氛围，同时也为了配合这个三口之家快节奏、高质量的都市生活，设计师对空间进行了合理的分隔，把共享空间的明快、大方与私密空间的安静、舒适划分得有条不紊。实用性与艺术性的完美结合，是居室设计的最高境界，也是美化居室的根本要求。

整体色系为浅色的搭配。大面积的淡色衬托局部的重色，使整个基调显得大气、清爽，又在空间上保持了视觉的开阔与通畅感，这种巧妙的设计手法还使各空间连贯畅通又不失其功能特性。布艺、饰品、餐具等配饰营造了一种温馨、恬静的气氛。

入门处充分利用了室外的光线，书房的玻璃门、开放式厨房等也都是围绕基本的通风和采光要求来设计的，帮助进入生活的你即时放下一天的疲惫。客厅区以白色为主，沙发、配饰的协调，开阔了整个视野。餐厅的吊顶为整个空间增添了层次感。主卧室、儿童房、书房局部墙面采用色调温馨的墙纸，让人充分享受到家居生活的乐趣。

○生命之树的华彩　没有奢华的外形，没有张扬的枝叶，生命之树却在客厅的细微之处悄悄绽放华彩。粉色沙发是居室最受欢迎的宠儿，让简约的客厅温暖、舒适，且略带慵懒，搭配树形的水晶吊灯和墙壁挂画，让人从心灵深处得到放松。

○ 年轻的心 极具休闲气息的卧室空间，得到物理和心理上的充分使用。地毯与靠垫制造的卧室一隅让情感得到分享。磨砂玻璃的推拉门让收纳和展示功能都能很好胜任。卧室柔和的灯光，照射在亮丽的红色装饰品上，鲜艳了年轻的心。

○ 白色让空间更开阔 书房的重点就是书柜和书桌的设计，白色柜体搭配隐藏的门片设计，透明的钢化玻璃书桌让视线穿透，白色吊灯的照射让空间更开阔。

○ 绿叶的畅想 与主卧相对的次卧选用了不同的颜色，以绿色的树叶为墙面点缀，延伸了对自然的畅想。床脚的书架和顶部造型特别的吊灯凸显出居住者清新的艺术气质。

个性化的视听空间 黑白红的颜色搭配充满了动感。选用大小不一的黑白方块作为地砖和墙面的腰线，将空间改建分割为热闹与沉静的状态。左侧墙壁的圆环墙砖，营造出一种充满音乐感觉的动感空间，在其中演绎快乐与沉醉。

色彩达人让厨房随心所欲 白色的橱柜搭配米黄色格栅面板，显得厨房清清爽爽。嫩黄色的树形灯牌和挂画给人自由感，让烹调随心所欲、饶有趣味。

黑与白的纯粹

Pure black and white

户　　型｜三房二厅

建筑面积｜120m²

设 计 师｜卢皓亮

装修材料｜玻化砖、黑檀香木地板、水曲柳面板等

整套房屋用现代风格来诠释，采用纯粹的黑与白，在这里却不会让你感觉到呆板。简洁的造型语言、不同材质的调和，还有条形镜面里的丰富内容，让人感觉到它们彼此之间的静谧相融。

通过黑与白、曲与直、坚硬与柔和之间的对比，使空间显得典雅和自由。在这120平方米的空间里，黑与白被充分地强调出来，简约的设计使这个家呈现出现代派的气息。而设计师在细节上的营造，使整个空间显得更加赏心悦目。

○简单黑白配　白的天花，白的墙面，白的沙发，大面积的白，点缀一点黑，在黑白之间打造一个现代风尚家居环境。

○ 相遇经典 这里没有花枝招展的繁华，黑白的设计在这个家大行其道。白色的墙面、地板、餐桌和灰色的沙发在此相遇。

○ 黑白之诱惑 白色基调搭配黑色电视背景墙，给人宁静沉稳的感觉，只有这样的客厅才是真正的心灵安歇处。

○ 简约线条，时尚风格 黑白的相遇使整个空间刚柔相济。圆形的边桌与白面黑边的座椅，线条简约，风格时尚。

○ 现代风尚家居 灰色布艺沙发，经典而艺术的茶几，还有创意十足的背景墙装饰画，在黑白之间打造一个现代风尚家居环境。

疲惫的心停靠的港湾

The tired heart The parking harbour

户　　型 | 三房二厅
建筑面积 | 85m²
设 计 师 | 陈思
装修材料 | 木地板、瓷砖、涂料等

白色营造出一种透明感。绚丽、青春、激情、诙谐，从家具到灯具，再到一些装饰品和挂画，都以精简而前卫的形式存在。

卧室的落地窗既开阔了视觉又增添了温馨的氛围，白色的沙发与茶几则是与闺中密友分享快乐与忧伤，甚至是家长里短的绝佳场所。主卧室中，红色的背景墙透露出的浪漫与热情足以柔软每一颗刚毅或脆弱的心，掩埋种种失落与惆怅、矛盾与焦虑。餐厅里的白色丝帘，若有若无间创造空间与光线的变幻，给人一种梦幻般的就餐环境。

○以精简而前卫的形式存在着　白色营造出一种透明感。从家具到灯具，都以精简而前卫的形式存在。

人性化的卧室 卧室的落地窗既开阔了视野，又增添了温馨的氛围，白色沙发与茶几则是与闺中密友分享快乐与忧伤的绝佳场所。

醉情"蓝白红" 红色背景墙透露出的浪漫与热情足以柔软每一颗刚毅的心，而蓝色意味着沉静的思索，让这颗心安静下来。

不落流行的时尚气质 简洁的白于深沉的黑，如此反差明显的色彩，总有一种不落流行的时尚气质。

阳光·成熟

The sunshine and maturation

户　　型｜三房二厅

建筑面积｜70m²

设 计 师｜陈思

装修材料｜墙纸、玻璃、地砖等

户型不大的居室空间，采用以深色为主旋律的装修材料，无处不显示出设计师所要表现的深沉与凝重。从客厅的沙发背景墙到卧室的墙壁设计，更多的是表现一种平静，一种稳重与成熟？

颜色鲜红的沙发使整个客厅洋溢着热情的气氛，吊灯、射灯组合谐调，客观上淡化了深色的装饰空间给人造成的压抑感，使人感受到轻松、活泼的氛围。客厅主题墙的垂帘、木制的茶几以及摆设其上的烛台等，均体现出对精致生活的追求。

平面布置图

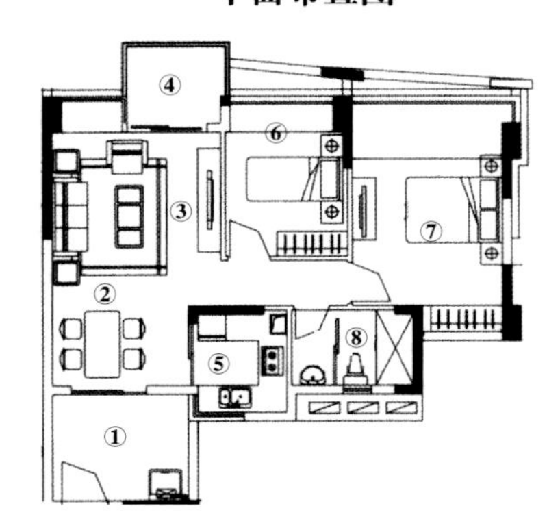

1.入户花园　3.客厅　5.厨房　7.主卧室
2.餐厅　4.阳台　6.卧室　8卫浴间

○分享色彩　五颜六色的天花展示一个缤纷的世界，形状各异的圆圈配搭令人着迷，成功地使天花板拥有生命力。

○ 相依相偎温暖如初 鲜红的颜色给家居生活增添几分喜气，布艺柔化了室内空间生硬的线条，赋予了居室一种温馨雅致的格调。

○ 简约可爱是主打 时尚的吧台吸引眼球，茶几的米老鼠玩偶增添活泼可爱的氛围。简约可爱的客厅，却也时尚大气。

○ 粉红打造可爱梦工厂 卧室的设计去繁就简，个性鲜明。粉红色将卧室装扮得十分可爱温馨，又不乏公主房间的感觉。

果岭

The knack

户　　型 | 三房二厅
建筑面积 | 103m²
套内面积 | 79.48m²
设 计 师 | 鲍家明
装修材料 | 木地板、瓷砖、玻璃、墙纸等

关于屋主的设想

屋主是海外企业家陈生。在百忙中可以在绿茵场上舒展身心，拥抱天空，呼吸大自然气息，是莫大的放松和享受。每逢假期，陈生必与太太及小儿返家共享天伦，享受度假乐趣。

“家”展现着舒适与清新，透过广阔视野，呈现在眼前的是明亮天空、绿茵草地、热带植物。主题房间迎合屋主的嗜好，体现出高尚的生活品位及舒适氛围，是繁华都市空间中的一片绿洲。

关于示范单位的设计与配饰主题介绍

业主是年轻创业者，家庭成

家族咖啡馆 以褐色为主，深色的、颜色较暗的咖啡，会吸收较多的光，以较柔和的日光灯照射，会使整个吧台的气氛舒适起来。

员为3人，拥有新潮的生活方式，最大的享受是能与太太、儿子一起度假及做高尚的高尔夫球运动。

踏入示范单位，呈现在眼帘的是一片绿茵地、热带植物，原木与青石墙身搭配，使身心得以全面放松及舒展。视线可以从清新明亮的开放式空间，延伸至窗外的青山绿水，体现屋主对大自然的热情和高尚生活的追求。家中清新、时尚的配饰及各类球具让屋主能时刻沉浸于运动的乐趣当中。

简约客厅 简洁流利的线条，明亮清新的色调，打造时尚简约客厅，营造的闲适写意、悠然自得的生活境界。

现代简约卧室 以黑白色为主色调的卧室，搭配红色的床套，清新淡雅，彰显简洁而不失大气、在纯洁中更透露浪漫的空间氛围。

客厅演绎完美空间 温馨的客厅、舒适的地毯、洁净简单的沙发，给人一种很安宁的舒适感。

个性在简约中飞扬

The individuacity fly

户　　型 | 三房二厅
建筑面积 | 94m²
使用面积 | 79m²
设计单位 | 上海进念室内设计装饰有限公司(佳园装潢)
装修材料 | 木地板、瓷砖、玻璃、墙纸等

这套三房二厅的样板房在设计中主要突出功能性。在布局上对卧室、餐厅、书房、厨房和卫生间进行了合理的分布。设计整体基调清新、明朗，给人以阳光般的活力感受，非常适合年轻的三口之家或崇尚健康家居的事业型青年夫妇居住。

材料选用多以木材、玻璃组合，色彩则以淡色为主，带给人一种轻快、飘逸的感觉，给居住者在使用中带来更多的愉悦感。

空间不大的厨房，以实用为先，布局合理。尽管地方小了点，但绝无空间狭小之压抑感。

○愉悦的用餐空间　餐厅的布局宽敞明亮，以提供一个良好的就餐空间来满足人就餐时的健康要求。

○ **简洁对称的美** 简约的装饰风格，很对称的结构，采用清晰的线条，餐厅空间带给人以优雅、清洁感。

○ **将大自然搬进客厅** 客厅中大量运用自然界的材质，以淡雅节制、深邃禅意为境界，重视实际功能。

○ **温馨的卫生间** 洗脸盆下面的柜子可以放一些不常用的杂物，柜子的白色和墙面的颜色搭配很和谐。

○ **现代感十足的主卧室** 浅色的墙面和地面，金属质地的床脚和床头柜，线条明朗，显现出健康的时尚感。

尺寸之间皆情怀

The love knot resting on any dimension

户　　型 | 二房一厅
建筑面积 | 66m²
设 计 师 | 梁书志
装修材料 | 水晶玻璃、多乐士油漆、地板砖等

由于受空间所限，所以本案设计师采用充分和合理利用空间的设计理念来布置这个温馨而舒适的家。

一进门，只见浅蓝色的水晶玻璃墙连接着厨房及客厅侧面的墙体，让人顿感清凉、舒畅；电视背景墙与客房间的透明玻璃隔断，加大客厅空间景深；分体空调与天花吊顶的巧妙结合，更令人充分享受到中央空调的人性美怀。

沙发背景的素白色板块错位处理，加强了空间的艺术性，“轻装修、重装饰”的设计走向在这里也被尽情地展现出来。波浪板与银镜的组合搭配，有效地美化了过道的视觉效果。

艺术墙面　素白色板块错位处理，加强了空间的艺术性。

○茶几起到画龙点睛的作用 电视背景墙与客房间的透明玻璃隔断，加大客厅空间进深。弧线形的茶几不但精致小巧，更能起画龙点睛的作用。

现代，就这样单纯起来

The modernism just the simplicity

户　　型 | 二房二厅
建筑面积 | 64m²
设 计 师 | 沈康　王果
装修材料 | 地毯、玻璃、地砖等

现代风格的客厅设计手法非常直白，平直的线条，方形的地毯、茶几、沙发、电视，白色的天花、地砖及布艺，无不体现轻松、简洁的特色。

餐厅里灯光明亮，吊灯、烛光综合运用，完全可以应对不同的氛围与场面需求。餐具与器皿的摆

平面布置图

1餐厅	3客厅	5卧室	7卫浴间
2厨房	4阳台	6主卧室	

○简约之美　简洁是一种奢侈，也是一种品位。简洁就是抛弃一切繁琐的装饰，让其回归自然，展现客厅一角的宁静、纯洁之美。

设精致有条，尽显主人的高品位。

卧室与书房用滑动式玻璃门分隔，是应二者对环境的安静要求而设。卧室的白色天花、墙壁和床单，共同营造了一个洁净的休息港湾，而深色的木地板与床架又增添了平静的气息。天花上的射灯、床头的台灯以及偌大的落地窗，两种自然光与人造光结合，使光线的控制收放自如。书房的布置略显简单，但从小台灯等物品的设置上又可看出其精巧之处。

浴室是整套设计的亮点。宽大的落地窗与透光性能好的纱帘，让光线充分进入室内，既扩展了空间，又使浴室显得宽敞明亮。

○低调的奢华　客厅没有过多地改变原有结构，没有过多地添加装饰物，尽量保证空间的完整性。以白色为主导色，极纯粹，原木色的装饰让空间更有说服力。

内敛与雅致共存 餐厅色调明艳而干净，黄色的烛台将空间点缀得很有浪漫情调。非常漂亮别致的顶灯，将这个餐厅区域点缀得很艺术。深色且富有质感的餐巾彰显气质出众而又内敛的居家环境。

○ 温馨而阳光的卧室 卧室散发着温馨气息，床头的四连装饰画是当下使用得比较多的装饰手法，可以提升卧室的舒适感和艺术气息。落地窗使空间有充足的采光，视觉也得到延伸。

○ 把个性在浴室中表达出来 浴室是整套设计的亮点。宽大的落地窗与透光性能好的纱窗，让光线充分进入室内，既扩展了空间，又使浴室显得宽敞明亮。

水彩的清韵

The lingering charm of watecolour

户　　型｜一房一厅

建筑面积｜31m²

设 计 师｜沈康　王果

装修材料｜不锈钢、地砖、玻璃等

本案为较小面积的单身公寓，空间紧凑，布局比较合理。卫浴间、卧室、吧台区空间融为一体，但是它们又或者利用不锈钢隔断，或者利用地面色调的不同来简单分区，这种手法表现了设计的高精度和施工技术的严谨。色调运用轻松、明朗，富于变化。除了地砖为深黑色之外，其他材料或细部如百叶窗帘、吧凳、天花、不锈钢隔断等均运用亮色调。

平面布置图

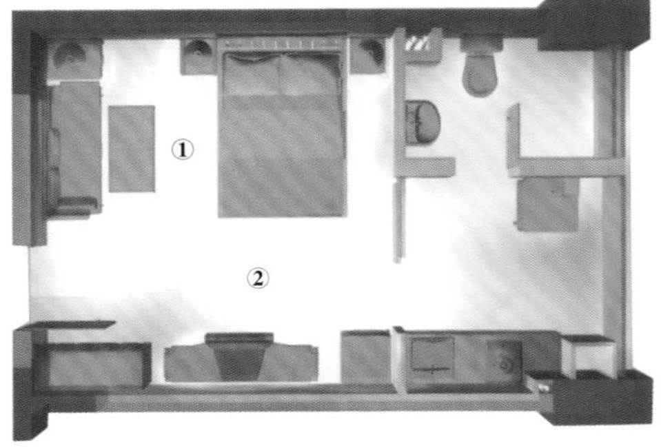

1.客厅　2.卧室　3.厨房　4.卫浴间

○韵味　卧室的设计别具匠心，床头墙上整幅水彩壁画，设计手法大胆，烟波浩渺的画面表现了一种宏大气势。

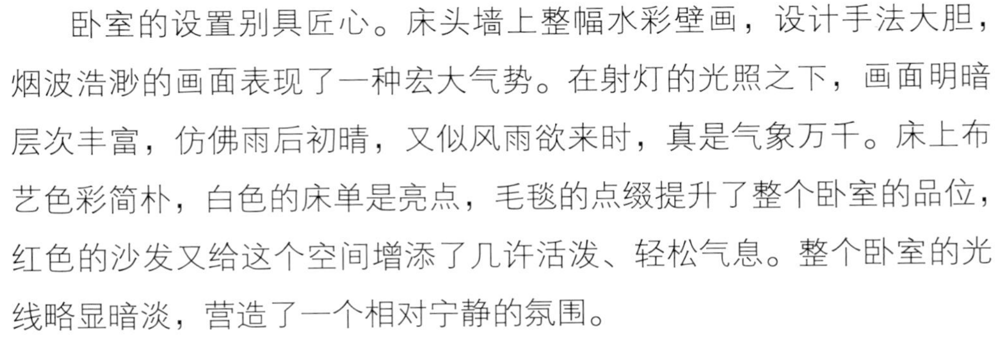

卧室的设置别具匠心。床头墙上整幅水彩壁画，设计手法大胆，烟波浩渺的画面表现了一种宏大气势。在射灯的光照之下，画面明暗层次丰富，仿佛雨后初晴，又似风雨欲来时，真是气象万千。床上布艺色彩简朴，白色的床单是亮点，毛毯的点缀提升了整个卧室的品位，红色的沙发又给这个空间增添了几许活泼、轻松气息。整个卧室的光线略显暗淡，营造了一个相对宁静的氛围。

○既统一又不失独立性 统一的色调显得空间整体而连贯，格栅墙面将卧室、卫生间和客厅隔开，这种手法表现了设计的高精度和施工技术的严谨。

简约为我而舞

Dancing for me because contracted

户　　型 | 三房二厅
建筑面积 | 116m²
设 计 师 | 刘剑平
装修材料 | 镜子、墙纸、瓷砖、沙发、餐桌等

简单、现代、干净是本方案设计的理念。

从设计角度来看，室内陈设非常简单，布局也十分平凡，没有过多的摆饰，整体色调纯净、素雅，但感觉却很丰富。

在室内空间规划方面，由于面积充裕，设计师没有采用全开放式的设计，而是在书房、厨房、餐厅与次起居室之间设了活动隔间，借以区隔各个机能空间。

从玄关、客厅、餐厅、卧室到各起居空间，随处可见设计师以现代风格为基调，整个空间在稳重布局中凸显睿智。

○条纹墙纸点亮空间　餐厅的条纹墙纸与客房的推拉门磨砂图案相呼应，为空间墙添了趣味性。

○ 让安睡空间更艺术 即使是很简单的墙体装饰，同样能承载着美观性、功能性，让生活变得精致，变得充满想象。

○ 舞动的线条 手绘的沙发背景创造出新颖的、活泼的、充满自由和浪漫色彩的墙面，几条充满张力的线条增添空间的灵气，显现出主人独特不凡的品位。

○ 让生活更简约 精致的架子不仅丰富了墙面，而且相当具有收纳功能，简约的颜色则有助于凸现所收纳的物件。

弧形，诗意的再现

The dream of arc

户　　型 | 一房一厅

建筑面积 | $31m^2$

设 计 师 | 沈康　王果

装修材料 | 不锈钢、地砖、玻璃等

这套家居最大的特色是弧形设计。中国的建筑很讲究圆形、弧形的视觉效果，在审美上也非常推崇弧形。也许是受这种观念的影响，设计师在此也采用弧形来处理空间。

房间的过道原结构是直的，并且显得有点暗。设计师在做平面考虑时，便把过道空间扩大，把其中的一个客房调整成休闲空间与临时客房两用的灵活性多功能房，并且在材料上使用透光的玻璃砖进行处理，这样便使视野开阔了许多。同时，在过道的采光上又运用增添自然光的手法，廉价的材料在设计师的巧妙运用下收到了非同一般的效果。

鉴于本案业主是年轻的上班族，所以在扩大客厅空间时，设计师便采用现代手法，通过设计开放式厨房来拓宽客厅空间，简洁的电视背景墙同样体现了现代简约风格与个性色彩

○时尚简约　白色与木色相互映衬，整体色调单纯而不单调，干净的白墙面搭配木色电视背景，使客厅看起来含蓄、现代味十足。

玩转弧形艺术 小户型彰显不一样的个性和创意，用一面特殊的弧形墙面分隔出客厅与卧室的空间，张扬出时尚的个性品位。使用统一的浅色调，使空间看上去更宽敞。

无声，给感动一片天

Silence keep a feelingly sky

户　　型 | 三房二厅

设 计 师 | 潘雪玲

建筑面积 | 117m²

装修材料 | 多乐士涂料、木地板、地砖、墙纸等

简约中的真情，细节中的感动。

家是内心情怀的完美表露，在细节的反复斟酌与整体的品味中，可以尽情表白，也可以温情脉脉，更可以无声沉醉。色彩与细节要表现的是神似与纯粹。

本案户型方正，设计采用美式简约风格，最大限度地合理利

平面布置图

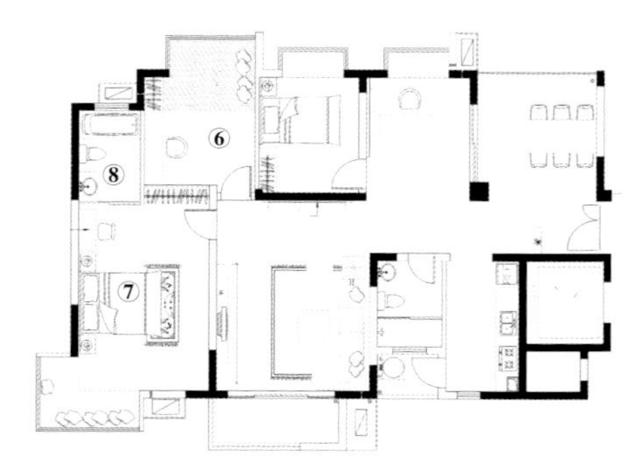

1.餐厅	4.客厅	7.主卧室
2.厨房	5.卧室	8.卫浴间
3.书房	6.儿童房	9.阳台

○简约中的真情，细节中的感动　色彩与细节要表现的是神似秘纯粹。

用空间，强化简洁明快、清新流畅的气氛。

利用明快亮丽的暖色调和明朗的功能区域，营造出于温馨中休憩、天籁中睡眠、祥和安逸中进餐、自由中徜徉书海的最佳氛围，这些均被设计师在设计过程中不着痕迹地勾勒出来。在这个超大的空间中，遐想是无限的，它是设计师留给人们的悬念。

空间还充分表现出“潜入夜，润无声”的细腻。细节上不露声色，如多款式的照明灯、简约的壁画、素雅的窗帘……摒弃了现代的庸华浮躁，继承了传统的温馨祥和。

设计师对待大面积凸窗，没有过分地修饰，也没有自由放任地留白，而是依然采用简洁的手笔，使其融入户型的主题风格，让客厅、卧房、书房、卫生间、厨房的风格与设计理念浑然一体，贯彻始终。

○简洁明快的设计带来品质生活 方正的户型，设计采用美式简约风格，最大限度地合理利用空间，强化简洁明快、清新流畅的气息。

原始构架创造舒适简单生活 大面积凸窗，没有过分的修饰，也没有自由放任的留白，而是依然采用简洁的手笔，使其融入户型的主题风格。

细节的品质突破 明亮的色彩轻巧地勾勒出温暖的质感生活，静静演绎着居室的美丽故事。

精致吊灯将美感传送 精巧的灯饰恰如其分地描绘着设计的意图，从中释放的美感不经意成为亮点，透过精心装扮的飘窗，一轮串串美丽的音符雀跃而出。

○宽敞明亮的餐厅　明亮的灯光加上充足的自然光，跳跃出的就不仅仅是视觉上的快乐，更是由心灵漾出的品质与关注，小心触动着心底那根敏感的神经。

南涛阁

South wave court

户　　型 | 一房一厅
建筑面积 | 40m²
设 计 师 | 陈思
装修材料 | 多乐士涂料、木地板、地砖、镜面等

南涛阁由于面积较狭长，所以空间最大化和视野开阔化是本案设计的主要目标。

在浴室和卧室门上均镶嵌了镜面，达到空间连绵性的视觉效果，大窗户的运用深化了空间延伸的主题。厚实的帷幔较好地保护了个人隐私空间。

卧室和起居室间嵌入式墙体最大限度地发挥了储藏功能，床和抽屉的巧妙摆设不仅节约了空间，又显得井然有序。处于地面抬高处的床与浴室仅有几步之遥，既方便日常生活，又增强了空间的层次感。

○简洁时尚的茶几　黑色的四角茶几很讨喜，实用性不说，对视觉完全没有阻碍，而且和白色的沙发搭配显得非常有品质感，简洁时尚。

○ **玻璃隔断** 想要在小户型里隔出各个功能区，最好的办法莫过于采用透明玻璃，既能起到隔断的作用，同时还让功能区有较好的采光，从视觉上也更开阔。

○ **神奇的壁龛** 为了扩展卧室的空间，设计师特别设置了壁龛，可供陈列艺术品，如果你想把它当作一个写字台，也不是不可以。

○ **空间层次感强** 处于地面抬高处的床和浴室让空间更有层次感，使用起来也相当的方便。

○ **嵌入式墙体增加收纳功能** 收纳问题是小户型最头疼的事情，为物品规置好储藏空间，家自然就宽敞无极限。

掀起生命之风

Enjoy the natural life

户　　型 | 三房二厅

建筑面积 | 98m²

设 计 师 | 陈思

装修材料 | 清玻璃、不锈钢、马赛克地砖等

作为中户型的空间，将客厅、餐厅，甚至厨房连通在同一区域内。黑亮色的马赛克地砖铺就了一室的沉稳，白色的主题墙反映了一派素净，红色的餐厅装饰墙为黑白的居室掀起了一股生命之风。白色的地毯上淡黄的圆形茶几，配上设计简约的休闲椅，令居室平添了几分现代时尚感。

○贴近自然的清新优雅　抹茶绿和柠檬黄明亮却不浓烈，恰到好处，具有贴近自然的小清新，但也不失温婉的优雅。镂空和绿色系马赛克让空间更有遐想感。

○ 此景只应天上有 淡绿色营造出来的静谧气氛在红色墙面的调节下，让居室显得更有生命的活力。三角架支起的独特台灯，像一颗巨大的夜明珠，温润盈透，恍惚间让人觉得此景只应天上有，一切是那么美好和谐。

○ 流线形设计动感时尚 摈弃传统的方方正正的书柜书桌，将书桌边缘设计成波浪一般的流线形状，让空间更有跃动感。书桌的黄与咖啡色的墙面搭配，像一杯香浓的热可可，甜蜜又温暖。

Teak-fashion deducing

房　　型 | 三房二厅
建筑面积 | 132m²
使用面积 | 114m²
设 计 师 | 陈思
装修材料 | 木地板、瓷砖、玻璃、墙纸等

本套样板房为常见的三房两厅两卫房型。设计师在结构允许的情况下，对空间与立面的比例进行了调整，使其功能趋于完善，便于进行个性化的细节处理。主要饰面材料采用了柚木、广西白大理石、茶镜和乳胶漆。本案将通常运用于保守风格的柚木材料附着在转折和变化的几何形体上，并对其比例进行了精确衡量，让柚木有了时尚的味道。

○原始气息　木色是充满了大自然气息的颜色，几乎任何一个房间，都会发现各种各样的棕色出现在木质门和家具上。

全套房型的空间舒展大气。深沉的柚木与其他色泽淡雅的材料搭配在一

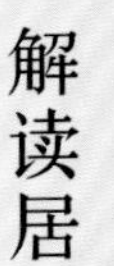
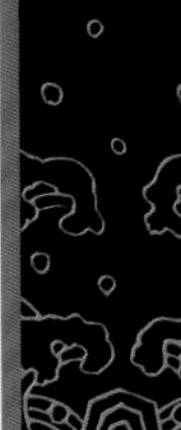

时尚与自然 餐厅大量木质家具能带来木然成风的亲昵之感，同时木材上的裂纹、疤痕、年轮，甚至刮刻过的痕迹都是原生态对家具最好的诠释。

生态了无痕 原生态的居住带给人的不仅仅是回归，更多是一种缓冲，为自己琐碎而繁忙的工作情绪找一个出口，也为这个逐渐远离手工劳动的时代，酿造一个合理的理由。

生态书房 静谧的书房，在柔和色彩的灯光下，抱一本书，不要反光度高的铜版纸，而是享受草纸摩娑指尖的美妙感觉。

隔而不断 厨房门从原来的进厅左侧移到了餐厅处，将两个在功能上密切关联的区域合二为一，保证了一定的分隔性，又实现了两个空间的互动。

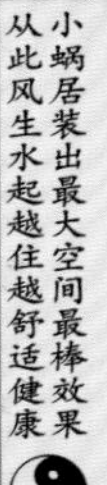

起相得益彰，营造出沉静、优雅的氛围。总体设计新颖别致，细节上创意叠出，独具亮点。大胆又趋于中性的风格十分符合当下白领一族和中青年时尚人群的审美倾向。

如果您喜欢在家与亲人、朋友聚餐，肯定会对这种设计一见钟情。

○绿野仙踪　有种以天为被，以地为席的感觉，一轮皓月当空，脚踩着轻柔被褥，恍惚间似在追寻绿野仙踪的路上。圆形的床打破方形床的传统，充满与众不同的视觉感受，同时也带来不同寻常的贴身体验。

○ 忧郁马赛克　蓝色的马赛克浓郁得化不开，在此处放上一盆鲜花，氛围瞬间变得充满生气。

○ 透明隔断设计　比起一堵墙的设计，采用有色玻璃来隔断，既起到了私秘保护的作用，同时也让空间有更大的延展性。

○ 色彩和谐　玫瑰红、松石绿、柠檬黄共处一室却不刺眼杂乱，在柔和的灯光映射下，一切显得静谧美好。

○ 温暖简洁　对于很多人来说，家的意思就是温暖，当你置身这样一片温柔乡，你所能感受到的就是放松和愉悦。

以深秋为家，以枯黄暖心

The warm house in autume

户　　型｜三房二厅

建筑面积｜98m²

设 计 师｜郭翼

装修材料｜清玻璃、不锈钢、马赛克地砖等

很多人喜欢将诗意与秋天联系在一起。落叶是下一个暖冬之前的哀伤，旷野里唯有光秃秃的树静静地伫立着，远处的天空在镜面般湖水的映照下，呈现一片淡淡的黄。有旷达之人，以深秋为家，以枯黄暖心。远眺之时，有落叶与飞雁；垂首静默之间，有什么样的感觉掠过心头呢？是枯寂带来的孤独么？应该是坚定地站立或坐卧，独自感受另一种温馨。因为，春天很近了。

客厅的墙纸图案有点像变了形的树叶，墙上的磨砂树干有点像水里的倒影，而那镜子仿佛就是平静的水面，激情过后总会归于平淡，自

○现代与怀旧完美结合　充满设计感的座椅、光亮的大理石桌面与橘色的鲜花搭配就是现代与怀旧的完美结合。

然才是人们最终向往的地方。大量的镜面是设计师在小户型设计中经常用到的，镜面、玻璃这一种现代的材质，用在不同的环境里所呈现出来的效果是不一样的，既可时尚前卫，也可宁静悠远。

光与影的仙境 所有的镜面在阳光和灯光的照射下总会呈现出一种水月洞天的仙境之感，像水晶一样闪耀，熠熠生辉。

坐垫点亮秋的热烈 磨砂树干、深褐色的墙纸都让客厅显出一种宁静致远的意境，但秋天除了枯萎同时也有未尽的热烈情怀，几个枫叶红的坐垫让这空旷的空间瞬间燃烧了起来，抑制不住的来自秋的关怀。

○ 秋天渗透在每个细节　客厅里整块的镜面与三棵磨砂树干就好像是秋天的树倒影在湖面，橘色的透明纱窗在阳光的照射下让人不禁联想到香山的红枫。墙纸采用的是枯叶般的深褐色，树叶状的纹理，秋天的感觉渗透在每个细节。

○ 打开心情的飘窗　单人房里的飘窗一定要充分利用起来，可以做成一个小小的榻榻米，在上面看书喝茶沉淀心情，要知道你打开的不只是一扇窗，更是一种心情。

○ 深秋在这里蔓延　主卧室采用的色调延续秋的深沉，深褐色的流苏帘子以及大地色的毛毯是极好的呼应。

○ 温婉紫色　竖条纹的浅紫色墙纸浓淡相宜，既不过分甜腻也不幼稚，在黄澄澄的灯光衬托下让人有温婉清淡的美感。

○ 简单厨房　比起一个窗户或是没有窗户的厨房，这个厨房已经占尽优势，只需要简单地布置下就可以呈现出秋天的感觉。

○ 镜面突显时尚　镜面大量用在小户型的设计中，主卧里的这面镜面墙在整体的秋天怀旧的氛围中显得格外现代、时尚。

装修从沟通开始

Fitment just begin with communiation

户　　型｜三房二厅

建筑面积｜$96m^2$

设 计 师｜郭丽丽

装修材料｜大理石、瓷砖、涂料、玻璃等

这是一套只有九十多平方米的房子。业主和我交流并签单的时候，一直都提到一个家里最大的问题，就是家的储藏太少。房子确实很小，我结合房子主人所要求的居住功能，在平面上做了大胆的改造。首先把小房间的一段墙拆除做了玻璃门，使客厅的视觉空间增大，并延续到了小房间的室内。其次小房间是儿童房，但现在没人住。我就大胆地用了双层床的方式，并用地台把其中的一段非承重墙拆除，做了书架和写字桌，这样既满足了居住功能，也满足了书房功能。同时，在床的下面增加了一个大大的储藏空间。这样一个原本小得连做客房都满足不了的房间变得舒适、透明并功能兼备。用一层薄纱将室内外隔开，朦胧而完美。

另一个出彩的地方是主卧。客厅的电视背景墙实际上是一个

清冷却不失甜蜜　灰蓝色的主色调给人清冷幽静的感觉，然而一面粉红的背景墙又为它加了点甜蜜感。

功能兼备的衣柜，衣柜从卧房延伸成了背景电视墙的造型。

原本厨房就小，而且客厅也不通透，结合业主不常做饭，而且平时一个人居住较多的情况，再和业主商定以后，敲开承重部分做了一个餐吧两用的饭桌。为增加物品存放量，便将橱柜的台面延伸到了进门，侧面抬高部分则形成了玄关和鞋柜。

总体来说，这套房子考虑比较细致精心，出来的效果却明亮大方，并结合业主的特点做了个性处理。比如色彩和功能的分布，储藏多等。

装修完了，我和业主成了好朋友，这样的客户交流给我带来了很多的幸福和快乐，让我有种荣誉感和自豪感。我深深地感谢这样的客户，是他们给我提供了施展才华的机会！最后，不妨用我经常说的一句话来作结：好的装饰是业主和设计师的共同杰作。愿更多要装修房子的业主能愉快而轻松地完美自己的家。

玻璃隔断功能多 透明玻璃兼具光线和扩大空间两重功能，轻柔的薄纱制造出完美的朦胧美，看书、画画、工作、学习都很方便。

小空间大主张 厨房面积很小，但是敲开承重墙做了餐吧两用的饭桌，橱柜的台面更是延伸到了门口，鞋子的收纳空间自然形成。

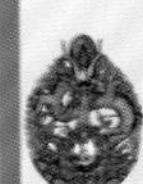

○ **地台制造层次感** 用不同于客厅的地板色以及双层床的白色，轻松地制造出书房的独立空间，地板、地台，双层床阶梯，房间的层次感即刻显现。

○ **双层床增加储藏空间** 大胆设计的双层床不但隔分出私密空间，还增加了更多的收纳空间。

○ **时尚镜面** 镜面如今在家居装饰中广泛运用，镜面不仅能让空间看起来更开阔，同时也增加了时尚度。

○ 空间感至上　主卧延续客厅的一致风格，采用红白墙面，超大的飘窗设计不仅光线充足，更可以倚窗赏景，褐色的窗帘中和室内甜蜜的味道，让整个空间显得雅致高贵。雕花镂空的大床、床头柜，让卧室的空间感在一点一滴间累积。

○ 一帘幽梦　主卧到浴室的门选用的珠帘，不仅承载了传统帘子的隔断功能，还是一种美好的居室装饰物。珠帘以动制静，让整个房子充满活力。浴室的洗手台具有设计感的外观并有储藏功能，隐藏式的洗衣机以及杂物筐都有一隅之地。

第一次亲密接触

The first intimatelg contact

户　　型｜三房二厅
建筑面积｜93m²
设 计 师 ｜陈思
装修材料｜墙砖、玻璃、地板、木材、墙纸等

本户型是标准的三房两厅户型，方正的格局，给人的感觉很亲切，但那亲切中略显严肃的表情又告诉您，这是“第一次接触”。

餐厅中自然色的长条实木由墙壁到天花连成一体，方形的门框柱设计煞费苦心，色泽深暗，稳住了厅中浅色的流光与浮影。落地窗外的风景如梦如画，分明是告诉您这曾是多么熟悉的风景。

客厅开阔而不单调，“通透”原本在大自然中不是轻易能拥有的，但在这里，设计师没有将这种感觉放走，而是用一截深色的墙将这份通透的亲密感截留下

朦胧映出细巧的心思 隔断上的玻璃借着灯光反射出墙壁上柔和的光线，演绎出线性动感。

来，惊异与新奇让人倍感亲切。

设计师在色彩、空间、气氛、材料运用上营造的氛围亲切得让人惊叹，但又避免落入俗套，不乏风格与个性。设计师在各区域的交会处——过道与玄关的设计上，通过材质、色彩、照明等的表现，凸显强烈质感与大气高雅的风格。

○ 一切从时尚出发 设计师在色彩、空间、气氛、材料运用上营造的氛围亲切得让人惊叹，但又避免落入俗套，不乏风格与个性。

○ 亲近客厅 客厅开阔而不单调，一截深色的墙将这份通透的亲密感截留下来，惊异与新奇让人倍感亲切。

○ 明媚餐厅，与阳光亲密接触 餐厅中自然色的长条实木由墙壁到天花连成一体，方形的门框稳住了厅中浅色的流光与浮影。

色彩跳跃中的动感时尚

The move feeling fashion colour jump

户　　型｜两房一厅

建筑面积｜85m²

设 计 师｜唐威

装修材料｜墙纸、玻化砖、红色混水漆、马赛克、镜钢

现代都市年轻人观念越来越前卫，后现代风格极力张扬认定人，本案K1户型将业主定位于20～30岁之间热爱生活的人，将客、餐厅采用开放式的空间布局，使整个空间明亮通畅。

其实本案的主题色调是非常喜庆和跳跃的大红色。开门的瞬间你会被眼前亮丽抢眼的红色餐桌与开放式厨房抢占所有视线。然而只是略一扭头，就看到色彩对比鲜明的灰白墙纸，在四方的黑白色中，装饰画的黑与白，地砖的黑白框，高高的椅子上方黑白小方格，与整个极富艺术感的墙纸呼应着，搭配出线条简单却又一眼望不到底的纵深。仿佛是在冬天薄雾的清晨，白桦林中光秃秃的树干让你瞬间迷了路。

在本套样板间中，我们以简洁的手法布置整体，再通过丰富的装饰手法探索走来；或虚或实的圆，或是穿透或是反射的圆，弧形圆造型的修边，以不同的比例或是排列组合统一。

○悬挂设计打造个性休息区　整个空间中，使用悬挂设计的休息区或沙发区是设计的个性点，半弧形的休息区可供就座，四张整齐划一的装饰画让这个区域在拥有了一份闲散的慵懒之余又多了一份规则之内的条理。

○ 红色装点卧室复古风　红色衣柜占据了卧室一侧的整个墙面，显得很大气。衣柜上镂空的圆形区域使用镜面进行装饰，利用反射的画面加强局部的空间感，配合上金色的枕头与花纹抱枕，突显华贵气息。

○ 设计丰富室内角落　"S形"的隔物层配合长条形的书桌、简洁的座椅，形成一个宁静的角落，呈现出恰如其分的时尚感。

○ 运用个性吊顶加强装饰效果　配合卧床区域设计的天花，结合卧床底层与天花区域的光线效果，烘托出宫廷感。

黑白画映

black and white picture reflected

户　　型 | 两房一厅

建筑面积 | 88m²

设 计 师 | 萧峰

装修材料 | 橡木板、雅士白大理石、壁纸、镜面玻璃等

黑白一直以来是经典的颜色,无论阿玛尼也好,CK也好。所以自己也一直是黑白经典的追崇者。

本案的居住者是对年轻的夫妇，建筑本身有着一定的缺陷。与我同时设计的一套别墅相比，难度还更大，因为空间的限制，如果一味的想去刻意的表现什么，那就错了。虽然很多朋友见我的设计都说很强调设计感，但殊不知，我却是一个地道的实用功能主义者。一切再眩目的设计如果没有了功能，那一切都是无意义的，皮之不存，毛将焉附?

下面说说这个案例与设计的构思,希望对需要的朋友有些帮助:

○经典色彩重现空间的设计感　整个空间是一组黑与白的对话，白色的沙发搭配黑色的方几，再配上黑白灰相间的竖条纹墙纸，让整个空间层次分明。而局部红色物品的运用则起到了很好的点缀效果，让空间具有设计感。

1.主人认为原房型的主卧门与卫生间门正对不舒适，且太多的门交错。

解决办法：不影响结构的前

提下，改变次卫门的位置到书房处，改以装饰性的木格镜面移门。主卧门改为与电视墙面同质的暗门，将过道拉平，整个面变的完整。

2.主人要求门厅处有隔断。

解决办法：设计了与电视柜造型呼应的白色矮柜，加上斜切的墙体组成一个隔而不断的门厅隔断，有趣味也有功能，进门后可立可坐。

3.餐厅该设置在哪里?

解决办法：在权衡很多个餐桌形式和位置，交通区域后，以半高的隔断为限，作为餐桌的主区域。

4.其他不良之处。

解决办法：工作阳台的门封闭改到与厨房门平齐，饰以同卫生间的门款式，只是将镜面换成了玻璃。

厨房墙借用阳台留出冰箱位置。

书房变为开敞式，与餐厅的空间形成渗透与过度，使人不感觉空间的压抑。

用红色衬托黑、白经典空间 红色花瓶、装饰碟盘、单个座椅，都让整个空间“入眼三分”，完全起到了强调和突出视觉点的效果。白色组合连体柜的下方，几粒看似无心却有意的白色鹅卵石，让空间拥有了更多可细细琢磨的乐趣。

○运用装饰画点缀黑白空间 在黑与白巧妙搭配的空间中，运用白色的隔断、灯罩、餐具、椅座；黑色的餐桌、椅角，巧妙地强调出了整个餐厅区域。墙上那“一点红”的装饰画把空间的设计上升到了“意境”的高度。

沙鸥飞翔
The hagdon wing

户　　型 | 三房二厅
建筑面积 | 116m²
设 计 师 | 陈思
装修材料 | 墙砖、玻璃、地板、木材、墙纸等

客厅的装饰十分饱满，白色的地毯显示出几分洁净，茶几的圆形造型给家注入几分圆融暖意，整套的组合沙发体现出不一般的生活品位，靠窗的仿古砖墙平添了古朴的气息……

外厅里方方正正的餐桌、橱柜、陈列柜、玻璃酒杯以及西式餐叉，无不体现出精致的生活品位。

卧室里白色的床上布艺和窗帘给人一种柔顺、舒爽的感觉，主题墙采用浅黄色，营造了一种平和的气氛。

卫浴间墙面采用暖红色，一反常规的冰冷色调；天花与洁具采用白色，便于清洁之外，更有其独特的视觉效果。

书房的灯光与色彩尽管略显繁复，但深色的墙纸与天花却有静化环境的功用。用木材质做的贴壁书柜、书桌以及地板，共同

天然韵味的木质家具　木质壁柜、书桌及地板共同营造了一种优雅宁静的气氛。

营造了一种优雅宁静的气氛。灯光方面主要采取射灯来表现柔和而均匀的空间效果。

整个设计最突出的一点是利用细木条装饰成隔断，这一手法在全套房内多处运用，使空间隔而不断，强化了各功能区的分工与互动。

卫浴间墙面采用暖红色，一反常规的冰冷色调；天花与洁具采用白色，便于清洁之外，更有其独特的视觉效果。

书房的灯光与色彩尽管略显繁复，但深色的墙纸与天花却有静化环境的功用。用木材质做的贴壁书柜、书桌以及地板，共同营造了一种优雅宁静的气氛。灯光方面主要采取射灯来表现柔和而均匀的空间效果。

整个设计最突出的一点是利用细木条装饰成隔断，这一手法在全套房内多处运用，使空间隔而不断，强化了各功能区的分工与互动。

○现代与古朴的交汇　客厅的装饰十分饱满，白色的地毯显示出几分洁净，茶几的圆形造型显示出几分典雅，整套的组合沙发体现出不一般的生活品位，靠窗的仿古砖墙平添了古朴的气息。

○ 亮色营造温馨　玻璃茶几在一片素净的背景下展现出一种内敛的瑰丽。红黄抱枕与客厅融为一体，倾诉着舒适的居家情怀。

○ 简约温馨　卧室里白色的床上布艺和窗帘给人一种柔顺、舒爽的感觉，营造了一种平和安静浪、漫温馨的气氛。

优雅韵味 墙面采用浅黄色，窗纱轻柔摇曳，透过柔和的光线，身体完全回归到最原始自然的状态。

时尚餐厅 线条简洁的餐桌富于个性又大气，让餐厅有宽敞的空间感。酒柜透露着低调的华丽，空间线条也得到充分延伸，视觉上呈现出理性与感性完美结合，既优雅轻松又井然有序。

暖色释放卫浴空间 卫浴间墙面采用暖红色，一反常规的冰冷色调，有其独特的视觉效果。

隔而不断 设计师利用细木条装饰成隔断，使空间隔而不断，强化了各功能区的分工与互动。

加勒比男人

The carib

户　　型 | 二房二厅
建筑面积 | 75㎡
设 计 师 | 陈思
装修材料 | 玻璃、实木地板、地毯、涂料、合金钢、墙纸、原木壁画、瓷砖等

本案的设计极富个性，概念上无法让人用贴切的语言去描述它的装饰风格与设计理念。

设计师没有流于形式，也没有标榜另类时尚，而是将设计所表达的主题隐入整个空间装饰与布置之中。单独从一个客厅、房间、厨房或者卫浴间来看，可能让人似懂非懂，但是从整体来看，设计师的表现手法更多的是发自内心的震撼。

复古客厅　古老的放映机、枪械模型、暗红色沙发、富有质感的茶几与弧形灯柱构成了线与面的经典组合。

阳光书房　书房风格体现了城市中那些时尚浪漫的人群渴望悠闲生活方式。阳光使房间充满活力。

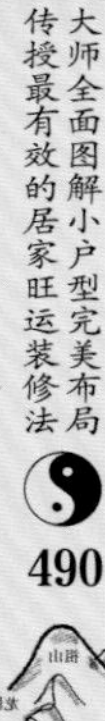

实木、合金钢、玻璃、原木壁画……设计师力求从装修材料与空间布局上来表现主人的刚毅与坚韧。梁与柱在这里被设计师稍加变动，成了分割功能区域的神来之笔。质感硬朗的金属多功能台架、茶几、电视台等成了线与面的经典组合。

古老的的放映机、枪械模型，暗红色的多宝格等造型小摆饰，还有一旁陈设的马嗲地、几支瓶装生啤……时空在这里流逝，文化在这里沉淀。

通过设计师灵感的发挥，这里成了加勒比式男人的住宅，被赋予丰富的内容。住宅的主人不但具有加勒比男人的深沉与涵养，而且具有加勒比男人的情调与品位。

情境再现 远离了城市的喧嚣，在家中放纵自己的思绪，想象着加勒比的热带海港，那种连空气中都飘浮着浪漫味道的蓝色与白色无处不在，好像薄纱一般轻柔。

异域风情 富有感染力的色彩搭配改变了传统的卧室风格，闪耀着个性的光彩。异域风格的雅致装饰成就了加勒比风格在此空间设计的地位。

感悟东方精粹

The palace texe

户　　型｜三房二厅

建筑面积｜120m²

设 计 师｜林元娜　孙长健

装修材料｜艺术石砖、红花梨仿古门、乳胶漆、墙纸等

中国传统文化犹如一杯好茶，需细品才知其味；其精妙之处，需置于心中才知其神。

本案设计者正是将传统文化的精髓进行了提取，将其荟萃于作品之中，并以现代生活的方式去读取传统文化的精神。

作为在繁忙生活与工作的现代人来说，怀旧是每个人闲暇时的乐趣，特别是对于中国这样一个有着几千年文化的国家来说，太多的历史让我们刻骨铭心。但如果拿现在高速发展的生活环境来与过于浓重的传统文化生活相比，明显是格格不入的。因此，本案设计者在注重现代生活格局的同时，又将传统文化的精髓与现代的生活方式作了一个融合。

○中式演绎　窗花、竹帘、斗柜在古朴的石砖背景下，在绿色植物的陪衬下演绎着中式的精彩。

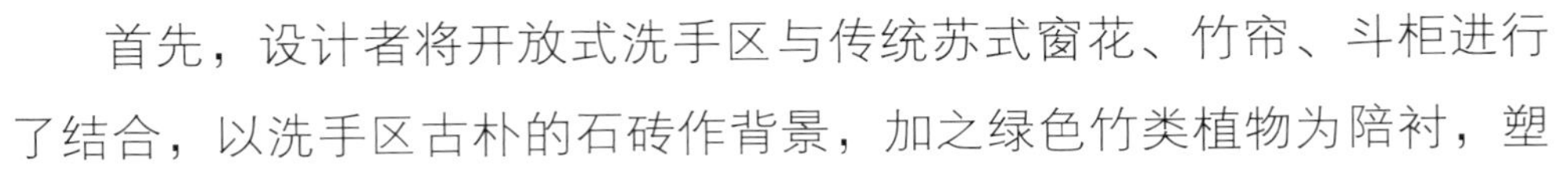

首先，设计者将开放式洗手区与传统苏式窗花、竹帘、斗柜进行了结合，以洗手区古朴的石砖作背景，加之绿色竹类植物为陪衬，塑造了一个极具苏式园林氛围的小景区。这个小景区既作为客厅与洗手区之间的隔断，又充当着客厅入口玄关的角色。这个设计的精妙不仅仅是因为色彩、材质以及传统元素的运用，还因为在其周围极简朴的装饰面中，凸显出了精致的美。

客厅背景延续了苏式园林的气质，古朴石砖与简化后木格子之间的结合，将文化气息传达给每一位观者。从客厅到洗手区，从洗手区到小书房，从小书房到餐厅，空间与空间之间的穿插，形若有隔，却紧密相连。

古朴的时尚与经典 客厅背景借用了苏式园林的气质，古朴石砖与简化后的木格子之间的结合，将文化气息传达给每一位观者。

○ 自然材质更显中式风格 实木让人感觉亲切，与其相近的木色系同样运用在墙壁、地面和门上，选择简洁的白色与其搭配，干净的颜色让人倍感清爽。

○ 传统与现代结合 餐厅与厨房间用木格栅门分隔，给人温暖感的同时，恰到好处地与中式空间相呼应。摩登的格子能加强中式空间的时髦感，让那些过于厚重的气场变得更轻松、活泼。

○ 线条让中式更活泼 床边简约的外形保留了中式家具的特色又舒适怡人。竖线条窗帘除了将两个空间分开，也形成一种半通透的神秘感，让这个主卧分外地静谧。

○ 减少空间压抑感 小空间不但能驾驭中式，也能很中式，还彰显个性，威武的现代中式要证明它老而弥坚。

○ 格栅隔断让空间更开阔 回廊是连接几个空间的桥梁，中式的回廊采用雕花门和屏风作为房间之间的隔断。

豪迈中的柔美

The heroic medium soft and beautiful

户　　型 | 二房二厅
建筑面积 | 79.84m²
设 计 师 | 陈思
装修材料 | 玻璃、大理石、马赛克等

这是一个黑色与白色组合而成的生活空间。它所表现的成熟与豪迈在这里的每个角落都能得到展现。在释放粗犷豪放的同时，优美的情怀也很好地表现出来，使这里的一切显得动静相融。

咖啡色的窗帘对落地式的玻璃窗进行了有效的光线控制，同时也与深红色的沙发相融。沙发的风格是硬朗的，中式陶瓷是一种文化品位的代言，白色干花的点缀更为客厅带来了淡淡清新之风。穿过客厅，餐厅的典雅立刻呈现出来——一套黑色的餐厅家具透着光亮的色泽，黑色大理石的餐桌，皮革的餐椅、墙壁上两幅极有创意的静物挂画，凸显出餐厅的典雅气息。

○舒适书房　一张高低适中的书桌，一把舒适的靠椅为人们在忙碌之中送去一丝安慰，带来一份舒适。

如果说客厅是硬朗的男爵系

列，那么卧室也同样如此。一幅巨大的人物壁画把似水的柔情、奔放的爱情、热恋的狂野淋漓尽致地表现了出来，昏暗的灯光为卧室营造出迷人的浪漫风情。卫浴间是朴素的，整洁的。在黑色的马赛克中间，几处随意的另类颜色勾勒出一个梦境般的空间，而玻璃的运用使空间显得更大、更明亮。此外，纯白的洁具在这里也十分抢眼。

○ 让空间充分发挥个人风格 客厅的布置代表着主人的生活风格，适当地在客厅中摆放古董、器皿装饰，可以让空间充分发挥个人风格。

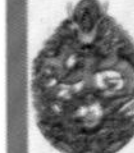

▲**时尚至酷** 冷酷的暗色是主人展示另类个性的热门色彩，再加之软装方面的合理搭配，让这个居室立刻充满至酷的现代简约气息。一半的镜面扩展了整个家的视觉效果，半敞开式的设计让家告别暗色调的阴沉，转向时尚至酷空间。

文化展现空间品位 咖啡色的窗帘对落地式的玻璃窗进行了有效的光线控制，同时也与深红色的沙发相融。沙发的风格是硬朗的，中式陶瓷是一种文化的代言，白色的干花点缀为客厅带来了清新之风。

黑色时尚玩酷空间 黑色的餐厅家具透着光亮的色泽，黑色大理石餐桌、皮革的餐椅、墙壁上两幅极有创意的静物挂画，凸显出餐厅的典雅气息。

生动的古典情韵

The vivid classic lingering charm

户　　型 | 复式
建筑面积 | 117m²
设 计 师 | 陈思
装修材料 | 实木地板、地毯、铁艺、马赛克、抛光砖等

整个复式空间呈现出鲜明的古典主义特色。

宽敞的大客厅里，黄色的沙发排列整齐，各色布艺抱枕列队展示。印花的地毯上摆放着方正的茶几，茶几上用绣花的布艺装饰，显得古韵绵绵。客厅主题墙装饰简单，但几件形状各异的工艺品则凸显了风格主调。

一组铁制的卡通人物造型摆放在白色的地柜中别有一番情趣。

一幅花草挂画下，一只鹤与富有中国特色的储物柜构成了喜庆的景象。

主卧室采用完全对称的装饰手法，表现出一种整体上的均衡感，白色的床上布艺反映了洁净

软装饰增添情调 一副花草挂画、一只鹤、富有中国特色的储物柜使整个客厅显得喜气洋洋。

的特色。客卧的装饰同样体现了设计上的均衡原则，并且更多地渗入了古典的元素来点缀，使室内气氛 显得含蓄而生动。

用铁构造的花纹图案嵌在玻璃上凸现异域风情。

楼梯间的装饰材料采用实木与马赛克，一方面体现了装饰的精细做工，另一方面又体现了空间的深邃感。

除此之外，整个设计的最大亮点就是大量工艺饰品的运用。无论是主题墙上的挂画，还是柜台上的铁艺、布艺小饰品，又或者是壁柜里的各种摆设与铁艺灯具，这一切无不反映出古典主义装饰风格，表现出稳健、生动又古典的气氛。

○ 抱枕成主角 宽敞的大客厅里，各色布艺抱枕列队展示。印花的地毯上摆放着方正的茶几，茶几上用绣花的布艺装饰，显得古韵绵绵。几件形状各异的工艺品凸显了客厅风格。

古典元素点缀现代空间 客卧的装饰加入了古典的元素来点缀，使室内气氛显得含蓄而生动。

○ **通透舒适的客厅** 客厅的马赛克墙壁与形状各异的装饰物活跃室内气氛，木制的餐桌与橘黄色的器皿别有一番田园风味。明亮的色调使空间更加干净通透。

○ **古典气氛** 柜台上的铁艺、布艺小饰品，壁柜里的各种摆设与铁艺灯具，无不反映出古典主义装饰风格的稳健、生动。

浪漫与温馨并存 客卧的主要装饰是一组铁制的卡通人物摆放在白色的地柜中，别有一番情趣。

典雅的视觉享受 古典台灯给人的是古典和时尚交融的美，无处不流露出经典与华美，同时又给人清新典雅的视觉愉悦。

打造洁净空间 主卧室采用完全对称的装饰手法，表现出一种整体上的均衡感。白色的床上布艺表现了洁净的特色。

○ **楼梯做工精致** 楼梯的装饰材料采用实木与马赛克，体现了装饰的精细做工和空间的深邃感。

宫殿寓所

The palace

户　　型 | 三室一厅
坐落地点 | 香港 广播道
设 计 师 | 陈思
建筑面积 | 85m²

本示范单位建筑面积850平方米，为三室一厅的居室格局，专为新婚夫妇或年轻单身者设计。整体设计理念是追求磅礴的气势和宏伟的外观。

为达到一览无阻的视线效果，取中国传统卧室风格，以帘代墙，厚实的帷幔既实惠，又方便，不拘一格。

卧室镶垫的织物，散发出其特有的温馨。遵照中国传统的说法——灯光不宜上射床，特别设置格状灯架，以便遮罩从天花板直射到床上的亮光。

为保持空间通透性，以横木栅栏代替厨房一侧墙，房角一段石阶在灯光下，勾勒出鲜明的轮廓。

天花板罩篷不仅柔和了灯

○简洁大气　在有限的挑高下利用深色调的家居用品、浅色的天花板，让房屋的挑高看起来比实际要高，装饰简单却意境幽远。

光，也为室内平添一道亮丽风景。

房角摆放的绿色植物令人感觉清爽自然，赏心悦目。

整体而言，本案设计自由不羁，功能和美感并存，现代艺术色彩突出。

○ 格状灯架　按照中国人的说法，灯光不能直接照射在床上，因而特别设计了格状灯架。

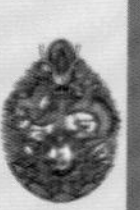

大气开阔 厨房、会客厅、餐厅三者共处于一个空间里，显得大气恢宏，完全没有拘束感。各区域分割明显，却杂而不乱，井井有条。

庭院深深 利用墙纸的色彩和灯光效果制造出一种高贵的品质感，静谧、尊贵，一目了然却让人有往深处走进一探究竟的好奇。

视野开阔 开放式厨房和会客厅用一个简单时尚的吧台区分开来，用餐区和会客厅遥相呼应。

实用性超强的吧台 吧台与餐桌高度差不多的，在整体空间造型上既不形成阻碍，同时也创造了更多的物品收纳空间，实用性超强。

文化气息浓厚 走进卧房最先映入眼帘的是书房区域，书架、写字台，几幅画作，没有过多的装饰和色彩然而也营造出几分文化气息。

衣帽间 进门左手边立体衣柜和墙面之间自然形成一个长形衣帽间，正对着房间的窗户，采光度良好，不开灯也可以在自然光下挑选想穿的衣服。

暖风吹拂跳跃的音符

The warm wind faning pulsation note

户　　型 | 三房二厅

建筑面积 | 108m²

设 计 师 | 陈思

装修材料 | 地砖、实木复合地板、艺术墙纸、乳胶漆等

人总希望家里温暖如春，洋溢着融融暖意。在这个客厅里，无论哪一个领域，红、黑、白三色的搭配永远都不会过时。布置简洁的客厅用了黑、白以及红等色彩，营造出一种跳跃感。身处其中，家的温暖、舒适就从那一片暖意的红色中倾泻而出。

这是一套三房两厅的居室，客厅和餐厅为共享空间，用简单吊顶将其分为两个不同功用的空间，但在色调上却又彼此统一。白色，是这套居室的基调。白的墙，白的顶，白的门，浑然一体，使空间形成几个大的块面，包括所有的吊顶都是面与面的结合，还有储藏室的金

属移门几乎到顶。

这种大块面的设计贯穿全室。当走近看时，便会发现几抹黄绿色和一些夹杂其中的线条，它们都是白色基调上的跳跃音符，使空间更显灵动。简单的造

○琥珀般的卧室 卧室的设计以白色为基调，白色的墙壁、白色的床品，甚至是白色的窗棂，在灯光和阳光的作用下，犹如一个温暖润泽的琥珀。

型、统一的色调，再加上不同灯光的配合运用，塑造出面与面、线与线的构图空间这是居室设计中不可缺少的一部分。

○一个是冬天一个是春天 从餐桌向客厅望去，色彩由深到浅，有种意境深远的感觉，像是电影的长镜头。如果说饭厅是冬天的话，那么客厅就是春天，冬天来了春天还会远吗？色彩鲜明但揉合得相当默契，功能区清晰却又统一。

迷离吧台 客厅的吧台讲究的是装饰性，一般都显得时尚而华丽。这个入户即可见的小小大理石吧台，有着酒吧的迷离情调，却摒弃了酒吧的嘈杂，在此和心爱的人共饮一杯甘酿，带给你如梦般的浓情享受。

暖风拂过的客厅 一盏昏黄暧昧的落地灯，几个格纹靠垫，几幅心爱的画作，轻易就打造出一个只属于自己的充满文艺气质的客厅。整个客厅温暖柔和的气氛像是一阵暖风吹过，工作中的抱怨、邻里间的纷争在这里统统都烟消云散。